今泉忠明・著 平野めぐみ・資料画

野生動物
Encyclopedia of Animal Tracking
観察事典

東京堂出版

序

動物は生まれたときから足跡を残す

　本書に登場するのは、主に日本の動物の足跡や痕跡などです。わたしは最初から、これら動物たちの足跡や痕跡にのめりこみ、それだけを調べてきたわけではありません。動物学を学びながら、さまざまな調査に参加して、知らず知らずのうちに知識として得てきたものです。長野県・志賀高原の「おたの申すの平」を中心に行われたIRP（国際生物学計画）調査で、雨に濡れながら小哺乳類を採集していて、一息入れたときに見上げた鬱蒼たる針葉樹林に圧倒されたこと、富士山域における哺乳類の分布調査で、森林棲コウモリが罠にかかるのを待ちながら座っていた青木ヶ原の真夜中の森の暗かったこと、国立科学博物館の日本列島総合調査で、ポロシリ岳を臨む稜線でヒグマの影に緊張したこと、環境庁のイリオモテヤマネコの保護のための生態調査で、地図と勘を頼りに原生林に入り込み、朝から晩までヤマネコの糞を拾いまくったこと、ニホンカワウソ棲息調査で朝日が昇ってきた浜でカワウソに対面したこと、北海道・サロベツ原野でトウキョウトガリネズミを生け捕ったとき、罠の中から外をのぞくトガリネズミと目が合ったことなど、その時どきのさまざまな情景を記憶していますが、この間に得たのは標本だけでなく、動物たちの足跡や痕跡など、調査には直接必要がないと思われそうな知識でした。

　自然は、それに対する知識がなくても、ないなりに楽しめるし、知識が増えれば増えただけ楽しみが大きくなります。本書では土のこと、植物のこと、鳥のこと、果ては天気のことまで触れていますが、それは自然の中で動物を観察したときに、わたしが個人的に体感したことがらで、より自然を楽しむための知識で

す。また日本列島の動物地理学的なことにも触れていますが、これは知識のための知識です。

　わたしが動物たちの足跡や痕跡が好きなのは、写真や映像をのぞけば、それらが動物がそこに存在したという唯一の証拠だからです。早朝の砂丘や厳冬の雪の上に残されたたくさんの足跡と痕跡は、動物たちの生活を垣間見せてくれます。動物文学者でありナチュラリストであったE．シートンは、「動物は生まれたときから足跡を残し、足跡がつかなくなったときは死だ」と言っていますが、砂丘や雪の上に残された足跡は、その動物の数万分の一、いやそれ以下かもしれないけれど、確かな生活痕であるわけです。動物行動学者のN．ティンバーゲンは「行動学的にも重要だが、足跡を読むことに熟達することは、特殊なマニア的なものでは決してなく、普遍的なフィールド観察の喜びである」と述べています。すべての人が自然の中で楽しめる科学であると言えるでしょう。

　本書が自然の世界に出かけていく人にとって、少しでも役立てば……と願うものです。

今泉忠明

目　　次

目次

序―――動物は生まれたときから足跡を残す………（1）

《第1部》フィールドの知識

【四季の痕跡をよむ】

1. フィールドに出よう………2
2. フィールドの四季………4
3. 〈春〉鳥が歌いたくなるわけ………12
4. 〈春〉双眼鏡の使い方………14
5. 〈春〉キツツキの巣穴………17
6. 〈春〉ノウサギの毛換わり………20
7. 〈夏〉森で迷子にならない方法………22
8. 〈夏〉ブラインドやテントを張る………25
9. 〈夏〉雨上がりに残された足跡………27
10. 〈夏〉クモの巣………29
11. 〈夏〉危険な生物①ダニ、寄生虫………30
    〈コラム〉エキノコックス症の拡大………35
12. 〈夏〉危険な生物②ウルシ………38
13. 〈夏〉危険な生物③ハチ………40
14. 〈夏〉危険な生物④毒ヘビ………45
15. 〈秋〉紅葉のしくみ………50
16. 〈秋〉ドングリ………52
    〈コラム〉ドングリ・コロコロ………53
17. 〈秋〉ライチョウの換羽………55
    〈コラム〉氷河時代の生き残り………56

18. 〈秋～冬〉冬越し………58
    〈コラム〉冬眠する鳥………61
19. 〈冬〉冬　芽………63
20. 〈冬〉冬こそバード・ウォッチング………65
21. 〈冬〉冬のフィールドを歩く………70
    〈コラム〉寒冷地でのアニマル・トラッキング………71
22. 〈冬〉雪　崩………73

【観察に役だつ動物学】

23. 哺乳類の分布………76
24. 日本の哺乳類の分布………82
    〈コラム〉日本の哺乳類相の起源………87
    〈コラム〉生きた化石………88
25. 哺乳類の生活空間………89
26. 食性──食物と食べ方………91
27. 採食法………97
28. 食物の貯蔵・貯食………99
29. 棲み家………101
30. 繁　殖………107
31. ライフ・サイクル──動物の一生………112
32. 1年周期の活動………118
33. 夜行性と昼行性………122
34. 群れの生活………126
35. 生きる環境①気候と土壌………132
36. 生きる環境②生物要因………138
37. 生きる環境③生活帯と棲息地………140

《第2部》 フィールドの痕跡

【基礎編】

1. 楽しむ科学——アニマル・トラッキング………152
   〈コラム〉足跡の名称………158
2. 足型をとる………160
   〈コラム〉雪の上で足型をとる………161
3. 樹皮などにつけられたサイン………162
4. スカトロジー………164

【痕跡集】

ニホンイノシシ………168
　　〈コラム〉リュウキュウイノシシ………172
シカ類　………174
　　ニホンジカ………175
　　エゾシカ………180
　　〈コラム〉エゾシカ・ウォッチング………182
　　〈コラム〉ツシマジカ………183
ニホンカモシカ………184
タヌキ………188
　　〈コラム〉タヌキの溜糞………190
キツネ　………192
　　〈コラム〉狩のジャンプ………195
　　〈コラム〉キツネのくさい生活………196
イ　ヌ………198
オコジョ………200
イイズナ………202
ニホンイタチ………204

〈コラム〉チョウセンイタチ………206

テ　ン………208

　　〈コラム〉テン・ウォッチング………210

　　　クロテン………212

アナグマ………214

ニホンカワウソ………216

　　〈コラム〉ニホンカワウソ・ウォッチング………219

クマ類　………222

　　ニホンツキノワグマ………223

　　〈コラム〉節分の夜明けに出産………227

　　エゾヒグマ………228

　　〈コラム〉クマにささやきかける冬ごもりの合図………231

　　〈コラム〉本州にヒグマがいないわけ………232

ハクビシン………234

ヤマネコ類　………236

　　ツシマヤマネコ………237

　　〈コラム〉ツシマヤマネコ絶滅の危機………239

　　イリオモテヤマネコ………240

　　〈コラム〉イリオモテヤマネコ・ウォッチング………242

ネ　コ………244

ニホンザル………246

　　〈コラム〉外来種　タイワンザル………250

ウサギ類　………252

　　エゾナキウサギ………253

　　〈コラム〉ナキウサギ、北海道で発見される………255

　　アマミノクロウサギ………256

　　ニホンノウサギ………259

　　〈コラム〉足跡を追いかけて行動圏を推定する………262

　　エゾユキウサギ………263

　　〈コラム〉とめ足でだまされる………265

リス類　………266
　　エゾシマリス………267
　　〈コラム〉シマリスの冬の生活………268
　　ニホンリス………270
　　エゾリス………274
　　ニホンモモンガ………276
　　エゾモモンガ………278
　　ムササビ………280
　　〈コラム〉ムササビ・ウォッチング………283
アカネズミ………286
　　〈コラム〉アカネズミとヒメネズミ………288
　　〈コラム〉ノネズミ・ウォッチング………289
アズマモグラ………290
　　〈コラム〉モグラ戦争………293
アブラコウモリ………296

参考文献………302
索　　引………304

《第1部》
フィールドの知識

四季の痕跡をよむ
観察に役だつ動物学

四季の痕跡をよむ
1 フィールドに出よう

　動物の足跡や痕跡を「読む」ことに熟達するためには、経験しかない。自然の中に出かけていくことが重要なのである。これまで猟師や動物学者の一部の人々が行ってきたものだが、彼らとて経験を積んで、はじめて読めるようになったものである。

　「読む」ときの注意は、あくまで科学的・客観的に判定することである。足跡なり痕跡なりを読んだ時点では、誤った読み方をしているかもしれないから、誤りに気づいたときには素直に訂正することが大切である。

　目は動物の足跡や痕跡などを読むときに重要な働きをするが、それらを見つけるまでは目以外の感覚が必要である。目に頼りすぎると、音や匂いに気づかないことが多い。それは目をつむってみればすぐに理解できる。遠くからさまざまな音が聞こえてきたり、匂いがしてくる。触覚にしても味覚にしても同じである。ふつうの人は、外界からのほとんどの情報を視覚で受けるように訓練されてきている。視覚が幅をきかせると、その他の感覚は鈍る。

　人は、森の中に入ったり、深い霧に包まれたり、あるいは真っ暗闇になって視界がきかなくなると、いやおうなしに五感を働かせる。視覚が効かないときは聴覚や嗅覚が頼りになる。足の裏の神経も鋭敏に働き出す。いちばん重要な地面の状態を探ろうとするからだ。地面すら見えないと、人は四つんばいになる。手も使い、少しでも目を働かせようとする。

　こうした状況は、目をつむったのと同じ状態なのだが、視界が塞がれるのは意識的に行っているわけではないから、これを"恐怖"に感じる人も少なくない。だがこれも"慣れ"である。慣れてくると、目を開いていても他の感覚が働くようになる。針葉樹の匂い、乾いた匂い、どこか懐かしい匂い、動物の匂いなどを感じるようになるのである。動物の匂いといっても、キツネの匂い、トガリネズミの匂いなどさまざまである。音に関しても同様で、騒音の中で暮らしている人

フィールドの生きもの
一見静かな森の中でも、五感を働かせてみると、たくさんの生きものがいることがわかる。

には、森の中は静か過ぎるかもしれない。だが、はるか遠くの梢を渡る風の音、木の小枝が折れる音などが、慣れると聞こえてくる。

　森の中にはたくさんの生き物が生活している。彼らの姿はたいてい見えないが、存在が感じられるようになるには、フィールドに出かけることである。そうすると、彼らの姿も見えてくるのである。🐾

四季の痕跡をよむ
2 フィールドの四季

　日本列島には四季がある。野生動物を観察するとき、いつも強く感じるのは季節のことである。春のみずみずしい若葉の中をシカが歩き、秋の落ち葉の上をリスが走るのだが、動物の姿だけでなく、その背景である森の色とともに心に残っているものだ。動物は季節の訪れに応じて生活しているから、四季の動物暦を自分なりに準備しておくことは重要である。

　地球が太陽のまわりを公転するところから生ずる四季の変化は、毎年、自然の素晴らしさ、厳しさを見せてくれる。ひっそりとした冬のたたずまいをやわらかに照らした太陽の光は、やがて雪を溶かし、森に春をもたらす。肌を刺すように冷たかった風は、頬をなでるやさしいそよ風に変わる。草木の芽は萌え、葉は生長し、生まれたばかりの動物たちは棲み家から這い出し、あたりは鳥のさえずりや虫の羽音で満たされる。日本は季節の変化がもっともはっきりと現れる温帯の森林地帯に位置しているのである。

　年間を通じての日の長さは、季節によって決まっている。3月の春分には昼と夜の長さが等しいが、6月の夏至には昼がいちばん長く、9月の秋分には再び昼と夜が同じ長さになり、12月の冬至の時には昼がいちばん短くなる。1日のうちの明るい時間と暗い時間が脳に積算され、ホルモンが分泌されたりする。この日長の変化の移り変わりが、植物や動物の生理的な変化を引き起こす元となり、さまざまな行動に対するスイッチの役目を果たしているのである。

　野生動物を観察する場合、四季とは言うものの、さらに分ける必要があるかもしれない。生態学者には1年を6季に分けたりする人もいるが、動物の行動を見ていると、1年を7季に分けたほうが都合が良いかもしれない。それぞれの季には特有の現象が見られる。

【早　春】　　冬に比べ、春はあまりに変化がある季節である。動物たちの受け方

もいろいろで、春は二つに分けられる。動物の動きを見ていると、私たちが太陽の明るさを実感する立春（2月4日）のころより春分（3月21日）のころまでが早春といえる。

　2月上旬——北海道から流氷の便りが届く。和歌山ではウメが開花し、ネコヤナギの花が朝日に白く輝き、山すそでフキノトウが淡い緑色の花芽を出し始める。伊豆の鳥島でアホウドリの卵が孵化する。琵琶湖のコハクチョウがそろそろ北帰行の準備に入るのもこのころである。東北の山中ではツキノワグマの子が穴の中で生まれている。

　2月中旬——イヌワシやホクリクサンショウウオなどが産卵する。暖かい日差しに誘われてメジロも姿を見せる。鹿児島ではウグイスの初鳴きが聞かれ、佐渡のトキ保護センターのトキたちが繁殖期に入る。伊豆の早咲きサクラが見ごろを迎え、ウソがサクラの蕾を食べにくるのもこの頃だ。沖縄の久米島近海にザトウクジラの親子が姿を見せる。

　2月下旬——春一番が吹くことが多い。諏訪湖のコハクチョウも数少なくなり、列島内を徐々に北へと移動し始める。そして出水のツルの北への渡りが本格化する。長野では春の使者「ザゼンソウ」が残雪を割って咲き、早くもゲンジボタルの幼虫が上陸する。トキの羽色が墨色の生殖羽になる。

　3月上旬——ヒバリの初鳴きが聞かれる。仙台などでウグイスの初鳴きが聞かれるのもこのころだ。啓蟄に合わせたかのように東京でアカガエルが産卵し、名古屋ではギフチョウが羽化する。カラスが営巣を開始し、各地から停電の騒ぎが聞こえ始める。広島などにツバメが飛来する。阿寒のタンチョウが求愛のダンスを舞い始める。

　3月中旬——石垣島では早くも海開きが行われ、北海道では春ニシン漁が始まる。北海道にはコハクチョウ、オオハクチョウが本州各地から北上・集結する。釧路郊外ではアオサギが営巣を始める。全国でサクラの開花が次々と報告されるのもこの頃である。

【春】　春分の日あたりから、立夏（5月6日）をすぎた5月10日くらいまでで、サクラの花に代表され季節である。多くの動物は出産が本格化する。妊娠期間の長さに関わりなく、日本の野生動物はたいてい春に出産し、子育てに入る。だが、

哺乳類の多くは地下の巣の中、樹上の木の洞などで出産しているから、人間の目に付くことはほとんどない。

　3月下旬——沖縄の座間味諸島ではホエール・ウォッチングが盛んで、熊本ではイルカ・ウォッチングが本格的になる。出水から最後のツルが飛び立ち、東京でソメイヨシノが開花する。山梨などではそろそろツキノワグマが目覚めて、山菜採りと遭遇する事件も各地で起こるようになる。

　4月上旬——宮古島ではニイニイゼミが鳴き始め、奄美大島ではルリカケスが子育てに入る。熊本ではゲンジボタルが舞い始め、各地でニホンザルの赤ちゃんが見られるようになる。北海道ではウグイスの初鳴きが聞かれ、道内各地の湖沼には本州から北上してきたハクチョウが姿を見せ始める。

　4月中旬——蔵王や妙高でミズバショウが開花する。八戸の蕪島ではウミネコの産卵が始まる。北海道の稚内の大沼には数千羽のオオハクチョウ、コハクチョウが、宮島沼には数万羽のマガンが集結する。沖縄本島ではヤンバルクイナが産卵期に入る。

　4月下旬——ウミネコの卵が早くも孵化する。西伊豆ではモリアオガエルが産卵し、徳島の吉野川や東京の多摩川では稚アユの遡上がピークを迎える。サクラ前線も北海道に達し、知床横断道路や蔵王のエコーラインの除雪も終了し、通行が可能になる。和歌山や鹿児島でもホエール・イルカ・ウォッチングが始まる頃である。

　5月上旬——八十八夜の頃であり、長野県の白馬岳の山肌に「代かきウマ」がシルエットを現す。「目に若葉、山ホトトギス、初鰹」と詠まれる季節である。沖縄ではハブの咬傷注意報が出されたり、年によっては入梅する。ヒグマが子連れで活動を開始し、奈良公園などで子ジカが誕生する。

【初　夏】　春と夏との間は、生まれ出た子どもたちが活動する季節であるが、森の木々はいよいよ勢いよく葉を広げ、気温はまだ低くてしのぎやすい。そんな季節が初夏なのだろう。立夏（5月）を少しすぎたあたりから梅雨明けまでの時期である。

　5月中旬——山ではニホンカモシカが出産し、ツバメは子育ての真っ最中、都会からもカルガモなどがヒナを連れ歩くニュースが伝わる。四国ではゲンジボタ

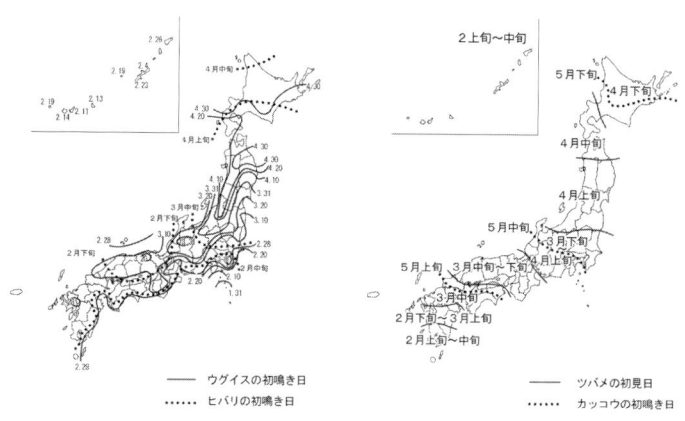

ウグイスとヒバリの初鳴き日　　ツバメの初見日とカッコウの初鳴き日

ルが乱舞し、沖縄や奄美ではアカウミガメの産卵が始まる。フクロウのヒナの巣立ちも間近で、釧路湿原ではタンチョウがヒナを連れて歩く。各地で山開きが催される。北海道最東端でチシマザクラが開花する。

　5月下旬——淡水棲のイシガメ、クサガメの産卵シーズンで、各地の海浜ではアカウミガメの産卵が盛んである。宮古島ではクマゼミが鳴き始める。クサフグ、モリアオガエルの産卵も盛んで、渓流ではホタルが飛び交い、カジカが鳴く。北アルプスなどの高山に棲むライチョウにも繁殖の季節が訪れる。

　6月上旬——夏の渡り鳥として知られるコアジサシの卵が遠州灘海岸などで孵化する。陸奥湾や室蘭沖でイルカ・ウォッチングが盛んである。北海道にショウドウツバメが飛来し、営巣する。慶良間諸島ではサンゴが産卵する。八重山地方でハブクラゲ注意報が出される。全国的に梅雨入りする。

　6月中旬——沖縄ではツマグロゼミの大合唱が聞かれる。オオムラサキの羽化が始まり、秋田の森吉山のクマゲラのヒナが巣立つ。ミツバチを積んだ養蜂家のトラックは梅雨のない北海道にわたっている。沖縄ではそろそろ梅雨明けである。

　6月下旬——豊岡市のコウノトリ郷センターではコウノトリのヒナが巣立つ。サンコウチョウ、アカショウビンなども巣立ちの季節である。オハグロトンボ、ハッチョウトンボも姿を現す。北海道の大雪山ではチシマザクラが開花し、日本

列島でもっとも遅い花見が終わる。尾瀬ヶ原はワタスゲの白い穂で覆われる。

【夏】　本州中部では、夏は富士山の山開きではじまる、といったら人間的すぎるが、すべての生き物が精一杯、思いっきり活動する季節である。

7月上旬——海中ではアオリイカが産卵のピークである。オオタカのヒナが親と狩りの訓練に励む。北海道北端のサロベツ原野ではエゾカンゾウが湿原を埋め、カラフトヒメトガリネズミの幼若個体が一斉に親離れする。ヒメハルゼミの大合唱が聞かれる。中部地方の高山帯のお花畑が最盛期を迎える。

7月中旬——奄美大島、徳之島ではオカヤドカリが繁殖のピークである。栃木ではクマタカのヒナが巣立ち、東北でもミサゴのヒナが巣立ちを迎える。カブトムシの成虫が続々と現れる時期でもある。アオバズクが子育てにいそしむ。

7月下旬——北海道の霧多布湿原が短い夏を迎え、エゾカンゾウ、ワタスゲで覆われ、富良野ではラベンダーが咲き乱れる季節である。宮崎の日南海岸ではアカウミガメの卵の孵化が始まる。三重の御在所岳の山頂ではアカトンボが多数飛翔する。中部山岳地方ではイヌワシのヒナが巣立つ。

8月上旬——各地の森のアオバズクのヒナが巣立ち、鳥島のアホウドリのヒナも巣立ちに成功する。高知県西部の山中ではヤイロチョウのヒナが巣立つ。各地の海岸に産み落とされたアカウミガメの卵は続々と孵り、子ガメは海へと帰っていく。亜高山帯にあるスキー場には早くも秋の気配が漂い、コスモスなどが花開く。

8月中旬——暑さが続き琵琶湖などでアオコが発生したり、スズメバチが大量発生したりする。紀伊半島の高田川や古座川などでは岩場に吸い付き遡上する魚のボウズハゼとヨシノボリが技を競う。釧路湿原ではタンチョウのヒナがそろそろ旅立ちを迎える。

8月下旬——岡山の倉敷川河口などには2万羽を超すツバメが集結する。南へと渡る準備である。富士山麓では「火祭り」が行われ、夏の終わりを告げる。北海道の能取湖畔ではアッケシソウが色づく。立山の標高2450mではチングルマが秋風に揺れ、ライチョウがヒナの世話にいそしむ。リンドウも見ごろである。

【秋】　気温はまだ高いが、生き物たちの動きは確実に秋になりつつあることを

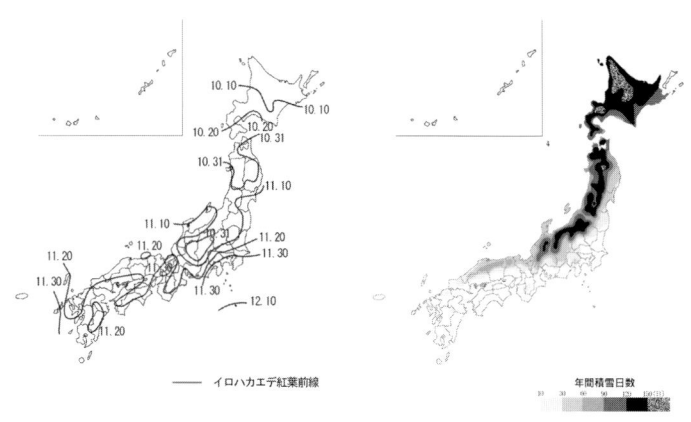

イロハカエデの紅葉前線　　　　　　　　年間積雪日数

示す。ケガニ漁、ズワイガニ漁、秋サケ定置網漁などが解禁される。独り立ちした動物たちは、試練のときに向かって着実に時間が過ぎていくことに気づいていない。ただひたすら、遺伝子に組み込まれたとおりに活動していく。

　9月上旬――まだ夏真っ盛りという感じの石垣島にツバメが南下してくる。長野市ではムクドリが大集団をなし、夕暮れに大合唱する。富士山で初冠雪、大雪山で日本一早い紅葉が観察され、旭川ではナナカマドが色づく。シマリスはドングリの貯蔵に忙しくなり、ナキウサギは岩の間に干草を作って貯える。

　9月中旬――鹿児島の出水にはセイタカシギが姿を見せ、宮古島ではアカハラダカの南への渡りが観察される。渡良瀬遊水地には数万羽のツバメが群飛する。知床の羅臼川にはカラフトマスが遡河してくる。そして北海道の宮島沼にマガンが飛来する。アサギマダラの南下も始まる。

　9月下旬――佐賀ではヒシの実の収穫シーズンを迎えるが、各地にシベリアからマガンやヒシクイが姿を見せる。マガモやオナガガモ、ユリカモメも見られる。日本で夏を過ごしたサシバやハチクマは南下していく。ツバメの大集団は薩南に達し、石垣島でも多数が観察される。

　10月上旬――ハクチョウが渡来し、ムクドリが夕暮れに大集団をなす。ニホンジカは角を完成させ、メスを巡る争いの準備が整う。知床半島では遡上するサケをヒグマが獲る。出水にはマナヅルの第一陣が飛来する。北海道から東北の

山々が初冠雪を迎える。

　10月中旬——西日本ではサシバの渡りがピークを向かえ、広島付近でモズの初鳴きが観察される。これと入れ替わるようにマガンやハクチョウが飛来する。稚内(わっかない)・大沼、クッチャロ湖、ウトナイ湖から北上川、伊豆沼、そして琵琶湖に、米子水鳥公園などまで南下してくる。出水には朝鮮半島からマナヅル、ナベヅルなどが南下してくる。

　10月下旬——ハクチョウは標高の高い地域にも渡来する。長野の安曇野(あずみの)や諏訪湖にも姿を見せるのである。京都の鴨川にユリカモメが飛来し、北海道の釧路ではタンチョウが湿原の越冬地に移動してくる。東京で木枯らし1号が吹くのもこの頃である。

【晩　秋】　列島北部では平地に降雪がある。生き物たちの冬の準備の時期である。巣を改修して寒さに備え、皮下に脂肪を貯える。体に食糧を貯えないものは、地下などに木の実などを貯蔵する。豊かだった食物が突然に消え、冬眠するものはこの太った後の飢餓で、春まで眠るねぐらを探すようになる。短いが重要な季節である。

　11月上旬——京都・鴨川のユリカモメは数を増す。出水のツルは7000羽を超し、東京・不忍池(しのばずいけ)のカモ類も5000羽を超す。北海道に渡っていたミツバチたちも和歌山などの南国へと引き上げてくる。ライチョウも全身白色の冬羽に姿を変える。稚内にはゴマフアザラシが姿を見せるようになる。

　11月中旬——北陸の動物園などでは冬の最終準備に入る。愛知などにオシドリの群れが現れ、四国などの南国にアトリ、ジョウビタキ、ツグミなどの小鳥が続々と到来する。北海道の十勝岳などの山地では全身白色のオコジョが活動している。ツキノワグマ、ヒグマは冬越しに入る直前である。

　11月下旬——出水のツルは1万羽に近づく。島根の江の川にカワウの群れが現れ、大阪・箕面(みのお)の溜池(ためいけ)などにキンクロハジロが、長崎の佐世保にマガモの群れが飛来する。岩手の小岩井農場でも放牧していたヒツジたちを牧舎に入れ、冬を迎える準備を終える。

【冬】　気温が低く、雪が多く、鳥類を除けば、多くの動物が越冬状態に入る。

津軽海峡などで海面から立ち上がる水蒸気が冷たい空気で冷やされ、水滴となる「けあらし」現象が見られる。各地で最低気温が報告されるようになる。冬型の気圧配置が現れる。生き物たちにとって、試練のときであり、淘汰(とうた)のときである。弱いもの、準備が悪かったものなど、春まで生きられないものが続出する。

　12月上旬——稚内の抜海港に現れたゴマフアザラシは200頭ほどになる。奄美大島ではリュウキュウアカガエルが集団で産卵を始める。このころ天敵であるヒメハブが姿を消すためと言われる。琵琶湖もコハクチョウの群れで賑わい、兵庫の加古川や平荘湖ではオナガガモ、マガモ、ヒドリガモなどが多数飛来する。

　12月中旬——北海道ではサロマ湖などにもゴマフアザラシが200頭ほど姿を見せる。オオワシが滋賀の湖北町に現れるのもこの季節である。しかし九州・長崎ではスイセンが六分咲きとなり、和歌山ではツキノワグマの子どもが目撃されたりする。和歌山では冬眠しないために、子グマは秋に生まれるらしい。

　12月下旬——愛知・犬山市のモンキー・パークでは冬の風物詩「サルの焚(た)き火」が始まる。北海道の鶴居村ではタンチョウが川霧の中で1本足で立ったまま夜を越す。雪裡川は流量が豊富で凍らないため、多くのタンチョウが集まるのである。富山ではイヌワシが巣に入る。山小屋などで冬眠中のヤマネに出会うのもこの頃である。西表島ではヤマネコが繁殖期に入り始める。

　1月上旬——登別のクマ牧場でヒグマの赤ちゃんが誕生する。おそらく自然界でもこのころから出産が始まるのだろう。石川ではホクリクサンショウウオの産卵が始まる。冬のさなか、という季節であるが、沖縄ではサクラが開花する。本部町八重岳では日本一早いサクラ祭りが開催される。

　1月中旬——網走沖などに流氷が姿を見せ始める。積丹(しゃこたん)半島には流氷に追われるようにトドの群れが姿を現す。奄美大島ではリュウキュウアサギマダラが集団で越冬する状態に入る。沖縄・座間味沖にはザトウクジラがやってくる。沖縄ではテッポウユリが満開となる。

　1月下旬——流氷に追われ知床にもトドが現れる。本州中部以南では、ウメの花が咲き、サクラの蕾がふくらむ。宮古島ではクサゼミが鳴き始める。石垣島ではデイゴが開き、一足早く春を迎える。北陸にユキホオジロなどの迷鳥が見られるのもこの季節である。🐾

四季の痕跡をよむ〈春〉
③ 鳥が歌いたくなるわけ

　春——日が長くなり、気温の上昇と共に草木が芽吹き、虫たちが活発となる。鳥がさえずり、巣作りにいそしむ。これらはすべて連動した生き物たちの春の活動である。野外観察には快適な季節である。動物は生きている間中、その痕跡を残し続けるが、春は人間の目につくことはあまりない。多くの動物にとって春は、子を産む季節で、妊娠期間の長さに関わりなく、たいてい春に出産し、子育てに入るのだが、哺乳類の多くは地下の巣の中、樹上の木の洞などで出産している。子孫を残すという作業は動物たちにとってもっとも重要な営みであるから、用心深く、ひっそりと隠れて行うのである。ところがヒナを育てる作業に入る前の鳥類は、痕跡をやたらに発散している。"さえずり"である。声もまた痕跡の一つなのである。

▲鳥が歌う仕組み

　梢でさえずる小鳥のオスは、ほかのオスを牽制してメスを引きつけるという器用な歌を歌っている。キツツキはさえずる代わりに、樹木の幹をドラミングする。タンチョウやフウチョウなどは美しく舞い、アズマヤドリはメスを誘惑するためのあずま屋を作る。キジ科の鳥はメスを食事に誘う。春になるとなぜそうなるのか。これはすべて太陽とそれによって分泌される性ホルモンの働きによることがわかっている。

　たとえば美しい声で知られるカナリアのオスは、春の太陽に性腺が刺激され分泌されるアンドロゲンの作用で歌うのだ。カナリアは歌うだけではない。自らを誇示する行動に出る。メスは太陽の光に加えてオスの歌声と誇示に刺激されて性腺からエストロゲンを多量に分泌する。彼女はオスに寄り添うようになる。すると巣作りがしたくなり、卵巣が発達する。恋をしたから巣作りがしたくなるのではなく、エストロゲンが「巣作りしなさい」と命令するのである。

第1部 フィールドの知識

　オスがそばにいるとカナリアのメスは連続的な刺激を受け、まずは巣を作るための材料集めにかかる。体内では卵巣で発達していた小さな卵が、急激に大きくなっていく。卵はすでに小粒の真珠ほどに成長している。そして二次ホルモンが分泌されはじめる。

　巣が完成に近づく頃、エストロゲンと二次ホルモンの働きでメスの胸の羽毛が抜けはじめ、いわゆる"抱卵斑（ほうらんはん）"ができる。脱毛した部分は皮膚（ひふ）が裸出（らしゅつ）し、きわめて敏感な部分となっているが、そこが直接巣に触れるので、メスはオスがそばにいるのと同じくらい強い刺激を受ける。

　巣がほぼ完成すると、メスは交尾（こうび）の準備が整う。オスの存在と体内のホルモンが作用して、メスはオスを許容する行動に出るのだ。最初の卵を生む前に数回の交尾がとりおこなわれる。その後次第に交尾活動は少なくなる。裸出した胸の皮膚のすぐ下にある血管は膨張し、抱卵斑は鮮やかな紅色になる。巣が皮膚に刺激を与え続けることと、エストロゲンと二次ホルモンが作用しているからだ。これらの作用は産卵管にも作用し、卵の通りがよくなるようにそこを拡大する。ときおり交尾も行うがその回数はごく少なくなっている。抱卵斑はいよいよ赤く、巣に対する感受性はさらに強まってくる。で、柔らかい羽毛で、巣の内側を覆（おお）い、巣の仕上げの作業に入る。この作業とほぼ時を同じくして、メスは排卵（はいらん）し始める。

　メスは数日間、一日一個の割合で産卵を行う。抱卵斑の鮮やかさは最高潮に達する。抱卵斑が物に接触して生ずる刺激が、メスの抱卵活動を進行させるのだ。今やメスは交尾の願望はまったく消失しており、抱卵中の見張りなどの雑用は、ほとんどオスの仕事となる。

　それ以後の育雛（いくすう）、巣立ちといった過程も、コンピューター制御された複雑な自動販売機と同じような仕組みでスムーズにおこなわれていく。連続的かつ流動的に、ある段階では弱かった力が強く作用し、それを過ぎるとその力はまた弱まり、別の力が強まってくる。このカナリアの繁殖（はんしょく）の仕組みは、イギリスのロバート・ハインドの詳細な実験によって明らかにされたが、彼は「生殖行動の進展は数多くの生理的、行動的変化が含まれており、その一つ一つは、正しい時期に正しい順序で生じなければならない」と述べている。カナリアのオスはメスが恋しくてさえずるのでもない。メスは愛の結晶を慈しみながら育てるのでもない。刺激と反応により、愛の生活を営んでいるに過ぎなかったのである。🐾

四季の痕跡をよむ〈春〉
4 双眼鏡の使い方

　野山で動物を観察しようとしたら、双眼鏡は必需品である。視力がどんなに良い人でも、動物の細部は拡大して見ないとよく分からないからである。かつて北海道大学で動物行動学を研究されていた狩野康比古先生は、常に改造した双眼鏡を肩からかけておられた。目があまりよくなかったこともあるが、細部を観察するためにはどうしても必要であり、動物園などでもその双眼鏡を使っていた。双眼鏡はあまり近いところにはピントが合わないのだが、先生のものはピント合わせの「繰り出し」（近いものを見るときには一杯に繰り出してピントを合わせる）のネジ山をさらに切って、手前2m程のところでもピントが合うようにしてあった。これは非常に特別な使い方ということになるが、一般的にはその必要はない。

▲双眼鏡を選ぶ

　双眼鏡を選ぶときは、軽くて丈夫でよく見えるものが良いのだが、さまざまなものがあるので、選ぶのに迷う。防水性のもの、耐振性のものなど、高価なものから安価なものまで、ピンからキリまである。高級なものはレンズが明るく、画面の中央だけでなく周辺までも像がくっきりと見え、色のにじみも少ない。長時間使っていても目が疲れにくい。

　双眼鏡本体に数字が刻んである。〈7×35〉とか〈10×42〉という数字だが、前の数字は倍率を表している。7倍とか10倍の意味である。後ろの数字はレンズの口径、つまり明るさである。数字が大きいほど暗いところでも使える、ということになる。ただし重量がある。〈10×70〉という巨大なものもあるが、野生動物を観察するときには、7〜10倍ていどが良い。これ以上倍率が高いと手ブレを起こすから、見ているものが止まらず、結局よく見えないということになるのである。

　選ぶときは、5分間ほど双眼鏡であたりを眺めていて、パッと双眼鏡をはずし

たとき、頭がクラクラしたり、目に違和感がありすぎるのは、自分の目に合っていないと考えてよい。

▲双眼鏡を使う

双眼鏡の使い方を簡単に述べると次のようになるだろう。

① 双眼鏡は自分の視力にふだんから調節しておく。
② 双眼鏡を上手に使うためには、動かないものを目標にして練習するとよい。
③ 双眼鏡を使うときは、まず裸眼（らがん）で対象物を見つける。
④ 耳と目（裸眼）を使って鳥や動物を探す。鳥なり哺乳類なり、目標物をいったん目にしたら、その近くにある特徴のある木の枝などを目印にする。できるかぎりその位置を記憶し、同時に体の向きを対象物の正面に向けるようにする。
⑤ その点から眼を離さず、ゆっくりと双眼鏡を眼にあてがう。
⑥ 発見したものを他の人に見せたいときには、そのまま双眼鏡を下げずに、時計方式で位置を教える。たとえば、左中央なら、「9時の方向」というように。
⑦ もし同じ双眼鏡を使う場合は、人によっては視力が大きく違うので、調節するなど、そのへんのことをあらかじめ考慮に入れておく。
⑧ 広い範囲をすばやく、まんべんなく見渡すには、図のように左から右、続いて右から左へ「Z」字を描くように双眼鏡を動かす。

双眼鏡を動かすときも、視界に入ってくる目立つものを記憶するように心がけるのがよい。

〈春〉双眼鏡の使い方

▲双眼鏡の別の使い方

　双眼鏡は遠くのものを見るためのものだが、ルーペにもなる。反対側からのぞくと、指の指紋でも拡大されて見える。ウォッチングしていて山道で小さな動物の歯や鳥の羽毛などを見つけて子細に観察したいときは、双眼鏡がルーペがわりになるので便利である。ルーペなのだから、太陽が出ているときならば、マッチ代わりに火をおこすのにも使える。

　もう一つは、夕暮れから夜にかけてのかなり暗くなった時間、完全な暗闇でなければ、暗視装置の代用品にもなる。夜のとばりが下りて、観察ポイントが見えなくなっても、双眼鏡を使えば、かなり見える。視野で動物が動いていれば、識別できる。この場合、明るいレンズのものが有効である。かつてイリオモテヤマネコを観察しに訪れたドイツのライハウゼン教授は、ライツ社の最高級の双眼鏡を使って、夜、ヤマネコを見ていた。🐾

口径が小さいと燃えるまでに時間がかかる。　　反対側から覗くとルーペがわりになる。

四季の痕跡をよむ〈春〉
5 キツツキの巣穴

▲キツツキの巣穴はさまざまな動物に利用される

　キツツキの仲間の多くは、ミズナラやブナなどの大木の幹に、嘴を使ってまず横穴を掘り、次に下向きに曲げて、深さ30cmばかり掘り下げた樹洞をつくり、それを巣とする。中は削りかすが残っているだけで、巣材はまったく使わない。穴の底に直接に2〜8個の白い卵を産む。巣穴を掘るのも抱卵も雌雄共同で分担して行うが、夜の抱卵はオスの務めである。抱卵期間はこの大きさの鳥としては非常に短く、小形種で11〜14日、大形種でも17〜18日である。孵化後2〜3週間で巣立ちするのがふつうだが、大形種では5週間もかかることがある。

　その巣穴はヒナが巣立つと放棄される。そして翌春、キツツキは新たに巣穴を掘りぬくから、キツツキの作った樹洞は、森の中に木の洞として残り続けるのである。翌年、この洞を巣穴として利用するものが現れる。主にシジュウカラ、ヤマガラ、ゴジュウカラなどのカラ類である。この小鳥たちは森の中を飛び回って巣材を集めてくる。まずはコケ類を大量に運び込み、産座として動物の毛、羽毛などを敷く。特に獣毛は脂分があるために防水・防寒の役に立つのである。ゴジュウカラなどは巣穴が大きすぎるときは、泥土で適度に塞ぐ。非常に快適な巣が完成し、5〜13個の小さな卵を産む。

　この頃から巣はヤマネに狙われる。ヤマネは巣に侵入すると、卵やヒナを食い、その巣を乗っ取る。産座の下のコケの中で眠りこけているヤマネを発見することがある。ヤマネは自分で巣材を集めることもするが、カラ類がコケを集めてあるときは、少量追加する程度である。また、木の又にボール形の巣をかけることもある。

　こうして数年が経過すると、木の幹の枯死が進み、樹洞が広がってくる。同じキツツキ類のアリスイが巣材の敷かれた洞を巣にすることがある。この鳥は巣材は一切集めないから、洞の内部の底がフワフワになったころが快適なのだろう。

〈春〉キツツキの巣穴

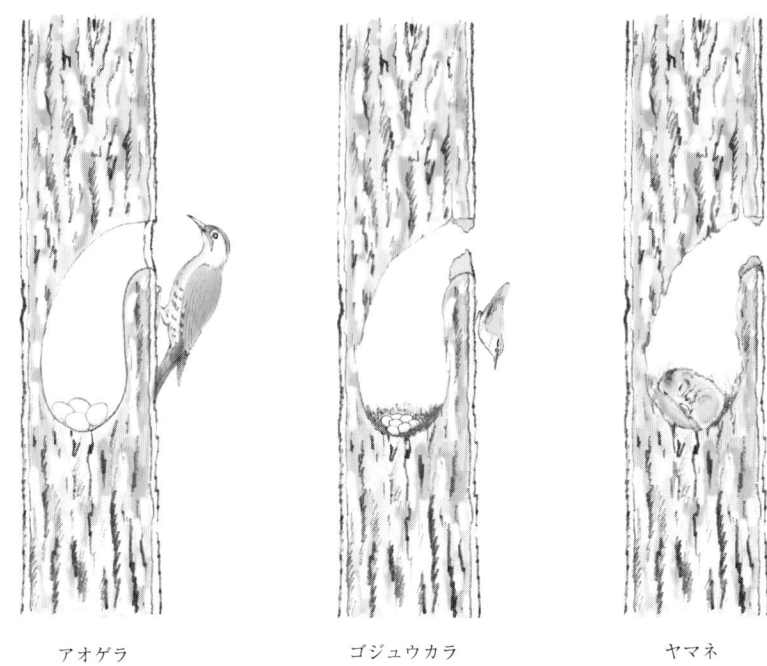

アオゲラ　　　　　　　　　ゴジュウカラ　　　　　　　　ヤマネ

巣穴の変遷　キツツキ（アオゲラ）の作った巣穴の主が変遷していくようす（左から）。

　樹洞が広がるにつれて、比較的大柄な動物も巣として利用しはじめる。コノハズク、モモンガ、リスなどである。この頃になると、キツツキが掘りぬいた穴の原型はすでになくなる。コノハズクは巣材を使わないが、モモンガやリスは小枝やコケなどを集めてくる。

　動物たちによる樹幹の利用で、樹木がこの部分から折れることがある。最初のキツツキが営巣中にも折れることがあるのだから、その危険性は年々高まっていることになる。

　巨大な樹洞になると、ムササビやフクロウが利用する。まだ底部が残っているからであり、これがなくなると、樹木の上から下まで続く垂直のトンネルとなる。巨大なスギなどにはこの種の樹洞があるのだが、もはやムササビもフクロウも利用できなくなる。最後に入るのはコウモリ類である。ヤマコウモリなどの虫食性の大形のコウモリが少数の群れをなして棲み着く。

アリスイ　　　　　コノハズク　　　　　ムササビ

▲キツツキが脳に障害を起こさないワケ

　幹に穴を開けるキツツキの嘴には秘密がある。キツツキは眼窩（頭骨で言う眼球の収まるくぼみ）の前に骨化した中眼窩孔をもち、頭部の筋肉が嘴の中に伸びている。嘴と顎をつないでいる筋肉も非常に発達している。上嘴の上の前頭骨は骨質の隔壁となっている。こうした仕組みで嘴を強打したときの衝撃を吸収している。この装置がなかったら脳が衝撃で破壊されてしまうことは確実である。🐾

四季の痕跡をよむ〈春〉
6 ノウサギの毛換わり

　日本に棲息する哺乳類はすべて毛換わりをする。春には冬毛が夏毛に、秋には夏毛が冬毛になる。これを〈換毛〉と呼ぶが、それが目立つものと目立たないものとがある。タヌキやニホンカモシカなどのように、密生していた保温用の下毛が抜けるだけで毛の色がほとんど変わらないものは、夏毛ではやせて見える。一般に夏毛は美しく、冬毛は灰色がかったり、くすんだ色をしていることが多い。キツネやニホンリスでは夏毛のほうが赤みが強い。ニホンジカやエゾシカも夏毛は栗色がかり美しいが、さらに白斑が生ずるので、いっそう美しく見える。

　テンでは「キテン」と「スステン」の二つのタイプがあるが、キテンの夏毛は全身が濃い黄色で顔面などが黒く、冬毛では淡い黄色となり顔面や尾端などが白くなる。スステンの夏毛は全身茶色で喉がオレンジ色で、冬毛はキテンの夏毛に似るが体はココア色または栗色である。

　換毛には保温と保護色の働きがあるが、その典型は、夏毛は褐色っぽいが冬毛は真っ白のものであろう。ノウサギやユキウサギ、オコジョやイイズナ、鳥類ではライチョウが挙げられる。

　この秋に起こる白化の仕組みは非常に複雑なものらしく、実験的には飼育下で照明時間を夏時間から冬時間へと変化させていくことで白化を起こさせることができる。しかし、野生のものを観察すると、必ずしも日照時間の変化だけではないことがわかる。北海道のユキウサギは、冬にはみな白くなるが、本土のノウサギは白くならないものも多い。エゾユキウサギでは東京で６年も飼育しても毎年白化した例がある。

　ノウサギの場合、白くなるのは大体１月の平均気温が４℃以下の地方だと言われ、四国、九州でも山岳地方には白化するものがいるし、緯度は高くとも隠岐のような温暖なところには白いのはいない。

　毛が白くなるのは、毛の色素がなくなるためで、ホルモンか１種の酵素の働き

によるので、これらが働きだすには一定の温度の低下が必要なのかもしれない。しかし、その臨界温度には個体的な変化があるように思われる。同一地域に棲んでいながら、あるものは白変し、他は白変しない現象が、長野、岐阜、島根など、１月平均気温が４℃の線付近に見られるのである。ふつう11月中旬には白化が始まる。

　褐色の夏毛が、白い冬毛に換わるのは、毛はそのまま残っていて色素がなくなるためである。もちろん新たに白い下毛は多数生えてくる。春における白色から褐色への変化は、褐色の毛が新たに生えるためである。新潟では３月の中旬に換毛が始まり、下旬には体が白色と褐色のまだらになる。完全に体色が換わるまでに１ヶ月以上かかる。

ノウサギの毛換わり

四季の痕跡をよむ〈夏〉
7 森で迷子にならない方法

　野生動物を観察するとき、山道をはずれて森の中などを歩くことも少なくない。観察しようとしていた鳥が森の奥へ移動したとき、もっとよく見ようとしてついていくことがある。また、木々の間から遠くに興味深い木や花などが見えたとき、森へ足を踏み入れることもある。夏の森は草木が繁茂していて視界がふさがれがちになるので、とくに気をつけた方がよい。

　小さな花やキノコなどを写真に撮ろうと、下ばかり見て歩く人も危険である。林道からほんの数m、林内に入っただけで方向を失い、30分も歩き回ると、運が悪いととんでもない地点に到達している。秋のころ富士山麓にキノコ狩りで入った人が迷い、大捜索をしたことがある。夜半過ぎ、10kmも離れた国道にたどり着いたということがあったが、全身傷だらけだった。途中でクマやイノシシに出くわさなかっただけ運が良かったというべきなのだろうか。

　森に入るとき、必ず考えることは方向である。どちらの方向へ進んだのか、つまりスタート地点がわからなければ、コンパス（方位磁石）をもっていても、最新のGPSをもっていても、元には戻れないのである。また、そういう機器が有効であることはいうまでもないが、自分の方向感覚を磨くことも大切だ。

　人間はふつう効き足の歩幅を他方より大きく取りがちなので、まっすぐ歩いたつもりでもいつのまにかコースが曲がっている。これを避けるために、目標を決めながら進む。つまり、目標に向かって直線状に3つ以上、目立つ木や岩などを目印にする。最初の目印に着いたら、もう一つ目印を追加するのである。

　来た道を戻る場合もある。最初から予測されることだが、進んでいるときにときどき後ろを振り返って、逆向きの景色を見ておく必要がある。逆方向から見ると、同じ道筋でも違って見えるものだ。帰路に入ったら、何度も後ろを振り返って迷っていないか確かめつつ戻る。また、午後の陰は、朝の陰とさし方が違うので、見たこともない景色に見えることもあるから。注意を要する。曲がり角には

石を置いたりして目印にするとよい。

　休息したり、時折立ち止まって川のせせらぎ、打ち寄せる波などの海鳴り、自動車の通行音、汽笛などに耳を澄ます。マツの木などの森の匂い、咲いていた花、牧場の花の香り、磯の香りなども道案内の役に立つ。

　木が方向指示器になる場合がある。空き地に立つ木は、北半球では木の南側（南半球では北側）の葉が良く茂っている。緑の"コケ（藻類）"は、幹の赤道に遠い側（北半球では北側）に着きやすい。100％確実というわけではないが、かなり参考になるものだ。

　開けたところ、見通しのきくところでは、はるかかなたまでを眺め、自分のいる位置を頭に叩き込む。迷子になったと感じたときは、木に登ったりして自分の位置、進むべき方向を読み取る。

▲コンパスの使い方──今、どこにいるのかを知る

　地図を持っていても持っていなくても、重要なのは、歩き始める前に自分がどの方向に進むのかを知ることである。たとえば北に向かって森に入ったら、出る

【偏角】　地図は上が北だと教わるが、厳密には、地図上の北と磁石が示す北とは異なる。北極点と磁北が少しずれているためだ。このずれを「偏角」といい、地図を読むとき、磁針が示す北を偏角の分修正する必要がある。2.5万分の1地図の裏面などに、それについて記述されている。

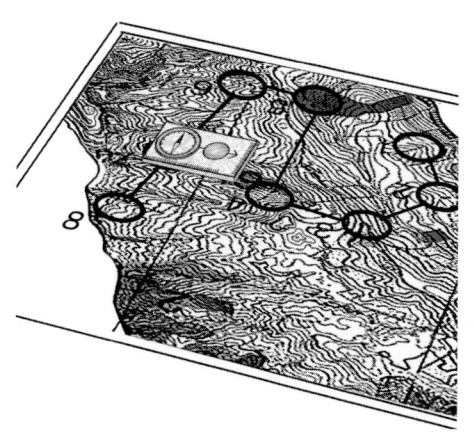

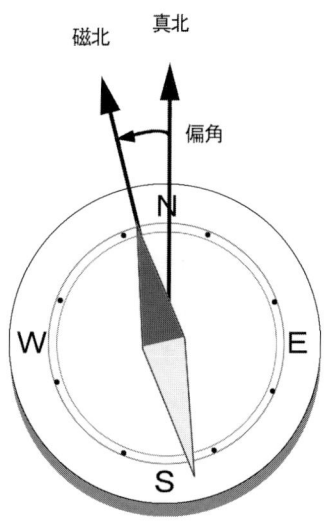

方位磁石は北を指さない！
例えば稚内で10度、南九州で6度ずれる。

ときは南に向かえばよい、ということになる。最新のＧＰＳなどでも同じだ。

　コンパス（方位磁石）にはさまざまなものがあるが、初心者にはオリエンテーリングで使うコンパスがいちばん良いだろう。透明な台に方角を指す針があり、速く正確に方位を読めるようになっている。

　コンパスの見方で注意する点は、磁北（じほく）（磁性を帯びたコンパスの針はこの方角を指す）と地球の北（地図はこの方角を中心にして書かれている）とは違うということだ。このずれを〈偏角（へんかく）〉といい、その角度の違いを度数で表したものを〈偏差（へんさ）〉という。

　コンパスで方角を探すには、まず、方角指示針を盤面（ばんめん）の目盛りに合わせる（たとえば、北東30度）。次に、コンパスを腰の高さに持ったまま、磁針（じしん）の赤い先が指示針とちょうど重なるまで体をぐるっと回す（円形コンパスの場合）。磁針と指示針が重なったら、北東30度の目盛りの方角をまっすぐ見て、樹木などを目印にして、その方角に進む。

　方角を確かめるには、目指す方角に体を向けたまま、磁針がＮ（北）を指すまでコンパスを回す。確認した方角をコンパスから地図へ写し取るには、まず、コンパスの端を地図上の現在位置と目的地とに合わせる。そして、磁針が地図の子午線と平行になるようにコンパスを回す。

　オリエンテーリング用のコンパスを使って地図を読むには、コンパスを360度にセットする。コンパスの指示針の矢印が北を指すように（地図の北を合わせて）、コンパスを地図の上に置く。コンパスを載せたまま、磁針が北を指すまで地図をぐるっと回す。🐾

四季の痕跡をよむ〈夏〉
8 ブラインドやテントを張る

▲ブラインドやテントを張る場所

　渓流（けいりゅう）沿いの河川敷（かせんじき）などに動物観察用のブラインドやテントを張るときは、常に川の水の量、濁（にご）り具合などに注意する。天気が良くても、上流で夕立などがあって増水することがあるからだ。また、中州（なかす）には決して張らない。観察する上でどうしても避けられないときは、退避する進路を想定・確保しておく。上流で雷雨などがあれば、30分ほどで1mも水位が上がることもある。

　海岸では高潮（たかしお）に注意してブラインドを張る。海岸に散乱している海藻（かいそう）やゴミなどで、その季節の最高位の波の位置を想像できる。

　落石のあるところには張らない。崖（がけ）の下などは危険である。上から落ちたと見られる新しい小石が散乱しているところは避ける。

　枯れ木・倒木にも注意する。大木であっても強風時には倒れることがある。とくに枯れ木の大木はいつ倒れてもおかしくない。やや強い風が吹いたときの揺れ方、傾き、音などを気にしておく。

▲雷の落ちやすい場所は避ける

　雷は、一般に、雲と地表の最短距離を走る。そのため、周囲に比べて高いところほど雷が落ちやすい、といわれるわけだ。樹木、煙突、高い建物、山頂、平らな地面に立っている人間などがそれである。雷はまた、金属製パイプ、鉄条網（てつじょうもう）、ゴルフクラブ、雨どい、水の流れなどの電気の良導体（りょうどうたい）に落ちやすい。この二つの性質を利用したものが避雷針（ひらいしん）である。避雷針の保護範囲は、その先端から45度の角度で地面と結んだ内側である。

　避雷針では先端を頂点に地面までの円錐形（えんすい）を考え、一般の場合は頂点の角度（頂角）が最大で120度、火薬などの危険物を貯蔵する場合は同90度の円錐の中に建物を収めるような基準がある。しかし高層ビルなどでは側雷（そくらい）に襲われること

〈夏〉ブラインドやテントを張る

危険な設営場所

がある。山岳地帯でも足元から雷がきたという話を聞くが、この側雷のたぐいなのであろう。

　雷の自然の警報装置は雷鳴である。戸外にいて遠くの雷鳴を聞いたら、できる限り屋内に入る。突然のような1回だけと感じる雷もあるということである。

　電柱、塀、高い木、テントのポール、旗ざおなどの近くは避ける。自転車に乗って走るのも危険。水に入っていたり、ボートに乗っていたりしてはならない。

　開けた場所で雷雨にぶつかったら、なにか絶縁物の上にうずくまる。スリーピングバッグや衣類を積み重ねたものを使う。寝そべってはならない。

　山は落雷の危険が多い。とくに樹木限界以上のところは危ない。天気予報を聞き、雷雨が予想されれば登山は待機もしくは延期する。避難場所のないところで雷雨にぶつかったら、平たい岩の間にかがむ。なにしろ小さくなり、身を低くする。岩壁や狭い岩の裂け目、水の流れなどから少なくとも15〜25m以上離れる。雷はそのような通路を伝って落ちるからである。🐾

四季の痕跡をよむ〈夏〉
9 雨上がりに残された足跡

　山に入ったら車を降りて少し歩いてみる。付近の様子をよく観察するには、車を降りることが大切である。新鮮な空気を胸一杯、吸うためでも良いではないか。地面に立つと、車からでは見えなかったものが見えてくる。どんなに慣れても、車の速度は人間の目にとって速過ぎる。新芽の鞘、強風で落とされた小枝や若葉、そんなものに混じってあるのが動物の足跡である。

　足跡を探そうとしたら、林道の脇がいい。道の脇には雨が降ると水たまりになるところであるが。水が引いていくとき、大きな土の粒は最初に沈み、微細な土の粒子は最後まで残るから、完全に水がなくなったときは表面がつるつるした鏡の表面のような美しい"ぬかるみ"が完成する。

　溜まった水が引いていくとき、そこは動物たちの臨時の水飲み場になる。だから、水たまりの縁に小鳥たちの足跡が残っていることもある。小鳥たちはそこで水浴びもする。富士山などのような水がない山では、初夏などにはヒキガエルが産卵することさえある。やがて干上がる運命にある水たまりだから、こんな現場を見ると少し悲しい。だが、一方で、こんな試練を乗り切ったオタマジャクシが現れたら、乾燥に強いカエルが出現することになるのだから、動物の進化の現場でもあると思ったりもする。

　出来上がったぬかるみは時間がたつにつれて表面が乾き、ひび割れてくる。雨が降った時刻から換算して、ぬかるみができたおおよその時間が推定できる。このことは案外重要で、動物の足跡がついていたら、その主の動物は、ぬかるみができた後にやってきたということが分かるからだ。

　誰も来そうにない山奥で人間の足跡に出くわして、ギクッとすることもある。山奥でいちばん怖いのは、クマなどではなく、人間だということを実感する瞬間である。

　ともかく、このような水が引いたぬかるみでいちばん多いのが、シカ、アナグ

〈夏〉雨上がりに残された足跡

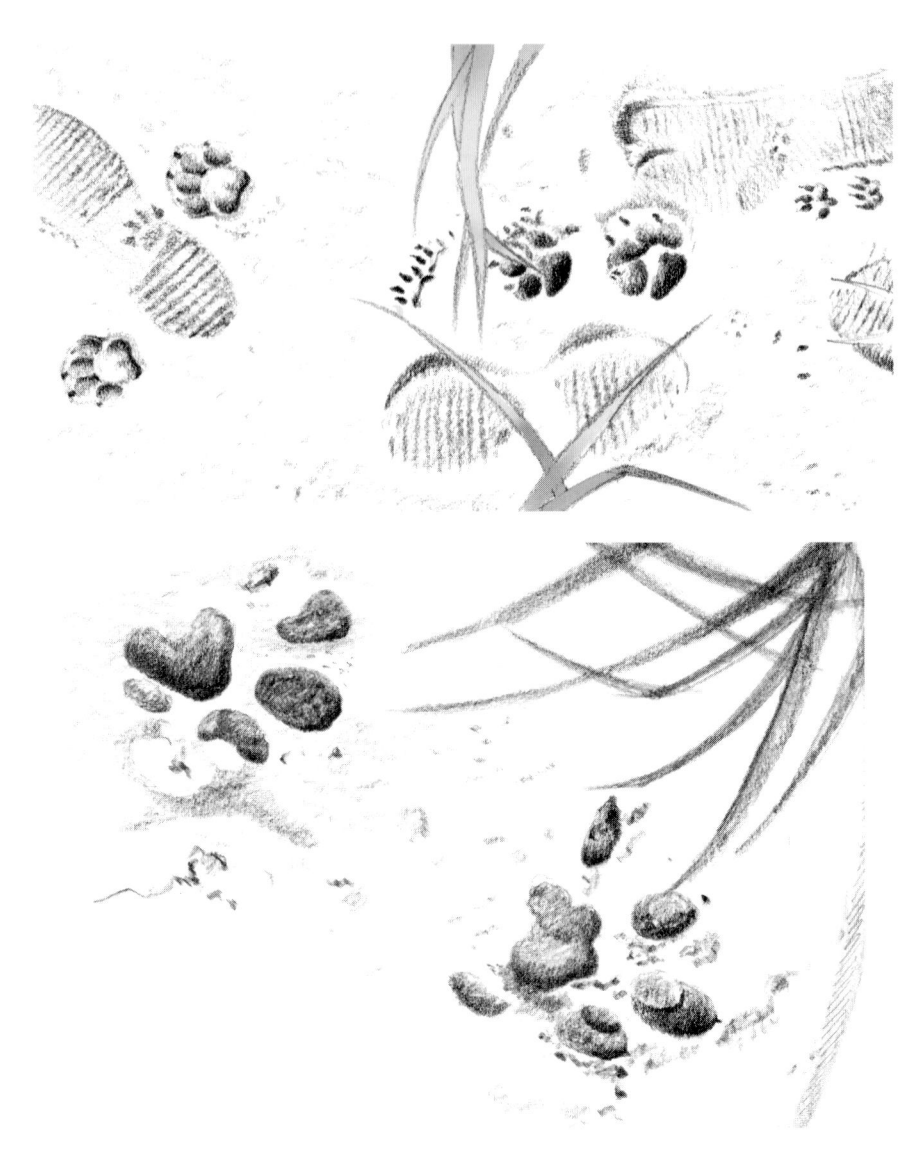

ぬかるみの足跡　上．イタチ、イヌと人／下．イリオモテヤマネコ

マ、キツネなど比較的大きな動物の足跡だ。タヌキやイノシシの足跡が残っていることもある。ネコはぬかるみに入るのを嫌うが、野生動物はぬかるみに入ると足が汚れるなどということは気にしない。人間は幸か不幸か、小さいときから母親などから「靴が汚れる！」と怒られているから、ふつうは入らない。🐾

四季の痕跡をよむ〈夏〉
10 クモの巣

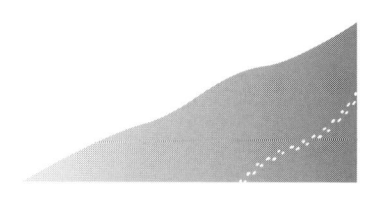

　早朝、朝日が昇ってきたときほどクモの巣の存在に感動させられることはない。朝日をあびたクモの巣の輝きは、まさにダイヤモンドのようである。よく見るとクモの巣にも棚状のもの、大きく広がった投網状(とあみ)のものなど、さまざまな形状をしていることが分かる。ほんの小さな網もある。

　クモには獲物を捕まえるための巣をかける種が多い（巣をかけないクモも2〜3種あり、これらのクモは獲物に飛びつくか、ワナを作る）。下図に示したクモの巣は、森の縁などでよく見られるタイプである（①〜④は生成の順を示す）。

　巣を編む種のクモは、下腹から後ろ足を使って絹に似た液状物質、つまり糸を出す。糸の成分は純粋なタンパク質で、クモはこの糸を再生して使用することがある。ある糸が必要でなくなると食べてしまい、また必要な時に出すのである。糸は、朝露など、多数の水滴を支えるほど強い。

　どんな昆虫たちが餌食(えじき)となるのか…、自然界の巧妙さを見ることができる。🐾

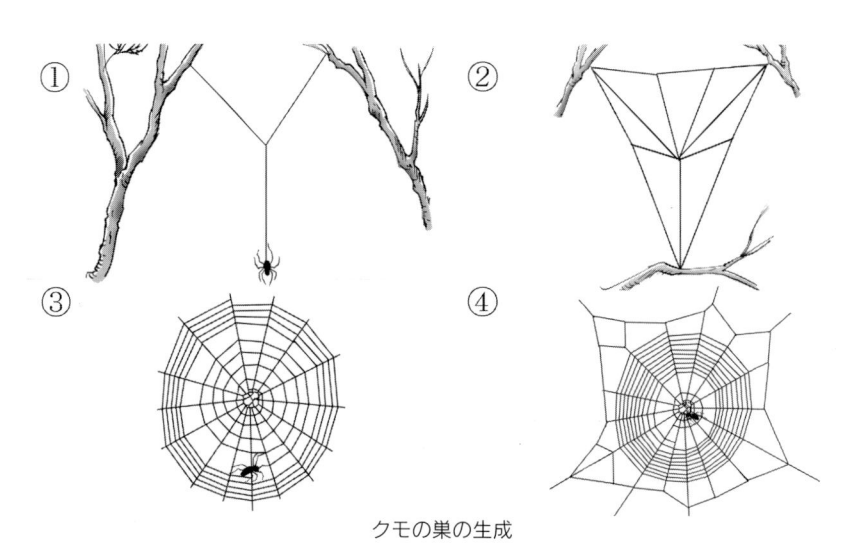

クモの巣の生成

四季の痕跡をよむ〈夏〉
11 危険な生物① ダニ、寄生虫

▲野生動物との不意の遭遇

　クマの子や元気よく走り回るリスほどかわいらしく見える動物はいないし、クモやヘビ以上に恐ろしげなものもあまりいないだろう。しかし、いかにも可愛らしげな動物が、実は危険であったりする。若い動物たちのもつ自然の好奇心が、しばしば親愛の気持ちと見誤られ、そこから多くの間違いが起こることが多い。

　人間があまり近づきすぎたりすると、好奇心が恐れに変わり、瞬間的に動物は歯や爪で身を守る。動物の母親は遠くから子どもに目を配っているのがふつうである。そして子どもが危険にさらされているとみれば、攻撃してくることもある。母グマと子グマの間に入るのが危険なのはこのためだ。

　よく、人間が野生動物を恐れる以上に、野生動物の方が人間のことを恐れているといわれるが、これはほぼ正しい。動物たちはふつう、人間が彼らを見つけるよりもずっと前から、人間がやってきたことに気づいている。たいていの動物は、できれば人を避けようとする。たとえば人間がヘビに出会った場合、ヘビは人間が何もしなければ逃げていくだろう。もし、自分の出会ったヘビが、危険のないものかどうか確かでない場合は、ゆっくりと静かに遠ざかるようにしよう。

　まったく偶然に野生動物にぶつかることもある。時には仰天するが、たいてい動物が襲ってくるのはこのような場合だ。キャンプやハイキングをしようとする地域の野生動物については、事前に知識を仕入れておかなければならない。山では何がいるか見えないところに手や足を置いてはいけない。木や崖や岩に穴や割れ目に手を入れてはならない。このような場所には、ヘビやサソリが隠れているかもしれないからだ。倒木をまたぐ場合には、まず向こう側を見てからにしよう。

　背の高い草や厚い低木の茂みを分けて進むのも、危険な場合がある。低木や草の茂った地域では、ダニに注意しよう。ダニが食いつくと、皮膚の中にもぐりこみ、取り除くのが簡単ではない。無理やり引っ張ると、ダニはすでに前半身を皮

膚内に食い込ませ、吸血しているから、その部分だけが千切れ、皮膚内に残ってしまう。それはのちのちまで残り、腫れたりしこりになる。怖いのは、ダニからライム病やツツガムシ病がうつされることがあることだろう。

▲ライム病

　野山に棲息する大形のダニが媒介する〈ライム病〉。この病気は1975年、アメリカ・コネティカット州ライム地方で流行したことが、名前の由来だ。日本では、1986年に長野・新潟県境の妙高高原を散策してダニに咬まれた60歳代の男性が、ライム病第1号である。ダニは、病原体をもつノネズミや鳥などに吸着した時に病原体を保有する。そして今度は媒介役として吸血時に他の動物などに感染させる。人間も病原体をもつダニに刺されれば感染する。

　たかが虫さされと侮ってはいけない。たとえばこんな例がある。その人は夏に北アルプスに登山した。下山後、左脇下が腫れて赤く変色し、体長数mmのダニが吸着しているのに気づいた。とげ抜きで取り除き、そのままにしておいたところ、数日して左胸が痺れ、頭痛、肩や首の痛み、全身の倦怠感などの症状が出てきた。2ヶ月たっても治らないため地元の病院皮膚科に行ったところ、「ライム病に感染した疑いがある」と言われた。抗生剤を服用し、ある程度症状は良くなったが、倦怠感がその後も続いたという。

　感染初期なら確実に治るが、遅れると、全身にさまざまな症状が出る。関節炎や顔面神経麻痺、角膜炎、脳炎などさまざまな症状を引き起こし、慢性化する。

　人間の場合、マダニに咬まれると、周辺の皮膚が赤く変色（紅斑）して円形に広がり、頭痛や発熱、筋肉痛などを伴う場合が多い。日本でライム病を媒介するダニは、おもにシュルツェダニという種で、成虫の平均体長は約2〜3mm、吸血すると10mmになる。北海道の平地や、本州の中部以北の標高800〜1500m付近の山岳地帯などに棲息する。感染期は吸血活動をする4〜8月である。

　病院に行くかどうかの目安は、咬まれた周辺に紅斑が円形に広がること。咬まれても痛みや痒みが出ないことが多い。帰宅後、紅斑に気づいたら、とりあえず病院に行く。体に吸着しているのを見つけても、自分で取り除かずに皮膚科で取り除いてもらったほうが安全だ。消毒用アルコールを塗ったり、マッチに火をつけて吹き消し、まだ熱いうちにその先端をダニの体に押し付けたりして取り去る

〈夏〉危険な生物① ダニ、寄生虫

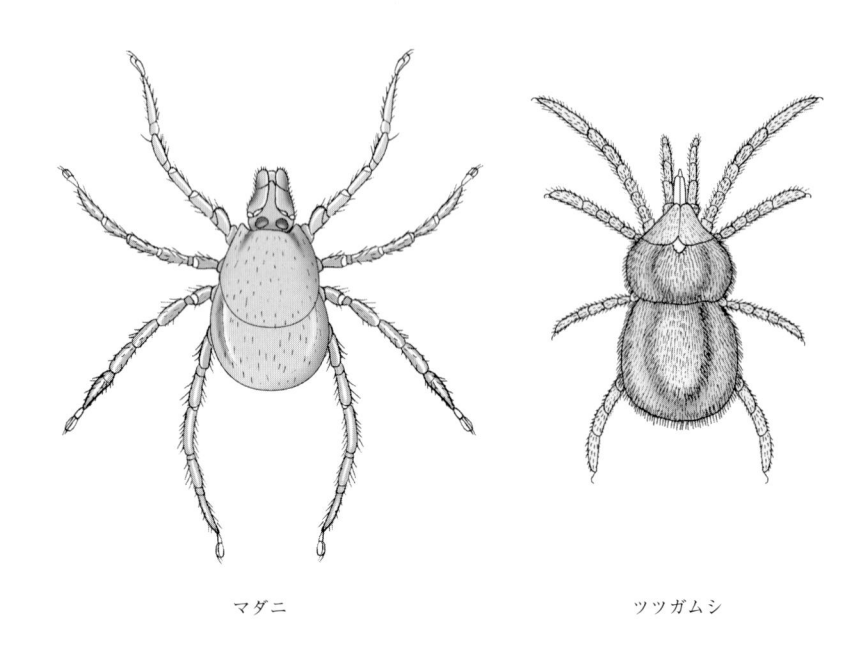

マダニ　　　　　　　　　　ツツガムシ

こととも考えられるが、ダニから病原体が伝わるには、吸着から１、２日の余裕がある上、吸血中のマダニを下手にひねりつぶすと、病原体が逆流して宿主への感染を促すことも考えられるからである。

▲ツツガムシ病

　古くから恐れられたのが〈ツツガムシ病〉である。ツツガムシもダニの１種であり、「道中、つつがなく……」など、相手方の健康を気遣う常用語はツツガムシに由来する。

　体長わずか0.2mm、野山や河川敷に棲息する幼虫のうちで、病原体のリケッチアを持つものに運悪く刺されると、激しい頭痛と高熱を伴って発病し、適切な治療が行われなければ致死率が30％にも達する熱病がツツガムシ病だ。

　秋田、山形、新潟で古くから知られる風土病は、夏に幼虫となるアカツツガムシによる。戦後わかった新型ツツガムシ病は、幼虫の発生時期が春と秋のフトゲツツガムシと、秋から冬にかけてのタテツツガムシによるもので、全国のほとんど各地で新型が散発している。

　ツツガムシは、他人に見せにくい、人の「柔らかい」部位を好んで刺す。周り

吸血前後のマダニ

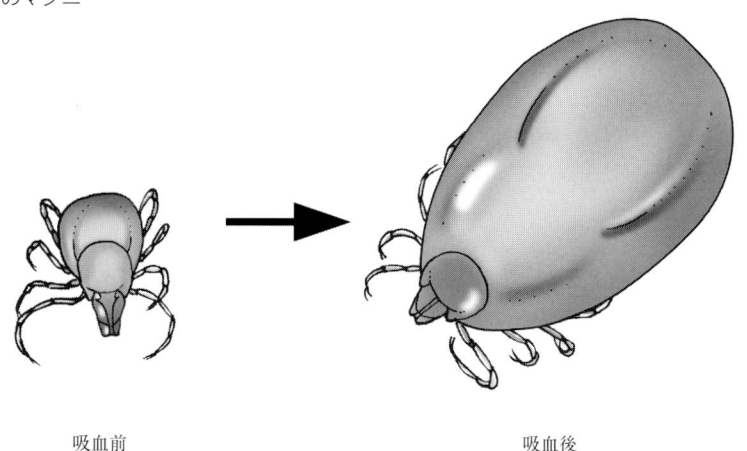

吸血前　　　　　　　　　　吸血後

が赤黒い刺し口が発見された場合、医師はテトラサイクリン系かクロラムフェニコール系の抗生物質を使う。高熱も翌日か翌々日には下がって治るが、もっとも使われているペニシリン系やセファコスポリン系の抗生物質は効果がない。ここ10数年でツツガムシ病はきわめて増加しているが、これは市販の風邪薬からテトラサイクリン系の抗生物質が抜かれたからだと言われる。それまではツツガムシ病の初期症状が風邪に似ており、症状が出ると風邪薬を飲んでいたために、知らずに治っていたわけだ。それで全国的にほとんどツツガムシ病は消えていたのである。ところが最近では風邪薬からこの種の抗生物質が抜かれたために、ツツガムシ病が多発するようになった、というのである。

　行楽の後で発熱した場合、ツツガムシ病ではないかと疑うべきだろう。フトゲツツガムシのシーズンに入った2003年3月下旬、福島と島根で各1件の患者が発生、4月中旬には宮城県で患者が1人確認されている。これらは早春〜春であるため、まさかダニに咬まれたとは思わないからである。

▲ダニ対策

　マダニがいそうな野山に行くときは、怪我や日焼けを防ぐ意味も含めて長袖、ズボンの着用など以下の7項目を守るようにしたい。
① 皮膚の露出を避け、長袖シャツ、長ズボンを着用する。ズボン裾を靴下に入

れる。首の周りにはスカーフを巻くとさらに良い。
② 防虫剤をシャツやズボン、首筋、それと靴に吹きかけておく。ダニだけでなくヤマビル、ブユ、ヌカカなどにも効果がある。
③ マダニの付着が目立ちやすい白など明るい色の服やズボンが良い。
④ 丈のある雑草は注意。髪にマダニが付くとわかりにくい。子どもは特に要注意。休息時にそれとなくチェックする。
⑤ 帰宅後、マダニがいないか、衣服をチェック。体全体を手のひらでさするようにして触れてよく調べる。さらに入浴時にも体をよく調べ、肌に刺さっていたら皮膚科へ。
⑥ ダニを見つけても自分では無理にとらない。吸血が終われば、ダニは自分から落ちる。傷口は必ず消毒しておく。
⑦ 咬まれた記憶がなくても、野外活動後、皮膚が赤く変色して円く広がったら、皮膚科へ。慢性的な疲労感を感じた場合も、念のため診察してもらおう。

▲エキノコックス症

　近年、北海道や東北地方で"エキノコックス症"という病気が問題になっている。これは〈多包条虫〉なる寄生虫が原因で起こる病気で、人間の主として肝臓に、これの幼虫期の虫体が袋を作って寄生し、そこで無性的に増殖するためにこの袋がしだいに大きくなり、肝臓障害から死に至るという病気である。現在のところ、外科手術でこの袋を除去する以外に、適当な治療手段がない。しかも、この袋がなかなか複雑である。最近まで早期発見以外には手術も困難、とされてきたが、現在では、血液検査などで早期に発見することができ、手術によって治すことができるという。潜伏期間は10年前後と長いらしい。

　そして、このエキノコックス症のおもな感染源が、一般にいう「可愛いキタキツネ」なのである。元来、多包条虫は食肉類を終宿主とし、その中間宿主として各種のノネズミがその役割を果たしている寄生虫である。条虫自体は体長5mm弱のちっぽけなものだが、いっぺんに何万と寄生するので、宿主にとっては重大な病気になるのだ。

　腸に条虫が寄生しているキツネがいたとする。その条虫はやがて卵を産む。すると卵はキツネの糞に混ざって排泄される。卵は地面を散らばっていき、植物な

どについてノネズミに食べられる。そして、またノネズミの肝臓に棲み着くという生活をしているのだ。だが、不潔にしていると、条虫の卵が食物やゴミについて口から人間の中に入ってきて、肝臓に寄生し、発病するわけである。

　現在、ヒトの体の中にエキノコックスの卵が入るのは、エキノコックスが寄生したキツネやその糞に直接さわるなどの場合、キツネの糞で汚染された山菜を生で食べたり、沢の水、わき水を飲んだりした場合が考えられている。で、その対策だが、札幌市や北海道立衛生研究所では次のような点に注意するよう、呼びかけている。

① 　キツネを人家に近づけないように
・キツネに餌を与えないようにしましょう。
・キツネの餌になる残飯などはきちんと処理しましょう。
② 　野山ではご注意を
・野山ではどんなに澄んでいても沢の水、わき水など生水を飲まないようにしましょう。
・山菜などはよく洗い、生で食べないようにしましょう。
・野山に出かけたときは、よく手を洗いましょう。
③ 　飲み水の管理は適切に
・水道の入っている地域では、安全な水道を利用しましょう。
・井戸の付近には、キツネなどの動物を近づけないようにしましょう。
・井戸は雨水や雪溶け水が入らない構造にしましょう。
・沢の水、湧き水を水源として利用している時は、エキノコックスの卵を取り除くことができる濾過または煮沸をして飲みましょう。

コラム エキノコックス症の拡大

　エキノコックスは、もともと北海道にあったわけではない。北千島の風土病だったらしい。だが、1921（大正10）年頃、礼文島で森林がエゾヤチネズミに荒らされたので、それを駆除する目的で、大正末期から昭和の初めにかけて、北

〈夏〉危険な生物① ダニ、寄生虫

　千島から12つがいのキタキツネが移入された。島ではキツネを手厚く保護し、その増殖に努力したので、やがてキツネは人家の床下にまで入り込むようになった。そして、ある日、エキノコックス症の患者が発生したのである。以来百数十人の患者が数えられている。
　犯人は誰か。北海道衛生研究所などがやっきになって調査した結果、どうやらノネズミ退治に移入されたキタキツネらしいということになった。まず、北千島は多包条虫の濃厚感染地であったことが挙げられた。それから、わずか数kmしか離れていない利尻島で、同じ目的のために北海道のイタチが移入されたが、エキノコックス症の患者がまったく出なかったことが、キタキツネ説を裏付けたようだった。
　そこでキタキツネ撲滅作戦に出た。ついでにイヌというイヌも処分された。キツネはもちろん、野犬も飼い犬も100％完璧に駆除された。上水道も整備されて、およそ30年後には新しい患者は発生せず、一応この島でのエキノコックス症は終息した。
　ところが、1965（昭和40）年12月、礼文島からはるか離れた根室で新しい患者が発生した。北千島はすでにロシア領であるから、そこからのキツネの移入はない。そこで登場したのが、やはりキツネ犯人説だった。この地域でキタキツネとイヌをそれぞれ3000～4000頭ずつ調査した結果、多包条虫を保有している割合は、キタキツネで約20％、イヌで約2％で、1頭のキツネに寄生している虫体数は、多い場合、万単位で数えられたからである。だが、この保虫率とて科学的

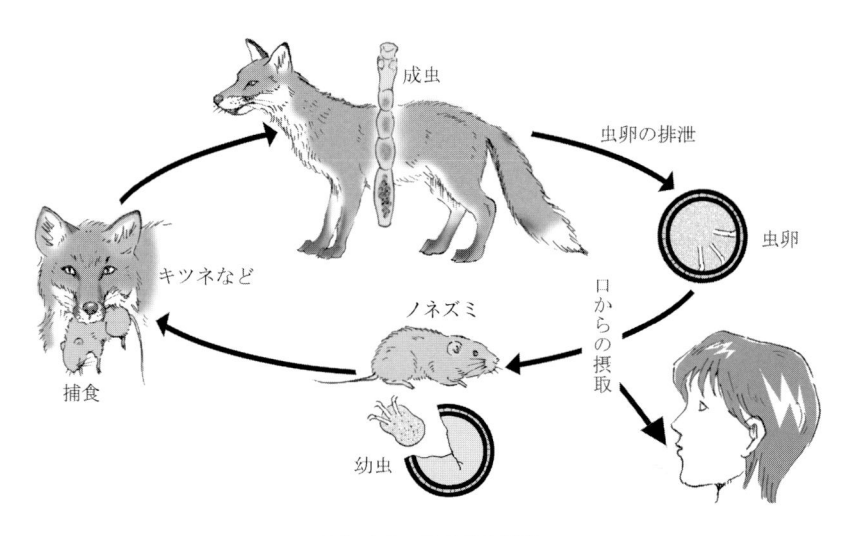

エキノコックスの生活史

根拠に欠けるという指摘がある。つまり、キツネ駆除に補助金がつけられ、エキノコックス症汚染地域では1頭当たり7000〜8000円、汚染地域でないところでは1000円だったため、役所に持ち込まれたキツネが必ずしも猟師のいう場所で捕獲されたかどうかは、まったく不明だったからである。

そもそも、第二次大戦末期、毛皮生産のために根室沖約4kmのユルリ島で放し飼いにしていたキツネが、氷結した海上を伝って全部逃げ出したことがあった。また、ノサップ岬から約80km離れた千島中部のハルカル島を南限として飼育されていたホッキョクギツネが、流氷に乗ってノサップ岬に流れ着いたことがあった。さらに、オホーツク海を冬季航行する船舶の乗組員が、流氷に乗って流されているキツネの姿をしばしば見かけた…、という話がある。

こうした話をつなぎ合わせると、根釧原野へのエキノコックス症の侵入は、濃厚汚染地である千島からの自然的要因によるキタキツネの移動が原因である、と考えられなくもない。だが、根釧原野に隣接する網走地方でも日高地方でも、その後20年近くも、エキノコックス症は発生しなかった。

ところがである。1980年代に入ってから、にわかに全道的規模でエキノコックス症が広がり始め、青森県など本州にも発見されるようになった。

本州でエキノコックス症が発見されるようになったのは、牧草の移出販売が原因だともいわれる。牧草は大きなロール巻きにされて運ばれるが、このロールにキツネの糞が含まれているからかもしれない。トラクターで牧草をロールにしていくとき、ノネズミが巻き込まれて死んでいることも多い。こうして東北地方へと広がってきている。

1999年、エキノコックスの幼虫が青森県内のブタ3頭から見つかり、秋田県でも本州で初の感染者が確認された。さらにその後の横浜市大の調査では、北海道以外の7都府県で19人の患者が存在することが判明した。これらの人々は、北海道を訪れたこともなく、エキノコックスが流行している海外への渡航歴も無く、居住地など日常生活で感染したとしか考えられないことが分かった。19人の居住地別内訳は、青森が9人、宮城が3人、東京と長野が各2人、京都、山形、福井が各1人である。調査した同大学の教授は、「エキノコックスは転勤や犬などのペットの移動、観光客の行き来などを通じて全国に飛び火する懸念が以前からあった。恐らく、汚染地域が局所的にでき、19人はそこで感染したのだろう。道外では病気に対する認識が低いので、早く手を打つべきだ」と述べているのである。🐾

四季の痕跡をよむ〈夏〉
12 危険な生物② ウルシ

　森を歩くとき、よく観察したいがために、道からはずれてちょっとした茂みをくぐることがある。こんなとき、知らずにウルシに触れてしまうことがある。ウルシに触れるとアレルギー性皮膚炎が起き肌がかぶれる人がいる。まったくかぶれない人もいるが、枯れたウルシを燃やす煙を浴びてかぶれる人もいるし、ウルシの木に近づいただけでかぶれる人もいるから、自分の体質・体力を知っておく必要があるだろう。体力の低下しているときには、日ごろ、抵抗力のある人でも注意しないとひどいかぶれを引き起こすこともある。

　しかし、ウルシにかぶれる人が野山に入ると危険なのか、というと、必ずしもそうではない。よほどの特異体質（漆塗りの器でひどくかぶれる人など）でもない限り、2週間から1カ月で炎症はおさまり、肌ももとどおりになる。また、ありがたいことに、たいていは免疫がつき、1度目よりも2度目、3度目のほうが炎症も弱く、慣れてくると付いたところが赤くなる程度になる、といわれている。

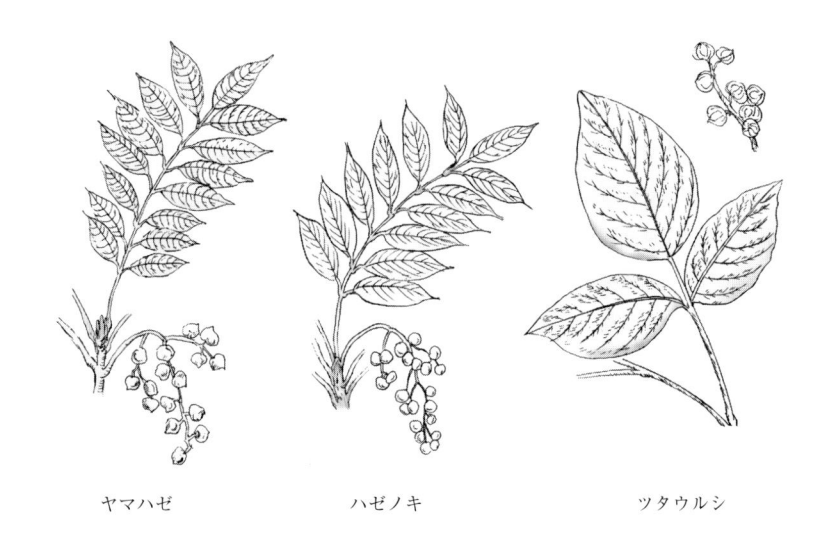

　　　ヤマハゼ　　　　　　ハゼノキ　　　　　　ツタウルシ

ツタウルシの生態

　樹木には樹液があるが、たまたまウルシの木の樹液が人間によってはかぶれをおこすのである。ウルシの樹液は樹皮と木材部の中間にある漆液溝にあり、ふつうは樹皮が傷つけられると染み出してくる。「やぶこぎ」などでウルシの小枝を折り、その折口に触れると、樹液が皮膚につくのである。ウルシの木は、この樹液で傷口を被い、固まることで昆虫やカビなどの菌が侵入するのを防いでいると、考えられている。

　かぶれを防ぐ方法は簡単である。有毒植物の見分け方を学ぶことだ。このような植物のどの部分にも触れないようにする。葉のない枝でも触ってはならない。

　「小葉3枚、手を出すな」とか、「白い実は毒のしるし」などの言葉は、野外活動をしようとする人は覚えておくと便利である。もっともふつうに見られる有毒植物がウルシだが、これ以外にも、イラクサ科、ウルシ科、キク科、キンポウゲ科、サクラソウ科、サトイモ科、シソ科、ジンチョウゲ科、セリ科、トウダイグサ科、（以下材木）マメ科、ウルシ科、センダン科、ノウゼンカズラ科、クスノキ科、ヒノキ科、カキノキ科、マツ科、クワ科など多数が"かぶれ"を起こす。ただし、ふつうウルシほど強くは作用しない。

　ウルシ類の葉を見ると、先端の小葉が3枚の配列になっており、どちらも白い実をつける。左図の3種の植物は、樹液をも含めて、すべての部分が有毒である。これらの植物の見分け方を学び、避けるようにしたい。これらの木に触れたら、石鹸または洗剤で洗い、刺激を鎮めるローションを塗る。内服薬もある。🐾

四季の痕跡をよむ〈夏〉
13 危険な生物③ ハチ

　刺すハチの代表といえば、やはりスズメバチとアシナガバチである。ミツバチに刺されて命を落とすこともあるが、被害が広範囲に出ているのはスズメバチなどで、これらは体が大きくて強力な毒針を持っているだけでなく、集団で生活しているため、その攻撃力はずば抜けている。

　刺されると強烈な痛みがあり、過敏な体質の人ではアレルギー性のショック症状を起こして、生命を落とすことがある。人が刺される被害は巣が最大になる夏の終わりから秋口に集中している。この時期の野外観察にはハチに対する十分な注意が必要である。

　日本には3属16種のスズメバチがいる。とくに注意を要するのは、オオスズメバチ、キイロスズメバチなどスズメバチ属の大型種で、メスで37～44mm、働きバチは27～37mmほどある。これらのハチは、まわりに覆いのある巨大な巣を作る。それを守るためにその周囲では極めて攻撃的である。

　アシナガバチはスズメバチほど攻撃的ではなく、ハチや巣にいたずらしたり誤って触れたりしない限り、まず刺すことはない。日本には3属10種が生息している。アシナガバチの巣はスズメバチの巣と比べてずっと小さく、まわりに覆いがないのが特徴である。

　スズメバチ類には、木の枝や軒下などだけに巣を作るコガタスズメバチやキオビホオナガスズメバチ、土中、木の洞、屋根裏などの閉鎖空間にだけ巣を作るオオスズメバチやクロスズメバチ、いろいろな場所に巣を作るキイロスズメバチなどがある。アシナガバチ類は、どの種も草むら、低い木の枝、軒下などに巣を作る。

　オオスズメバチ——北海道、本州・四国・九州に分布。空洞などに大型の巣をつくるが蜂窩全体を覆う釣り鐘状のカバーをかける。オオスズメバチの巣は、春

から秋までの1シーズンで終わりである。翌年の女王となるメスは、秋、その年の巣が終わりに近づくころに多数誕生する。これらのメスはすぐに巣を出て、やはり同じ時期にだけ羽化するオスと交尾した後、1匹ずつ別々に地中や朽木の中で冬を越す。翌年の春、冬眠から覚めた新女王は1匹で巣を作り、卵を産み、幼虫を育てる。やがて働きバチが羽化してくると、女王は巣作りや幼虫の世話を働きバチにまかせ、産卵に専念する。こうして秋には最大6000もの部屋からなる巨大な巣ができある。気温が下がり、獲物となる昆虫が少なくなる秋の終わりになると、翌年の女王になるメスとオスが羽化し、やがて、越冬する新しいメスを除いて、すべてのハチが死に、その年の巣は終わる。

キイロスズメバチ──本州・四国・九州に分布。近年、都市部で住宅の風呂場の喚気口(かんきこう)、換気扇の排気口、団地のベランダのダンボール箱内などに営巣するのが急増している。都会での生活に順応した結果とみられているが、性質が荒く、危険が高い。

ヒメスズメバチ──本州・四国・九州、沖縄諸島に分布。樹上に巣をかけることが多く、アシナガバチなどの巣を襲う。

コガタスズメバチ──本州・四国・九州、沖縄諸島に分布。

モンスズメバチ──北海道、本州・四国・九州に分布。

ケブカスズメバチ──北海道に分布。

クロスズメバチ──ジバチともいう。北海道、本州・四国・九州、奄美諸島、朝鮮などに分布。

これらのハチに万が一刺されたら、すぐに水でよく洗い、抗ヒスタミン剤と副腎皮質ホルモン剤(ふくじんひしつ)を塗る。アンモニアはまったく効かないので、念のため。万一、蕁麻疹(じんましん)、むくみ、頭痛、嘔吐(おうと)などの全身症状が現れた場合は、アレルギー性のショック症状の疑いがあるので、一刻も早く病院に行く必要がある。

▲ハチの防ぎ方

ハチはアリに近縁な昆虫で、世界に10万種以上、日本では数千種以上が知られる。昆虫としては小型または中型だが、体長0.5mmくらいの小さいものから、80mm以上のものまで大きさはさまざまである。しかし、ハチには寄生性のもの

が多く、代表的なものとしてアシブトコバチ、ヒメバチなどがいる。また、大部分が単独生活をするが、スズメバチ類や、ハナバチ類のミツバチ、マルハナバチなどは社会性をそなえ、女王を中心とする大家族集団であるコロニーをつくる。これはむしろ少数派である。

スズメバチ、ミツバチなどのさすハチは、産卵管が毒針に変化したメスである。ハチ毒の成分は、いまでも不明な点が多いが、ヒスタミン、ヒスチジン、レシチンなどが知られている。全体的にみると、ハチは有益な昆虫で、花粉媒介者として、あるいは農業害虫の天敵として、人間の生活に大きな利益をもたらしている。

多くのハチは早春に群れをつくり始める。したがってその時期に野原を飛び回るハチの数は少ない。しかし秋になると、ミツバチの一つの群れだけで2000～3000匹にもなる。つまり、ハチに出会う可能性は、夏が進むにしたがって大きくなる。庭でも、野原でも、花の咲いているところならどこでもハチが見られるのである。

ハチを見ただけで悲鳴をあげる人が多い。そんなことをしていたら、気のやすまることがなくなるだろう。これはヘビにもいえる。私たちは人に危害を加えるであろうハチだけを注意するのである。それにはハチの種類をある程度見極める必要がある。少なくともスズメバチとアシナガバチとミツバチを覚えなければならない。それとハチの習性を若干でも知っていることが重要なのである。

スズメバチやアシナガバチに刺されるのを防ぐもっとも重要なことは、彼らは人間を好んで刺すのではないことである。このことを知っていれば、刺される可能性は90％減る。彼らがそばに飛んできても、じっと見ていれば良い。彼らは当たりを偵察して、やがて立ち去るのがふつうなのである。ここで騒ぐとどうなるか。ハチは攻撃を受けたと感じ、反撃し、総攻撃を受けるかもしれないのである。したがって、スズメバチなどの攻撃を予防するには、次のようなことを守らねばならない。

① 　一般にハチや昆虫は鮮やかな色彩にひきつけられる。色が目立つ服を着ていたら、ハチが接近してきても当然と考えるのである。布の目が詰まっていて、昆虫の針が簡単には通らないものがよい。これは蚊から刺されるのを防ぐのに

フタモンアシナガバチ

フタモンアシナガバチの巣

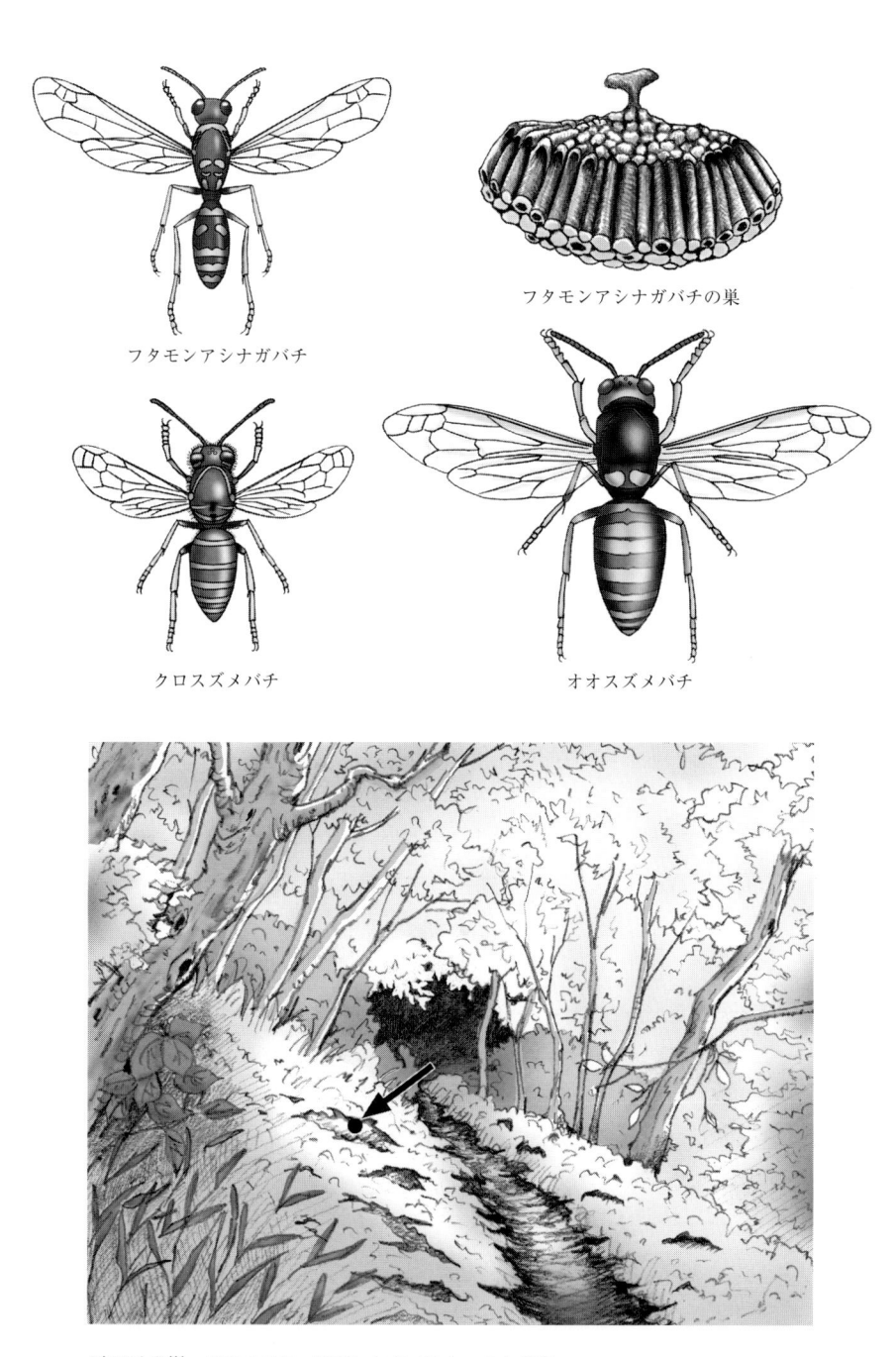

クロスズメバチ

オオスズメバチ

ジバチの巣　巣穴の入口（矢印）に気づかないことが多い。

〈夏〉危険な生物③ ハチ

も役立つ。
② スズメバチは髪や眼球、帽子など黒いものを狙って攻撃することが知られている。したがって、黒い洋服や帽子を避ける。
③ 香水などの匂いは人を刺す昆虫を引き寄せることがある。最近の研究によれば、スズメバチが香水をつけた人を刺すのは、危険を知らせるために仲間が出す「警戒信号用フェロモン」と、香水などに含まれている成分が同じためである、という。これらの化学物質は香水や整髪料などの化粧品、アイスクリームやジュースなどの食品の香料などにふつうに含まれているとのことである。何もしていないのにスズメバチに刺される例は、こうした匂いの可能性がある。山に入るときは、整髪料や香水などをつけない。
④ ハチは常に偵察飛行を行っている。肩に止まってきたら、じっとしたまま相手を観察する。脅かさなければ、やがて立ち去る。たとえハチが車の中に飛び込んできても同じだ。ゆっくり車を止め、窓を全部開く。車を止めるか、またはゆっくりと走らせないと、昆虫は外に出ていくことができない。やがてハチは飛び去る。
⑤ 野原や森の中を歩くときは、飛んでいるハチに注意し、つねに種類をチェックする。ハチの数が多くなってきたら、近くに巣があることを想定しよう。知らずにハチの巣がある木をゆすったりすると、防衛軍が一斉に飛び立つ。
⑥ 攻撃するとき、ハチは一直線に全速力でこちらに向かってくる。そんなとき地面に伏せるかしゃがむ。決して動いてはならない。ほんのわずかな動きでも攻撃してくる。ハチの目は人間と違って、目標物が見えていないのである。
⑦ ハチの姿が見えなくなったら、木や隠蔽物（いんぺいぶつ）のあるところを通って退避する。木の葉や枝をバサバサとさせないで、静かに退くのである。
⑧ ハチは食物に引き寄せられる。開けた芝生で遭遇することもある。このような場所で出会ったときは決して叩きつぶそうなどと考えてはいけない。
⑨ アレルギー体質の人は、十分注意をしよう。最悪、刺された場合は、できるかぎり早く医師に見せる。🐾

四季の痕跡をよむ〈夏〉
14 危険な生物④ 毒ヘビ

▲マムシ、ハブ、そしてヤマカガシ

　これらの毒ヘビは、スズメバチなどと同様に、積極的に人間を狙っているわけではない。獲物を獲るため、防御のためにだけ人間を攻撃する。
　毒ヘビの頸部にある毒腺を圧迫すると、牙の先端から粘り気のある毒液が流れ出す。毒は唾液の変化したものと考えてよく、彼らにとっては獲物の動きを止め、消化を助ける。毒を乾燥させたものの約90％は蛋白質であり、その多くは遊離のリボフラビン、L－アミノ酸酸化酵素を含むため黄色味を帯び、他に脂質、糖、少量の金属などが含まれている、という。構成蛋白質の中には酵素や生理活性物質が含まれているが、それぞれちがった性質を持っているため、生体に注入されるとこれらが複雑に絡み合って作用する。たとえば、毒の中のヒアルロニダーゼという酵素は細胞と細胞を結合させているヒアルロン酸を溶かすため、細胞と細胞の間に隙間ができ、毒成分が組織にしみ込むのを助ける働きをするのである。現在、種々のヘビのもつ毒から20種以上の酵素が単離され、その性質などが明らかにされている。
　毒ヘビに咬傷を受けた場合、自分でできる治療法はほとんどない。わが国では毒ヘビに咬まれたといえば、まずマムシであり、次いでハブであろう。どちらもいわゆる出血毒であるから、咬傷個所は必ず腫れる。腕が腿の太さくらいにまで腫れることもあるという。この症状は直後に始まるが、5〜10分後に現れることもある。血液や血管、その周辺の組織を破壊する出血毒のため腫れと激痛が起こる。毒が内部で組織と血管を破壊していく。それでリンパ液や血液が皮下に漏れるのだ。次第に全身に広がっていく。皮下出血や吐き気が起こり、二次的に麻痺が発生する。
　毒ヘビの咬傷用に、タンニン酸2.5％の水溶液、あるいは過マンガン酸カリウムの１％溶液で患部を洗うセットがある。これは咬傷個所を切開し、毒を解毒し

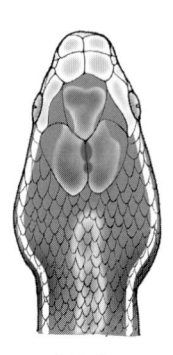

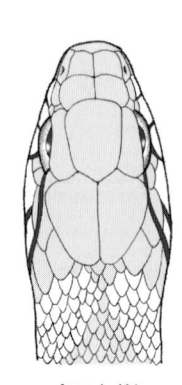

〈夏〉危険な生物④ 毒ヘビ

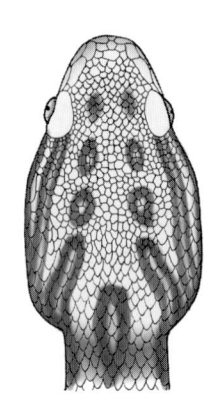

　　　　マムシ　　　　　　ヤマカガシ　　　　　　ハブ

ながら洗い流すものだが、後述するように切開自体があまり適切な処置ではないため薦められない。市販されている毒ヘビ・毒虫咬傷用の救急キットは、患部の切開用具、毒の吸引器具、血管緊縛（きんばく）器具がセットになっているわけだが、コブラなどの神経毒でなければ必要ではないとの意見が強い。

　ヤマカガシの毒は少し違う。体内に入っても症状はすぐには現れない。痛みも吐き気も、あるいは麻痺することもない。だが、咬まれた直後の注意はマムシ・ハブの場合と同じで、咬傷部をきれいに洗浄する。早くて20分後、遅いと数時間後、血液中で複雑な化学反応が連鎖的に起こり、全身の血液が凝固能力を失ってくる。そのため、血尿、血便、全身におよぶ皮下出血、腎臓の機能障害などが発生する。歯茎（はぐき）からの出血、赤い尿、皮下出血などが起こったら病院へいく。ただ、血清などはないので、輸血、人工透析（とうせき）、止血のためのアミノカプロン酸の投与などを行って回復を待つしかない。

　また、本種の頚部から飛んだ毒が目に入った場合、水で目をよく洗い、すぐに眼科医へいき、手当を受ける。

▲毒ヘビに咬まれた時の対処の仕方

　咬まれても何の処置もできないということになるが、口でなく器具を使用しての毒の吸引は、やらないよりはやった方がよいだろうという気がする。けれども、それは被害者に毒を吸い出すことができたという安心感が伝わる程度と考え

てよい。毒ヘビの咬傷ではなく、ハチに刺されたときなど、吸引するとリンパ液ごと多少の毒が抜ける。そのせいか、痛みなどは軽微になったような気がするのだ。果たして、それがこの道具のせいなのか、刺したハチがアシナガバチとジバチの違いからくるものかは不明なのだが、それでよいのだ。いずれにしても、専門家は、毒ヘビ相手だったら、気休めにしかならないと言う。

したがって、毒ヘビに咬まれた場合、自己流で何もできないとはいうものの、次に掲げる4項目だけは守らねばならない。医者は抗毒血清、破傷風血清、および抗生物質をもって治療するはずである。それ以外では決して治らない。必要に応じて、大量輸血とショック対策を用いて全身療法を行う。適切な処置がなされれば、大型のハブにやられても、死の危険はほとんどなくなるのである。

①あわてるな！　神経毒でないから、毒の回りは遅い。体力の弱っている老人、体の小さな子どもを除けば、まず死ぬことはないから安心すること、落ち着くことが大切である。心臓の拍動が上がれば毒は体内に一層速くめぐることになる。そして、落ち着いて病院へ行く。地元の病院や保健所であれば、抗毒血清が置いてあることもある。山奥で咬まれ、かなりの距離を歩かねばならないときは、ゆっくり歩く。走ることは心拍数の増加につながる。

②強くしばるな！　毒の回りが遅いため、きつくしばってもあまり意味はなく、むしろ害がある。強くしばると、組織への血液が遮断され、酸素不足が加わるので組織が死ぬのを加速させる。後に機能障害、手足の切断という事態になることもあるので、強くしばってはいけない。

しばるときは、ごく軽くやる。これによって被害者が安心するならば、なおさらである。皮膚に食い込む細い紐よりは太い紐、さらに帯のように幅のある物がよい。ただし、どんなにゆるくしばっても、10分に1度くらいは紐、あるいは帯をゆるめて、血液を流し、再び軽くしばるようにする。

③切るな！　咬傷個所をナイフなどで切開しても、出るのはほとんど血液だけで、毒は微々たるものだといわれる。むしろ、切開した傷の痛みが増す。不潔な環境で素人が切開すれば、化膿する危険性が高まる。しかも組織に本来の抵抗力がなくなっているから、たちまち病菌に感染するのだ。最悪の場合は破傷風、敗血症、ガス壊疽にかかる心配が出てくる。運が悪いと、これが原因で死んだり、四肢の切断にいたったりする。応急処置としては、やたらに切ることは不適切な

処置といえよう。

　④**冷やすな！**　痛みには冷やすという方法がとられることが多いが、これは打ち身などに対してで、毒などには効かない。アメリカで、むしろ組織の破壊をすすめるのではないかとの見解が出され、現在では応急手当としては極めて不適当な方法であるとされている。

　以上のほか、**食べるな、酒を飲むな、血清をもっていてもやたらに打つな**、といわれている。この最後の血清であるが、毒ヘビの種によって打つべき血清は異なり、まちがった場合には（以前抗毒血清を打ったことがある場合も）ショックを起こす。ショックに対する方法を考えた後に、抗毒血清は打たれる。それも静脈に点滴しながら、抗生物質や消炎剤などを併用しながら使われるものなのである。

▲どのくらい時間がたてば安心か

　毒ヘビは咬む、だから咬まれたら毒ヘビに違いない、と考える人が多い。ヘビを恐れている人ほど、咬まれた場合には取り乱す。頭が三角形なら毒ヘビ、スラッとしていれば無毒ヘビ、というのも間違いである。ボアのように三角形でも無毒のものもいるし、ウミヘビやコブラの仲間は猛毒をもっているが、頭はスラッとしている。したがって、ヘビの種を見分けることがいちばん重要なのだが、それはともかく、無毒ヘビでもよく咬む。

　気の荒いヘビもいると言われるが、ヘビの方から進んで咬みつきにくるものは絶対にいない。だが、捕まえようとすれば、慣れていない限りどんなヘビでも抵抗して、咬もうとする。これは無毒でも有毒でも同じだ。マムシやハブの場合、30分経過しても焼けるような痛みも腫れもみられなければ、もう安心である。毒が入っていなかったか（そんなことはないが）、ハブに似た無毒ヘビに咬まれたのである。ヤマカガシの場合は、半日あるいは１日経過しても異常がなければ安心してよい。ウミヘビの場合、症状は事故後30〜90分後に現れるから、２時間を経過してなんともなかったら安心である。

▲予防がいちばん

　咬まれてからでは手遅れなので、予防することが一番である。予防といっても、風邪などと違ってワクチンはないから、毒ヘビの特徴を覚えるのも予防の一つで

ある、といえばおわかりだろう。つまり、野山に出かけたときの注意点である。

① 裸足やゴム草履で歩かないこと。特に夜間は厳禁である。
② 履き物は、マムシに対しては登山靴か長靴で十分である。一説にはふつうの短靴でも90％安全であるという。大型のハブに対しては最低でも膝下までの長靴（革でもゴムでも可）は必要だ。膝から上が問題だが、丈夫な生地でできたゆったりしたズボンなら、かなり安全である。
③ ヘビは土の穴の中、岩の割れ目、倒木や大きな石の下などに潜んでいる。特に暑い日中は、そのような場所で涼んでいる。したがって、そのような個所に手などを突っ込まないことだ。
④ 崖をのぼろうとしたり、小さな滝のところで水を飲もうとするときは、必ず上の方を注意して見ること。手を置こうとした場所にヘビがいたりする。また、夏などは沢の脇の涼しいところでマムシが休んでいることもある。知らずに水を飲もうと口を近づけたとたん、マムシは攻撃してくる。
⑤ 頭より少し高い木の枝の上にも注意する。薮（やぶ）の中を歩いたりすると、ハブのように樹上棲のものに襲われる可能性がある。西表島（いりおもて）でも、サキシマハブは夏は上にいるから注意しろと言われる。そんなところで涼んでいるのだそうだ。また、小鳥の卵を悪戯（いたずら）しようとしていて、木の上でハブに咬まれて死んだ少年もいる。ハブも卵を狙っていたらしい。用がなかったら、茂みなどには絶対入らずに、道を歩くのである。
⑥ 夜、歩き回らない。マムシやハブは夜行性である。したがって、夜は道でも危ない。雨上がりには轍（わだち）に水溜まりができるが、ハブはそのようなところに入って、鼻孔（びこう）だけ出して潜んでいることがある。日中でも、潜んでいたことがある。涼みながらカエルを待ちかまえているのだ。
⑦ ヘビを見つけても放っておくこと。それが生きていても死んでいても、必要がなければ手を出さない。種類を見極めようとあまり接近しないことだ。毒ヘビを殺そうとして咬まれた人もいる。1匹に注意が集中していると、周囲への注意力が散漫になるが、あたりにもう1匹いる可能性もあるので、あたりにも注意する。🐾

四季の痕跡をよむ〈秋〉
15 紅葉のしくみ

▲なぜ木の葉は秋になると紅葉するか

　木の葉にはさまざまな色素が含まれているが、春と夏の期間は緑色をした葉緑素の働きが活発なので、他の色は緑に負けて見えない。しかし秋になって気温が低下し、葉緑素の量が減り活動が衰えると、ほかの色が目につきはじめ、また新しい物質もできる。黄色になる葉は、葉緑素がこわれて緑色が消えると、葉にもともとあった〈カロチノイド〉という黄色い色素が目立ってくる。それで葉が黄色に見えるようになるのである。

　木の葉が赤くなるのは仕組みが少し違う。水や養分の通る管が閉じられると、葉の葉緑素で作っている糖分が葉にたまってくる。この糖分と太陽の光で、〈アントシアン〉や〈フロバフェン〉といった赤い色素がつくられていき、葉が赤くなるのである。葉がまだ緑の時に光合成で作られたデンプンが多ければ多いほど

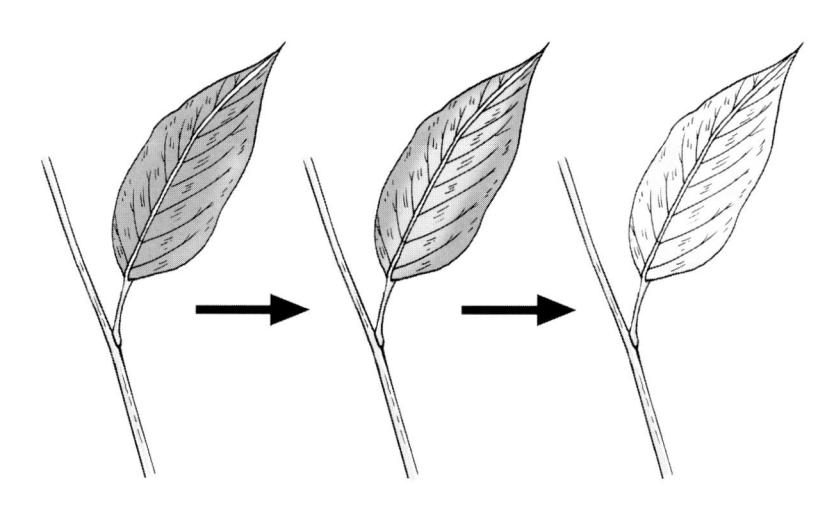

葉の色の変化

葉柄（ようへい）

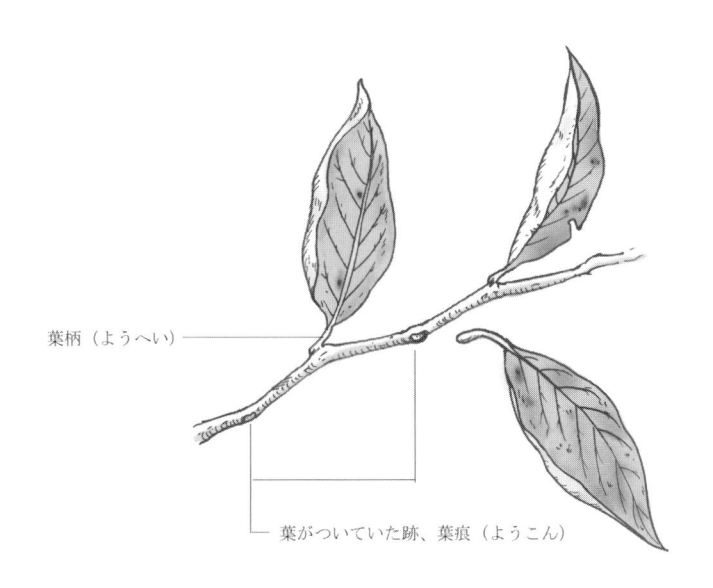

葉がついていた跡、葉痕（ようこん）

落葉のしくみ

美しく鮮やかな紅の紅葉になる。

　紅葉した落葉を注意深くながめると、葉脈沿いにまだ葉緑素を残している葉がある。赤の色合いが大部分を占めているのだが、先端から次第に紅葉していくことが分かる。

　〈アントシアン〉などができる条件として8度以下の低温と十分な光が必要だと考えられている。空気が澄んだ冷え込みの厳しい山あいで鮮やかな紅葉が見られるわけはこうした気象条件が整っているからなのである。

　葉が変色するのは、小枝につながる葉柄のつけ根の細胞層が乾くからである。この細胞層は〈離層〉と呼ばれ、葉を木の維管束系から遮断する。すると葉に水分が補給されなくなり葉緑素の製造が止まり、葉は枯れ、じきに落ちる。だから、秋の風は離層のところで葉を"はずしている"に過ぎない。そして枝には、葉痕が残る。寒い冬の間、落葉樹は葉を落として休眠するのだ。

　木が葉を落とす習性は、水が凍って乏しくなる冬期に水分を浪費しないための適応である。冷温帯の樹木に多く、亜寒帯にはカラマツなどがあるだけだ。

　葉が落ちる頃、葉柄と枝の間にはすでに冬芽ができている。冬芽は鱗片葉で何重にも包まれており、春の芽吹きを待つのである。🐾

四季の痕跡をよむ〈秋〉
16 ドングリ

▲ドングリのいろいろ

　ドングリは秋の木の実の代表的なものの一つである。よく知られているのは雑木林にみられる、ふつうのクヌギやカシワ、コナラのドングリであるが、これらはブナ科植物のコナラ属に属し、ほかにミズナラ、アラカシ、シラカシ、アカガシなどの実がある。また別の仲間であるがマテバシイもドングリと呼んでよいだろう。ブナの実はドングリとはふつう呼ばないが、秋の重要な木の実である。

　実の形には球形、卵形、楕円形、長楕円形など、樹木の種類によってさまざまである。熟すと、どんぐりは落下し、秋の森をいっそう魅力的なものにする。

　このドングリは野生動物にとって貴重な秋の食糧である。かつて、どんぐりは人間にとっても飢饉のときの食料になった。日本各地の縄文時代の遺跡から、どんぐりが多量に発掘されているが、これはかなり古い時代から、どんぐりが貴重な貯蔵食料であったことをものがたっている。

　冬眠する動物もしない動物も、秋になるとドングリをたらふく食べる。かれらが冬をうまく越せるかどうかは、その年のドングリの実のつけ方にかかっているといっても過言ではない。夏のころ、強い台風に襲われると、その秋のドングリは不作となり、動物たちは飢えることになる。たとえば西表島では、リュウキュウイノシシが里に出てきて畑を荒らすのは、山のドングリが不作のときに激しいといわれている。亜熱帯性気候に近い西表島の野生動物にとっても、ドングリは貴重なのである。

　ましてや冬が厳しい本州、四国、九州、北海道では、ドングリの重要性は増す。大はツキノワグマから、ニホンイノシシ、小はシマリス、アカネズミ、ヒメネズミまでが食糧とする。鳥類でもカケスは特に冬のために貯蔵することが知られている。

クヌギ　　　カシワ　　　コナラ

ミズナラ　　スダジイ　　マテバシイ

アラカシ　　ウバメガシ　　ブナ

ドングリのいろいろ

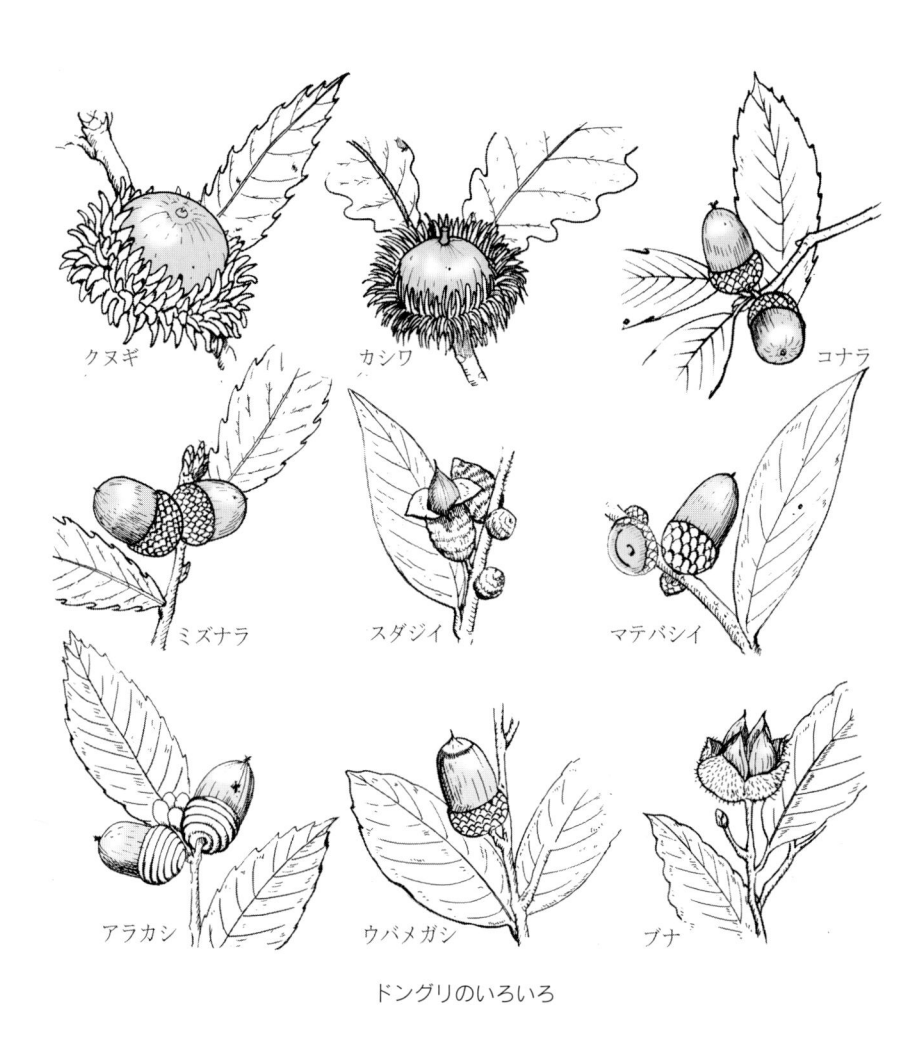

コラム ドングリ・コロコロ

　毎年秋になるとクヌギやミズナラなどの雑木林にはたくさんのドングリが落ちる。つやのある堅い殻に包まれたドングリは、いかにも美味しそうで、誰しも幼い頃に一噛りくらいはしてみて、その渋味に驚いたものだ。でも、縄文人の頃から最近まで、人間はこれを料理して重要な食糧源の一つとしてきた。

　今から1万3000年ほど前、氷河時代が終わりに近づいて、氷河がなかったアラスカにいたモンゴロイドの一族が南下を始め、およそ5000年で南アメリカの

〈秋〉ドングリ

南端に達したが、この頃、日本列島にも当然ながらモンゴロイドの別の一族が渡ってきていたことは想像に難くない。縄文時代早期は1万2000年前頃から始まるからである。彼らは貝を採り、ドングリを食べて暮らしていたのであろう。

けれども、温暖な地に生育してドングリを実らせる落葉広葉樹林は、関東平野にもあったが、おもに名古屋付近から西の平地にあった。ということは、ドングリのない北の地方には鳥獣や魚を捕えて暮らす別の一族がいたのだろう。ところが気温は次第に上がり、それに伴って温帯性の落葉広葉樹林は北へ北へと分布を広がったものだから、縄文人も北へと移り住むようになり、4000年前には北海道の北端にまで達した。東京から稚内までがおよそ1000km。これを5000年かけて、ドングリの木は広がっていった。この数字は1年に200mも、ドングリの木が"歩いた"ことになる。そんなに"歩く"ものだろうか。

1986年秋、『ドングリ　コロコロ実験』が行なわれた。ドングリの実をつける木々の高さは約4～10mなので、実験は平均的な8mの高さからさまざまな形のドングリが落とされた。まんまるいクヌギをはじめ、細長いマテバシイ、やや太いミズナラなどのドングリがテストされた。その結果、どんな形のドングリでも雑木林の中の地面に落ちると、急斜面でなければ、ほんの数mしか転がらないことが分かったのである。

ドングリは自分で"歩いた"のではなく、誰かがドングリを運んだのだ。縄文人がお弁当にドングリをもって行ったのだろうか。しかし、人間が食べるときは、煮たり粉にしたりして"渋味"をとるから、そのドングリは、たとえどんなに丁寧に植えられても芽を出さない。縄文人が意識的に移植した可能性は残るが、ドングリを運んだのは小さな動物たちだった可能性が高い。

秋になるとアカネズミ、シマリス、リス、カケスなどがドングリを一生懸命に集める。厳しい冬のための食料である。中でもカケスは、ドングリの林を広げるのに、よく働く。カケスは早朝からドングリを集め、口一杯に7個から13個ほどを詰め込み、自分のお気に入りの場所まで飛んで、あちこちの落ち葉の下に浅く埋め込む。その距離は1km以上もあり、カケスは途中にある枯れ枝の上などで一服したりして、何回も何回も運ぶのである。もちろんこのドングリは、隠し主のカケスをはじめ、好運なリスやノネズミなどに食べられてしまうのだが、忘れ去られたりするドングリも結構ある。そして無事に芽を出して育つのが1個でもあればいいのだから、確率などからしても、1年に200mくらいなら、ちょうどいい距離ではないか。

ドングリはたいへん魅力的な木の実である。その色といい形といい、思わず拾ってみたくなる。縄文時代から連綿として親から子へと伝えられてきたからだろうか。拾いながらフッと思うに、ドングリを拾えるような雑木林が最近では減って、淋しくなってきたということである。🐾

四季の痕跡をよむ〈秋〉
17 ライチョウの換羽

▲換羽──ライチョウ

　季節によって衣替えすることを、哺乳類では〈換毛〉、鳥類では〈換羽〉と呼ぶ。多くの鳥獣が衣替えを行うが、冬に全身が真っ白になるものは、変化が顕著である。哺乳類ではノウサギやユキウサギ、オコジョやイイズナであり、鳥類ではライチョウがよく知られている。

　ライチョウは晩秋になると褐色っぽい夏羽から真っ白な冬羽に換わる。これは寒冷な白銀の世界で生き残るための保護色として働く。白いことはまず、目立たないことである。それと保温力が高いということもあるだろう。ライチョウで確認されたわけではないが、白い羽毛は色素がないために白く見えているが、実は透明である。色素があった部分には空気が入っており、保温力が優れているといえる。また、太陽光線は羽毛が透明なためにより内部に入り込み、皮膚に当たって暖めたり、ビタミンDを形成したりする。

　この換羽をライチョウは年に3回行う。動物はふつう夏毛と冬毛の2回だから、変わった存在である。

　年に3回の換羽は、まず春から夏の初めにかけては、オスの翼と腹が白く、それを除くと全体に黄褐色と灰色の斑模様になる。この春の繁殖羽は華麗である。メスも同様だが、より黄色味が強い。初夏から夏の終わりにかけてはオスもメスも灰色みが強くなる。繁殖が終わったために地味な普段着に着替える、ということになる。そして冬期には、尾の黒色部を除いて全身白色の羽毛に衣替えする。南方の温暖な地方に棲むものを除けば、趾に櫛状の付属物が発達する。そしてとくにオスには、眼の上方に赤や黄色の皮膚の裸出部がある。これは仲間同士の目印、つまり標識色として働く。🐾

〈秋〉ライチョウの換羽

ライチョウの換羽　オスとメスの冬羽（上）と夏羽（下）

コラム 氷河時代の生き残り

　ライチョウは北極周辺のツンドラ地帯と、アジア東部の沿海州、ヨーロッパアルプス、ピレネー山地、イギリス北部、カナダ東部のニューファンドランド島、そして日本では本州中部山岳地帯に点々と分布しており、高山鳥として知られる。

　ライチョウは、極寒の風雪の中で生活してゆくのに適したいくつかの特徴をもっている。寒風が吹き込まないように鼻孔が羽毛で覆われていたり、カンジキの役目を果たすように、脚や趾に産もうが密に生えていることなどは形態上の特徴である。また、一定温度までにしか下がらない雪の中に、尻の方から潜って入り込み、その雪穴から頭だけ出して寒さをしのぐことなどは習性上の特性である。また、純白の羽毛は、周囲の雪景色にぴったりと溶け込んでカムフラージュの役割を果たし、さらに体内からの熱放散を低く抑える効果ももつという。

ライチョウの分布

　ライチョウの飛び地的な分布は、ライチョウが約２万年前に氷河が南へ張り出してきたときに分布を広げ、その後の温暖化で氷河が北へ後退して行ったときに、その地方の寒冷地、つまり日本では高山に、生き延びたからである。形成時期が新しい富士山にはやはり高山に分布するハイマツがなく、棲息しないのもそのためである。ライチョウはハイマツの実を食べ、ハイマツの下に潜んで強風や寒気、そして外敵から身を守っている。北海道にもライチョウは残存していた時期があったと考えられるが、彼らは後に大陸から侵入してきた、より進化したエゾライチョウとの生存競争に破れたために、今では棲息しないのだろう。
　もう一つ興味深いことは、中央アジアの南部にあるチベットやヒマラヤ地方の高地になぜライチョウが棲んでいないのであろうかということである。これらの山々は、氷河時代にはすでに形成されていた歴史の古いものであるのだから、ライチョウがいても不思議ではない。このことと直接関係しているかどうかは明らかではないが、その地方の高山には、ライチョウと同じ生態的地位を占めていると思われるキジ科のユキシャコやセッケイが棲息しているのである。🐾

四季の痕跡をよむ〈秋〜冬〉
18 冬越し

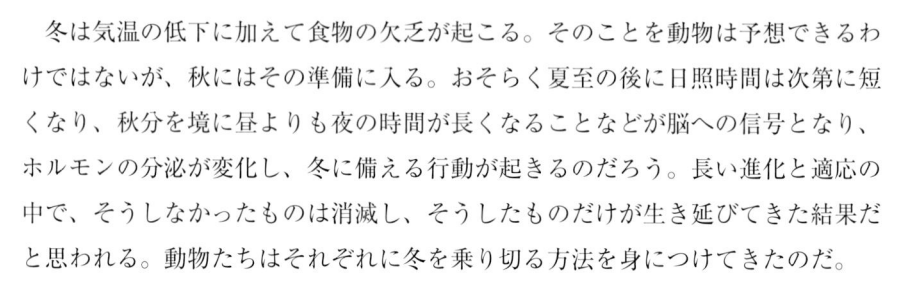

　冬は気温の低下に加えて食物の欠乏が起こる。そのことを動物は予想できるわけではないが、秋にはその準備に入る。おそらく夏至の後に日照時間は次第に短くなり、秋分を境に昼よりも夜の時間が長くなることなどが脳への信号となり、ホルモンの分泌が変化し、冬に備える行動が起きるのだろう。長い進化と適応の中で、そうしなかったものは消滅し、そうしたものだけが生き延びてきた結果だと思われる。動物たちはそれぞれに冬を乗り切る方法を身につけてきたのだ。

　だからこそ種によって冬越しの仕方はいろいろなのであるが、いくつかのパターンに分けることができる。鳥類やチョウなどが行う〈渡り〉、ヌーやトナカイが行う大規模な〈移動〉、クジラ類が行う〈洄游〉はよく知られている冬越しの方法の一つである。

　大規模な移動などを行わずに、夏とほぼ同じような棲息場所で冬を迎える動物たちも、それぞれに準備を整える。高所から低所への小規模な移動はたいていの動物に見られるが、これらの動物たちにとって重要なのはエネルギー源の確保である。

　脂肪貯蔵型　多くの哺乳類は、秋にみのる木の実などをたらふく食べて皮下に脂肪として貯える。「馬肥ゆる秋」である。秋のキツネの食物は28〜47％が果実であった、という報告がある。実際、野山を歩いているときにキツネの糞などを見ると、植物の種子がたくさん入っている。なぜ食肉類なのにそんなに果実を食べるのか。不思議といえば不思議であるが、その理由は単純だ。太るためなのである。果実は炭水化物として利用され、体の脂肪の蓄積に大いに役立っている。それは来るべく厳しい冬を乗りきるための重要な食料なのである。

　霊長類は熱帯から亜熱帯の気候に適応しているが、その中でニホンザルはもっとも北方に分布する唯一の種であり、「北限のサル」として知られる。体重は10〜16kgほどだが、秋の終わりから冬の初めにかけて体重が2割がた増え、もっ

とも重くなる。そして冬の食糧難で体の脂肪を使い果たし、春を迎える。若葉が芽吹く直前の春先の体重２割がた減り、いちばん軽くなるのである。最近の調査によれば夏も体重が落ち、これは暑さのせいだとされる。この「夏痩せ」はともかく、秋にいかに太るかでその個体の運命が決まるのである。

冬眠型　冬を眠って過ごすことを英語ではハイバーネーションhibernatinという一単語で表すが、日本語ではカエルや昆虫などの外温動物の場合は〈越冬〉、コウモリやヤマネ、シマリスのような内温動物の場合を〈冬眠〉、クマやアナグマのように体温がそれほど下がらないものを〈冬ごもり〉と呼んで区別することが多い。いずれも代謝を落として冬を越すという意味では言葉で分ける必要はないかもしれない。これら冬を眠って過ごすものも皮下に大量の脂肪を貯蔵する。本州、四国、九州に棲息するヤマネは、秋になるとドングリやカエデの種子のほか、アケビやヤマブドウの実や昆虫などをたくさん食べる。そして、日中は睡眠を長くとり、エネルギーの消耗を押さえて体重を増すのである。夏の間、20〜25gだった体重が、30〜35gにまで増える。個体によっては40gに達するものさえいる。

　彼らが眠りにつくのは、寒さに加えて、十分に食物をとって太ったかどうかによるといわれる。山の秋は短く、突然のように食物がほとんどなくなる。この急な断食が引き金になるらしく、彼らの日中の眠りは次第に長くなり、ついには夜になっても目が覚めなくなるようだ。このころの平均気温は12〜14℃である。ヤマネの体温は周囲の温度よりもわずかに高い程度にまで下がり、心臓の拍動と

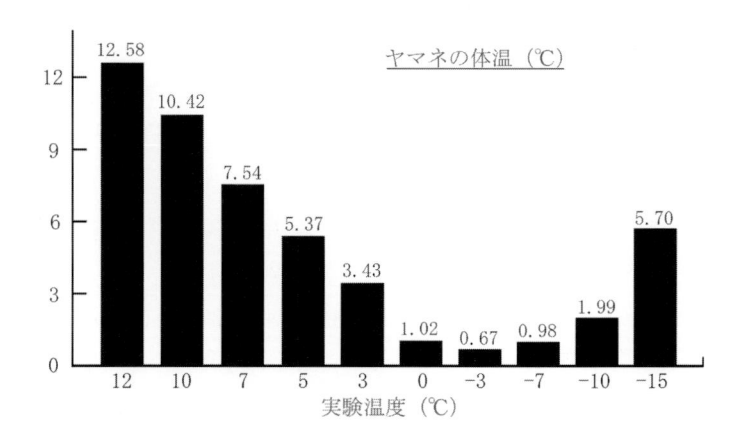

ヤマネの体温（℃）

実験温度（℃）	体温
12	12.58
10	10.42
7	7.54
5	5.37
3	3.43
0	1.02
-3	0.67
-7	0.98
-10	1.99
-15	5.70

冬越し

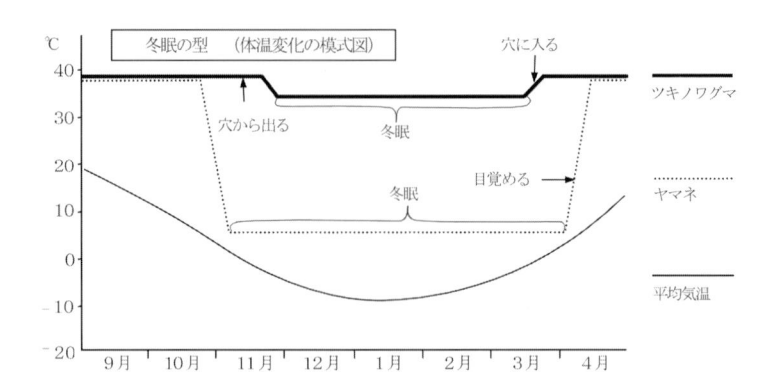

冬眠の型 （体温変化の模式図）

穴に入る → ツキノワグマ
穴から出る ↑ 冬眠
冬眠
日覚める → ヤマネ
平均気温

（グラフ：9月～4月、温度 -20℃～40℃）

表　冬眠動物の非冬眠時と冬眠中の心拍数

	動物名	非冬眠中（回／分）	冬眠中（回／分）
翼手類	ウサギコウモリ	547～720	102
	ドーベントンコウモリ	450～750	108～120
齧歯類	オオヤマネ	450	35
	ハタリス	300	4～7
	ジュウサンセンジリス	120～450	7～8
	ゴールデンハムスター	500～600	6
	ヨーロッパハムスター	260	6～10
	ハリネズミ	128～210	2～12
	ウッドチャック	73～200	5～40

呼吸はほとんど停止するほどまでに減少する。呼吸運動は、体温に応じた長さの呼吸停止期間と呼吸期とがあり、何回か連続して呼吸すると、しばらく呼吸は停止する。そしてまた何回か呼吸しては呼吸を止めるということを繰り返す。平常時のように一定間隔で呼吸するのではない。

　こうしてヤマネは春まで眠っているのだが、春にはすっかり痩せている。いかに省エネしても、何も食べないのだから当然である。事故死するものも多いようだが、この試練を乗り越えたものが春の繁殖に参加できる、という仕組みである。小形のコウモリ類も同様に冬眠する。

　冬ごもりするツキノワグマやヒグマも同じように太ってから穴に入り、うとうとと眠って冬を過ごす。体温は2～3℃下がる程度らしい。ツキノワグマは、積雪がある地域では、ほぼ11月下旬～12月中旬には穴に入り、3月下旬～4月中旬に出てくる。4ヶ月は越冬穴に入っていることになり、中部・東北地方の豪雪地ではもっと長い。一方、雪のほとんど降らない紀伊半島海岸部のものや四国の

幡多山地などのものは、穴にこもるのはほんのわずかの間、それも寒い日だけ木の根元や穴の中に入るだけと考えられる。

冬ごもり前、ツキノワグマには皮下脂肪が部位によっては10cm近くも蓄えられている。しかし、冬ごもりから出てきた春のクマは、皮下脂肪はほとんどついてなく、すっかりやせ細っている。体重は2割ほど減っている。体重の減少率はニホンザルと同じようなものだが、体が大きなクマは、冬中歩き回っていたら、とうてい春までは生き延びられないだろう。冬ごもりのおかげで、北国まで分布していられるということになる。

食糧貯蔵型　ニホンリス、エゾリス、アカネズミ、ヒメネズミなどは秋にドングリやカエデの種子などを森のあちこちに隠す。カケスもこのタイプである。地面を浅く掘ったり、落ち葉の下、木の割れ目、石の下、巣穴の中などに隠し、それが散らばっているために〈分散貯蔵〉と呼ばれる。冬、活動中にそれらを掘り出して食べるのだが、かなりの確率で記憶しているらしい。

これに対してシマリスはほとんどの食糧を巣穴に貯蔵する。〈分散貯蔵〉に対して〈集中貯蔵〉あるいは〈巣内貯蔵〉などと呼ばれる。しかしシマリスは冬を眠って過ごす。彼らは7〜10日に1回くらい目を覚まし、貯蔵食糧を食べたり排泄したりするのである。シマリスはむしろ特殊で〈食糧貯蔵冬眠型〉とでも呼ぶべき越冬法をとっていることになる。🐾

コラム　冬眠する鳥

外温性動物（冷血動物）はもちろん、内温性の哺乳類にも冬眠するものがあるわけだが、鳥が冬眠するという話は、あまり知られていない。18世紀のころ、ツバメは木の洞や泥の中で冬眠するものと信じられていたが、標識調査などによって、ツバメが南方で越冬することがわかってからは、「ツバメの冬眠」の話は伝説となり、鳥たちは自分に適した環境に渡ることができるので、無理して冬眠する必要はない、と考えられるようになったのである。

ところが1913年1月、鳥も冬眠することが発見された。アメリカの動物学者C. W. ハンナが、カリフォルニアのサンベルナディーノで、ムナジロアマツバメが岩の割れ目で眠っているのを発見し、そのアマツバメは単に眠っているのではな

く、冬眠している、と結論した。1月は厳寒期であり、その時期だけはムナジロアマツバメが飛んでいるのが見あたらないのだが、渡ってしまったためにいなくなったのではなかったからである。実験でも、ムナジロアマツバメは室内でも野外でも、体温が20℃になると冬眠状態になることがわかった、のである。

その後、各種のハチドリが外気温7～21℃で冬眠状態になることが知られるようになった。花蜜で生きるハチドリは、気候が悪化して食物が得られなくなったりしたときなど、短期間だが冬眠状態になることでエネルギーを節約して生き延びるのである。

1946年、アメリカのC.E.イエガーは、コロラドの砂漠にある山地の岩の割れ目で冬眠しているプーアウィル（ヨタカの1種）を見つけた。この鳥はまったくの仮死状態で、呼吸や心臓の鼓動は極めて微弱だった。春、標識をつけて放ったところ、次の冬にまた同じ場所で同じ状態でいるのが発見された、という。その後、この鳥の冬眠について調べられ、プーアウィルの体温は、冬眠中は18～20℃と低く、代謝もひどく減少して、体の機能がほとんど休止した状態で眠っていることがわかった。哺乳類の冬眠に近かったのである。計算によれば、10℃の体温の場合は、正常に蓄積した体脂肪のままで100日間も生存できるという結果が出された。自然状態での生活はまだ良く分かっていないが、かなり長期間にわたって冬眠を続けるのではないかと考えられているのである。

最近は、ネズミドリ目のチャイロネズミドリなどでも、短期間、冬眠にはいることがわかってきている。しかし、長期にわたる真の冬眠は、プーアウィルだけである。いずれにせよ、鳥たちも外気温が異常に下がったり、乾燥期に食物が欠乏しても、冬眠でこれを乗り切るのだと考えられている。哺乳類は、本来ならば棲めない厳しいところでも、冬眠のおかげで生活することが可能になっているのだが、鳥もまったく同じように冬眠を利用している、ということになる。

プーアウィル

四季の痕跡をよむ〈冬〉
19 冬　芽

▲冬でも濃い緑の森

　針葉樹の種類を決めるには、少しずつ可能性を絞っていく方法が良い。まず、問題の木がほんとうに針葉樹であるかどうかを調べる。針葉樹にはすべて、針状または鱗状の葉がある。次に葉を観察して、大分類（たとえばマツの仲間というように）をする。樹形も、分類の助けになるだろう。木から落ちた球果だけから、種を決めるのは難しい。

▲冬　芽

　小枝のさまざまな形と美しさを楽しめるのは、木の葉を落として寒さに耐えている冬場だけである。樹木の葉が落ちたあと、つまり葉痕を眺める。白く小さいそれが、例えばオニグルミならヒツジの顔のように、アジサイなら白髪のおじいさんの顔のように見える。小枝をよく観察すると、それまでにその木がどんな夏を送ってきたのかなどが分かる。きちんと並んだ節は、年毎にちゃんと生長してきたことを示している。節と節の間隔が広ければ広いほど、前の夏によく育ったことになる。小枝についている冬芽(ふゆめ)は木の種類によって特徴がある。

　冬、眠らずに活動する草食動物にとって、樹皮と冬芽は重要な食料である。特に冬芽は軟らかいものが多く、おいしいらしい。地面が雪で覆われていると、動物が食べた冬芽の残骸を見つけやすい。落ちている小枝を拾って切り口を見ると、門歯でスパッとナイフで切ったかのように見事に切断されている。たとえばムササビは冬、ツバキの花、カシやスギの硬い葉、サクラの冬芽や樹皮、カエデの冬芽などを食べる。このような食性は、落ちている小枝から得られる情報であるが、ニホンリスなども同じものを食べるから、注意を要する。

　ニホンカモシカは冬芽のついた枝先を食べる。先端から10〜15cmのところを噛(か)み切るのである。アスナロ、ブナ、ミズナラ、ミヤマハンノキ、イシキギ、キ

〈冬〉冬芽

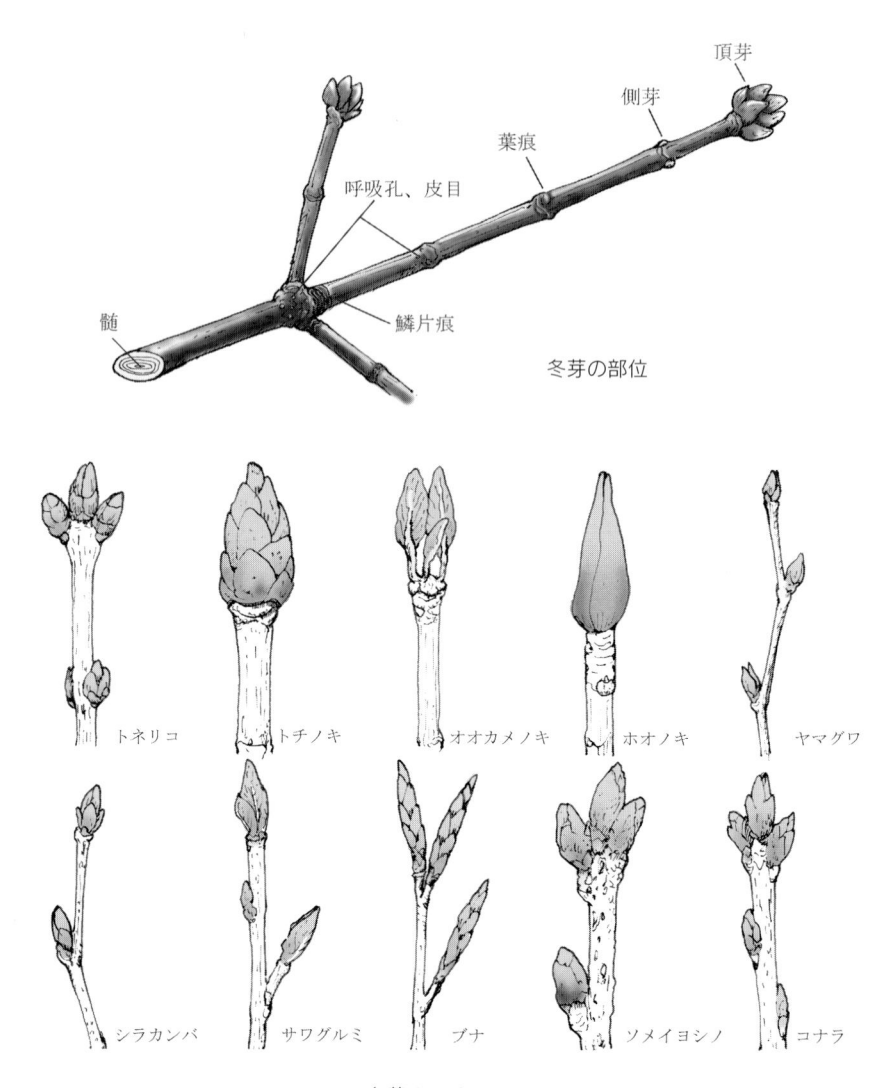

冬芽の部位

頂芽／側芽／葉痕／呼吸孔、皮目／鱗片痕／髄

冬芽のいろいろ

トネリコ／トチノキ／オオカメノキ／ホオノキ／ヤマグワ／シラカンバ／サワグルミ／ブナ／ソメイヨシノ／コナラ

　ブナ、オオカメノキ、ミヤママタタビ、シャクナゲ、ツバキ、ツガ、ミネカエデなどである。地域によってはヒノキの葉、スギの球果なども食べられる。これらのものはニホンジカも食べるから、注意しなければならない。

　それが確実にムササビのものなのか、あるいはカモシカのものなのかは、観察や足跡などのその他の情報から知るしかない。🐾

四季の痕跡をよむ〈冬〉
20 冬こそバード・ウォッチング

　木々がすっかり葉を落とした冬、この季節は野鳥を見るのにもっともよい季節である。見通しがきくために、鳥の姿をとらえやすい。だが、それだけではない。冬は鳥たちの繁殖の季節ではない、というのも大きい。美しい声でさえずり、なわばりを設け、巣をかけ、卵を産み、抱卵し、ヒナを育てるという繁殖期の一連の行動は、たいてい森の中で行われる。警戒心も強い。鳥たちは、市街地はもちろん、開けたところにはあまり出てこないのである。

　冬はそうではない。あちこちで食べ物を探し回ったり、休んだりしている。警戒心も弱い。私たちの比較的身近にいる鳥は、地方によってさまざまであるが、夏はスズメ、ツバメ、ハシブトガラス、ハシボソガラス、キジバト、ヒヨドリ、ムクドリ、オナガ、カワラヒワ、ヒバリ、シジュウカラ、モズ、川の近くなどではキセキレイ、セグロセキレイ、イソシギ、コサギ、コアジサシ、そしてトビなどである。だが冬は、この鳥たちの大部分に、ジョウビタキ、シメ、カシラダカ、タヒバリ、ときにアオジ、ビンズイなどが加わり、水辺ではハクセキレイ、ユリカモメ、タシギ、コガモ、チョウゲンボウ、カワセミなどもしばしば姿を見せるのである。ほぼ2倍以上の鳥が見られることになる。

　もう一つ、冬鳥として日本に渡ってくる鳥には、大形の水鳥が多いということもある。各地の湖沼や川、海辺に渡来するハクチョウやガン、カモ、そしてカモメの仲間、鹿児島県や山口県に大きな渡来地のあるマナヅル、ナベヅルなどのツルの仲間には、ちょっと出かければ出会うことができる。

　以上のように、冬に観察できるのは〈留鳥〉や〈漂鳥〉、そして〈冬鳥〉、稀に訪れる〈迷鳥〉である。これらの呼び名は、主に季節によって出現する鳥を指している。厳密なものではないが、ここでは北半球にある日本の本州あたりでの呼び名として紹介する。沖縄地方や北海道ではこれに当たらない鳥もいる。

渡り鳥——ふつう、北方の繁殖地と南方の越冬地の間を、毎年春と秋に移動して生活する鳥を指す。典型は、寒帯や亜寒帯で繁殖し、温帯か熱帯で越冬する。この場合、繁殖地域と越冬地域とは完全に離れていて、その中間は移動のときに通過するだけであり、その種の鳥の全個体が春と秋に移動する。

旅鳥(たびどり)——渡り鳥が通過していく中間地域における鳥の呼び名である。毎年規則的にある季節にのみ現れて、その地域では繁殖も越冬もしないものをいう。旅鳥は、普通は春と秋、またはその片方だけに出現する。

冬鳥——ある地域に秋になると現れてそこで越冬し、春になると姿を消す鳥をいう。

夏鳥——ある地域に春になると現れてそこで繁殖し、夏の終わりから秋に姿を消す鳥をいう。

留鳥——ひと言でいうと、ある地域で1年中、いつでも見られる鳥をいう。

迷鳥——通常の分布域や移動経路から離れた地域でみられることも稀にあり、そのような鳥を、その地域での迷鳥と呼ぶ。

以上のような季節的な分け方ではなく、生態的に分けた呼び名もある。たとえば、棲息場所によって高山鳥、陸鳥、海鳥、水鳥などである。最近は都市鳥などというのもある。

▲水辺でバード・ウォッチング

冬のバード・ウォッチングは、川沿いや小さな沼の周辺で行うと、いろいろな種類の鳥を観察できる。開けているから、遠くを飛翔する鳥、水に浮かぶ鳥なども見ることができる。

必需品は、8倍前後の双眼鏡と鳥類図鑑、それとフィールド・ノートである。ノートには、その日観察した鳥の種類、日時、場所、何をしていたかや、観察したときの印象など書く。現場では、大きな音や声を出さず、ゆっくりと歩き、大きな動作はしないことが重要である。急な動きは、鳥たちを警戒させる。

また、水辺に下りて、やわらかな泥の上を観察する。そこにはさまざまな足跡が残されているはずだ。サギ類やチドリ類のものが多いが、カラスやセキレイの足跡も観察できる。さらには、鳥だけでなく、イタチなど水辺で狩りをする哺乳類の足跡も見かけることがある。

スズメ・ハト・カラスの対比シルエット

鳥の種類を見分けるときには次のようなポイントで見てみよう。
① まず大きさである。じっくりと観察できる場合は図鑑と比較すればよいのだが、ごく短時間しか視界にとどまらない場合も多い。大きいか、小さいか、中くらいかを見極める。大きさによって種類はかなり絞り込まれるはずである。何をもって大形、中形、小形とするかは、人それぞれであるが、自分が知っている鳥を基準にする。大形はカラスやトビが良いと思う。中形はハトであり、小形はスズメであろう。ヒヨドリなどは小形のうちの大、などとする。
② 体が丸っこいか、細いかを見ておく。スズメは比較的丸っこい部類であり、ツバメなどは細い方だろう。
③ 体の様子で、尾が長いか脚が長いかに注意する。ついでに尾や翼の先端の形も見ておく。尖って目立つとか、目立たないかを記録しておく。
④ 嘴の形と大きさを見る。肉食性の鳥は、先端が鉤形であることが多く、長さも重要である。
⑤ 以上、大きさなどの形態の次に重要なのは全体の色である。黒っぽいか、茶色っぽいか、あるいは緑がかっているかなどを記憶する。羽色は一瞬見ただけでも印象に残るから、目標が視界から消えた後に図鑑で調べるときに役立つ。
⑥ そして種名を特定するのに重要なのが斑紋である。斑紋の色と大きさや位置で、鳥の体のどのへんに何色の斑点や模様があったのかを記憶する。飛び立ったときなどに、どこに目立つ斑紋があったかを見て、書き留めておく。このほ

〈冬〉冬こそバード・ウォッチング

か嘴や脚の色なども見ておく必要がある。

⑦ そのほか枝に止まったりしているときの姿勢、そのときの尾の動かし方、飛び立ち方、飛び方である。

観察に馴れてくるにつれて、動きなどに注意するようにする。双眼鏡で見て、大きさや色などを記憶し、図鑑と見比べる作業を繰り返し行うことで、種類の特定までの時間は次第に短くなってくる。

バード・ウォッチングは「習うより慣れよ」であり、水辺での観察で、鳥を見ることに慣れたら、雑木林や森などほかの環境にも出かけてみるとよい。

水辺の風景

1：オオタカ	2：マガモ	3：キンクロハジロ	4：ヒドリガモ
5：マガン	6：ヒシクイ	7：キセキレイ	8：アオサギ
9：マガモ	10：コハクチョウ	11：オシドリ	12：カワセミ
13：マガモ	14：カルガモ	15：コハクチョウ	

水辺に集まる鳥たち（シルエット）

カワセミ
セキレイ
タシギ
コガモ
オナガ
ヒバリ
モズ

　鳥はグループによって独特のシルエットをもっている。体の大きさ、頭や嘴の比率、飛んでいるときや木の枝などにとまっているときの姿勢などが、グループによってちがうからだ。色彩や細かな斑紋などは見えなくとも、シルエットからおよその種類の見当がつく。

四季の痕跡をよむ〈冬〉
21 冬のフィールドを歩く

▲かんじきとスノーシュー

　ふつう、雪の上を歩くときに用いる特殊な履き物を総称して〈カンジキ〉という。雪の上だけでなく柔らかな泥の上でも使われる。このカンジキのうち、とくにクロモジ、トネリコ、アンサクなどの枝などを輪状に丸めて縄でしばり、足につけるようにしたもので、ワカンジキ、あるいはワカンと呼ばれる。雪の上の歩行で足の埋没を防ぐために用いる木製輪状のもの、ということになる。また、地方によっては、ワ、ゴス、マゲなどと呼ばれることもある。現在、カンジキとよばれているものには、このほかに、次の2種類がある。

（1）氷の上の歩行で滑るのを防ぐために用いる鉄製爪状のもので、一般的にはアイゼンという名で知られる。カネカンジキ、ガンリキ、カネカンなどとよばれる。外国産だと思われがちだが、日本では江戸時代から用いられていて、滝沢馬琴の『耽奇漫録』に「陸奥・三春産・鉄かんじきの図」として描かれている。

（2）一般には馴染みがないが、泥土の上の作業で足の埋没を防ぐために用いる

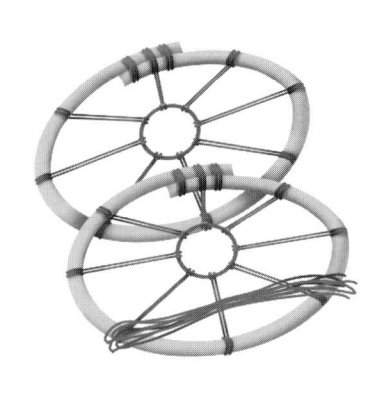

カンジキ　　　　　　　　　　　　　スノーシュー

木製の板状ないし枠状のものもカンジキの1種で、イタカンジキ、ハコカンジキ、ナンバなどと呼ばれる。深い田の作業に使用されるのでタゲタ（田下駄）と総称される。

　北欧起源で、現在、欧米で広く使われているスノーシューというのは、このワカンジキと同類のもので、テニスのラケット状のものが多い。最近ではプラスチック製の軽いものが多種販売されていて、靴との接着部分にスキーの留め金ふうのものがついており、着脱が非常に簡単になっている。

▲疲労と汗

　アニマル・トラッキングは競走でもハンティングでもない。足跡を追跡して冬の動物の行動を推理しようとするものだから、急ぐ必要はない。足跡と同時に、木の上に小鳥の地鳴きを聞いたら、急遽、バード・ウォッチングに変わることもよくある。鳥の観察が終わったら、再び足跡の追跡に移る。

　時にノートをとり、写真に収め、サンプルを採取する。これらの作業をするためには、疲れすぎてもいけないし、特に汗をかかないようにしなければならない。汗をかくと、休息したり、ノートをつけたりしているうちに体が冷えてくるからだ。そうなるとウォッチングどころではなくなるし、やがては体温の低下をまねき危険なこともある。歩き始めたら、何も見つからなくても適当なところで休息するのである。

　もう一つ重要なことは、帰路のことを頭に入れておかねばならない。1時間進んだら、戻るときにも1時間は必要だから、疲労の分も考えると、帰路は往路の1.5倍ほどの時間がかかると見ておいたほうが良い。最悪は来たときの足跡を戻る。歩きやすいし、道に迷うこともないので、安全である。🐾

コラム 寒冷地でのアニマル・トラッキング

凸型の足跡

　北海道や本州でも標高の高い地域は寒冷で、いわゆる「粉雪」が降る。粉雪はサラサラで、比較的平坦な土地だったらカンジキよりもクロスカントリー用のスキーか山スキーを履くと良い。ずっと疲れが少ない。

〈冬〉冬のフィールドを歩く

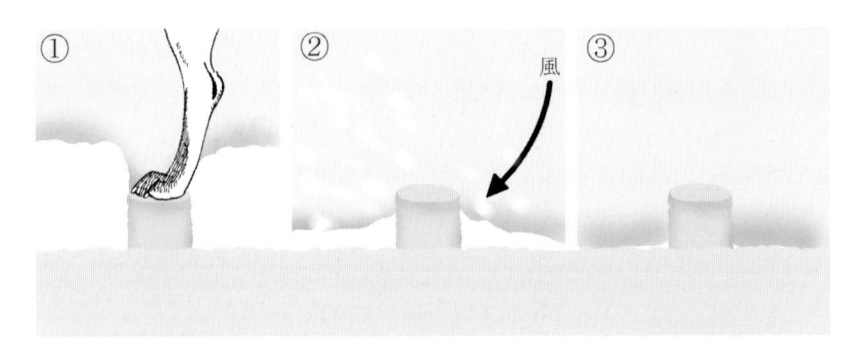

凸型の足跡のできるまで　①押し固めた足跡の②周囲の粉雪が風で飛び③足跡部分が浮き出す。

　真冬の北海道では、キツネの足跡におもしろい特徴が出る。雪の上の足跡というのは、くぼんでいるのがふつうなのだが、足跡の一つ一つが小さな雪の柱のように、雪面から出っ張っているものがあるからだ。それも雪の表面から10cmくらいも足跡が杭のように出て、並んでいる。
　足跡なのに凸状に出っ張っているというのだから、はじめて見たときにはとても不思議な気分になったものだ。しかし、種明かしはこうだ。つまり、サラサラの粉雪の上をキツネが歩くと、もちろん足跡は雪に潜ってつく。その足が潜った部分は、雪がいくらパウダースノーであっても、少しだけ押し固められて密度が高くなっている。そこに強い風が吹いてくると、降っただけの場所の雪は飛ばされ地吹雪状態になるが、キツネが歩いて押し固められた部分だけは残るので、足跡が浮き出してくるというわけなのである。
　そんなキツネの足跡を楽しみながら追っていくと、足跡が２列になっていることがある。しかも点々とついていた足跡が斜めに２個ずつついたりする。これは、よそから別のキツネが近づいてきて、「仲良くしようよ」と言い寄った足跡である。冬はキタキツネにとって繁殖期、ペアになる季節なのである。走っているのは近づいてきたキツネを振り切ろうとしたのか、うれしくなったのかのどちらかだ。二つの足跡が並んだり離れたり、ずっと続いていたら、きっと仲良しになったのだと思ってよい。
　このような粉雪のところでカンジキやスキーをはずすときは、注意しなければならない。カンジキを履いて歩いているときは、雪の深さというものを忘れるからだ。粉雪の吹き溜まりやくぼみの上などで、カンジキをはずすと、必ず転倒する。片方の足が１m以上、運が悪いと２mももぐることがある。これほど深いと、危険ですらある。どっちが上だか分からなくなることすらある。そこから出るのに木の枝か、誰かの手を借りなくては起き上がれない。カンジキは想像以上に役立っているのだ、と痛感するときでもある。🐾

四季の痕跡をよむ〈冬〉
22 雪崩

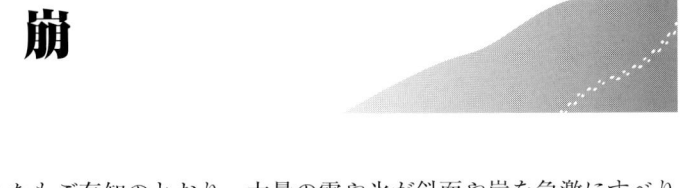

　雪崩とは、どなたもご存知のとおり、大量の雪や氷が斜面や崖を急激にすべりおちる現象である。アニマル・トラッキングは冬山登山ではないのだから、雪崩に遭遇することはない、と思うかもしれない。確かに、傾斜が40度前後の斜面でおこることが多いのだが、はるかになだらかな斜面でも発生することがあるから、山では雪崩に常に注意しなければいけない。かつて表富士の御殿場口で雪崩があり、多くの被害がでたが、この場所は極めてなだらかな斜面である。雪崩はいったん発生すると、その速度は時速200～400km以上に達することもあるといわれるから、避けようがない。

　雪崩にはいくつかのタイプがあり、積もった雪全体がすべりおちる〈全層雪崩〉と、新雪のみがすべりおちる〈表層雪崩〉に大きく分類される。全層雪崩は春先に多い。雪解けがすすみ、地面と積雪下部との間にすきまができてくる場合に発生しやすい。ニホンカモシカやニホンザルは、こうした割れ目に入り込み、顔を出している植物をのんきに食べたりしている。小さな好みの潅木などが雪の下になってしまったために、新鮮な緑に飢えているのである。それで雪崩に巻き込まれ、死亡することも少なくない。春に雪崩の多い斜面の下にいくと、彼らの死骸を見つけることもある。

　表層雪崩は、雪が煙のようにまいあがる煙型と、新雪がずるずるすべりおちる流れ型とがある。しばらく雪がなかったときに新たに新雪があったりすると、発生しやすい。

　雪崩は、温度の変化、雨天、下方に移動しようとする積雪層の変形、大きな音などによるような急激な振動などの要因が組み合わされることで発生する。

　また富士山地域などでは〈雪しろ〉と呼ばれる現象が見られる。地表が凍った上に雪が積もり、雪と砂礫が一緒になって猛スピードで落下するものである。非常に破壊力があり、ガードレールの鋼鉄、コンクリートなどをも簡単に破壊する。

〈冬〉雪崩

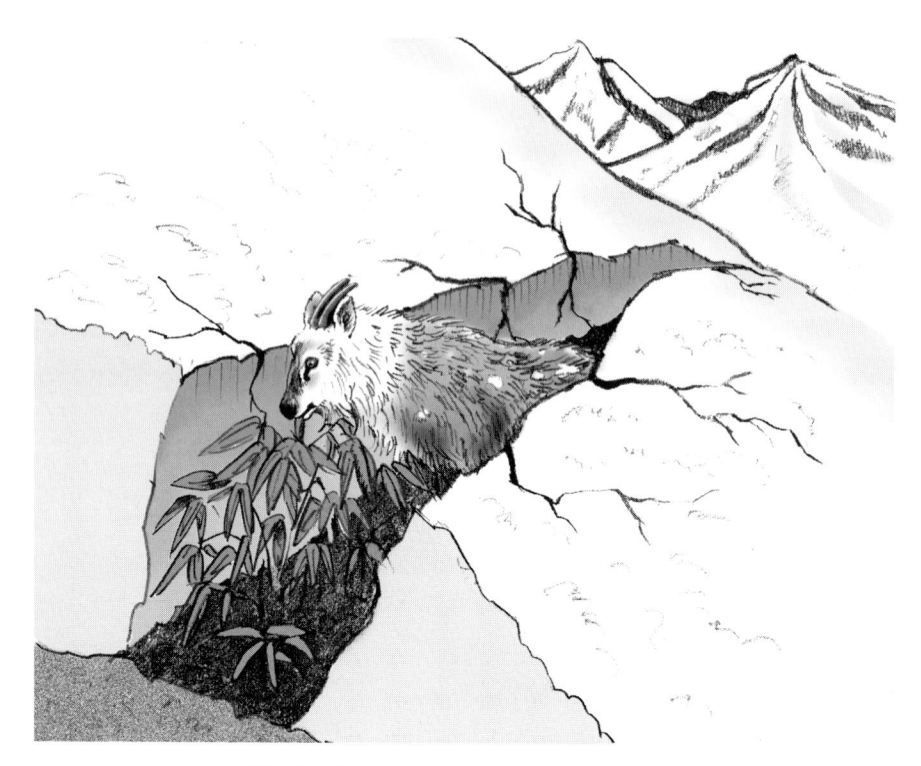

全層雪崩の原因となる割れ目でササを食べるカモシカ。

　山沿いの地域でアニマル・トラッキングを試みる場合には、天気情報に注意するとともに、多量の新雪などにも気をつけていなければならない。一応の目安として前日に新雪が30cm以上降ったら要注意であるが、富士山の東南麓のように木も生えていない斜面では、10cm降っても要注意である。広い斜面を横切るとき、特に用心する。

　気温の上昇・下降は雪崩に大きく作用する。数日前からの気温の変化をチェックする必要がある。雪は暖かくなると溶け、冷えると凍る。そして降雪が雨になったときは、極めて危険な状態となる。このような時は、斜面には近づかないことが鉄則だ。平坦な草原、あるいは水田地帯などでのトラッキングに変更する。アニマル・トラッキングは楽しむための科学だから、決して無理をしてはならない。🐾

観察に役立つ動物学

観察に役だつ動物学
23 哺乳類の分布

▲生態的分布

　野生動物を観察するとき、たとえ浅くとも、動物学全般の知識をもっていることは重要である。ある動物を観察しようとしたとき、どこにいけばよいのかを考える上で必要なのである。極端な話、野生のライオンを見ようとすれば、アフリカかインド西部のサバンナに行くしかないわけだが、そう判断する頭の中には、無意識にしても、動物地理学的な知識をはたらかせているのである。

　動物は生きるために一定の環境が必要である。気温、湿度、気圧、食物などが適当でなければ生活を続けることができないから、一定の環境に棲む動物の種類は必然的に定まり、各環境はそれぞれ一定の〈動物相〉を示すことになる。種、または個体群を中心に、分布を環境と関連付けたものが〈生態分布〉で、環境別の生物集団(群集)の特性で表現したものが、熱帯雨林、サバンナ、砂漠、温帯林、草原、亜寒帯林、ツンドラなどの〈バイオーム〉である。

　バイオームとは、一種の気候帯といえるもので、ふつう「気候によって支配されている陸の地域」と定義されており、降雨分布の型、最高・最低の温度、季節、日長の変化などの気候条件に適応している植物帯、そこに棲んでいる動物の型などによって区分されている。バイオームにおける生物の生態学的な関係は長年にわたって研究されてきた。そしてさまざまなことがわかってきている。便宜上、バイオームはその地域に優占する植生によって名づけられている。たとえば寒い地域の針葉樹林バイオームには、他の植物では生長が阻害されるような、光や水や養分に適応した耐寒性の針葉樹が優占しており、それが動物の個体群に大きな影響を与えている。

　針葉樹林——常緑性針葉樹林が、幅約600から1300kmの広い帯を作って、カナダ、アラスカ、ユーラシア北部や南部の高山地帯を覆っている。ヘラジカは、その北方に、オグロジカは山地沿いに棲む。オオヤマネコはこのバイオームに広

く棲息する。リス類、モモンガ類、テン類が樹上で暮らしている。林床にはトガリネズミ類が多い。

温帯林——冬と夏が交互に訪れ、十分な降水量にも恵まれた温帯の大地は、森林、とくにこの地帯での生育にもっとも適した落葉樹林で覆われている。その中にはニレ、カエデ、ブナなど、さまざまな樹種が含まれており、その樹冠の下に棲む動物たちの生活に、影響を与えている。多くのリス類、ヤマネコ類の棲み家である。

熱帯雨林——豊富な雨と、高温の下で生育する緑濃い樹林は、熱帯林の一つの特徴をなすものである。このバイオームを構成する各種の森林は、南アメリカ、アジア、アフリカのどの地方でも、上下にはっきり分かれた階層をなして発達している。階層の上と下では、それぞれ習性や適応性のちがう動物が棲んでいる。

砂　漠——乾いた砂漠のバイオームは陸地の約5分の1を占める地域で、わずかな植生が太陽の照りつける大地の上に点生している。大形の哺乳類は少ないが、サバクトビネズミなど齧歯類が多く棲み、大部分は夜行性である。砂漠の夜は彼らに身を隠す闇と、涼しさと、時には夜露を与える。

ツンドラ——ツンドラ・バイオームは針葉樹林帯が終わる地点から始まり、北方へ続いている。また高山にもその変形がある。この地帯の基本的な植生は、永久凍土の上に季節的に短期間だけ繁茂する地衣類、苔類とイネ科植物で、それがカリブーなどの食物になっている。

草　原——広大なイネ科植物の海。これが大陸内部によく見られる草原である。ここでは、気候が支配的な要因になっている。降雨量は砂漠よりも多いが、樹木が生育するのには十分ではない。土壌は腐植に富んでいる。現在ではもっとも破壊が進んでいるバイオームで、大きな草原はほとんど残っていない。かつては草食性の大形哺乳類や、プレーリードッグのような齧歯類が、たくさん棲んでいた。

▲地理的分布

しかしながら、動物相を決定するものは環境だけではなく、その地域の歴史もまたきわめて重要である。たとえば、ほとんど同じような二つの環境があっても、その間に太古から海があったとすれば、陸生の哺乳類は広い海を渡って一方

哺乳類の分布

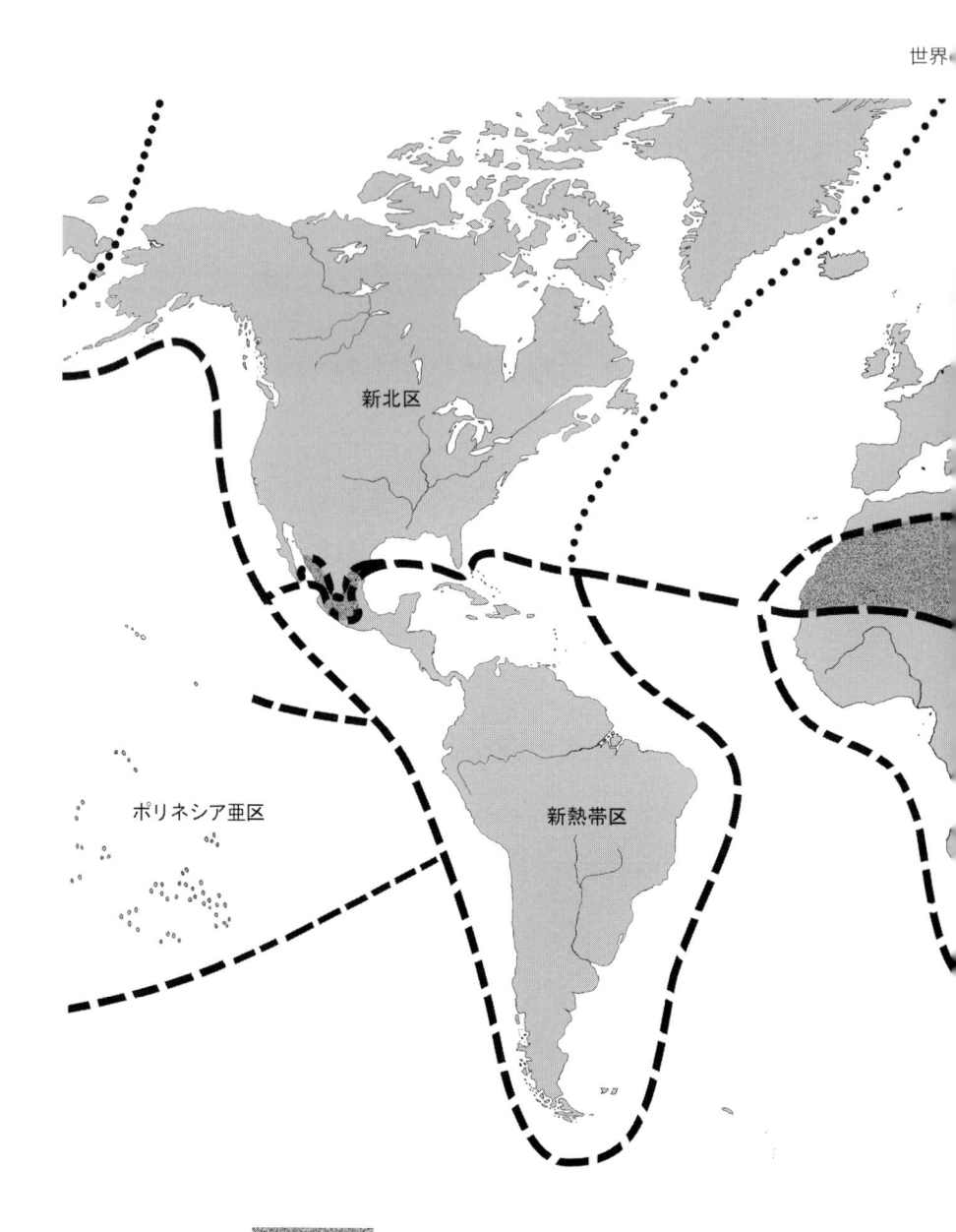

世界

新北区

ポリネシア亜区

新熱帯区

移行帯

物地理区

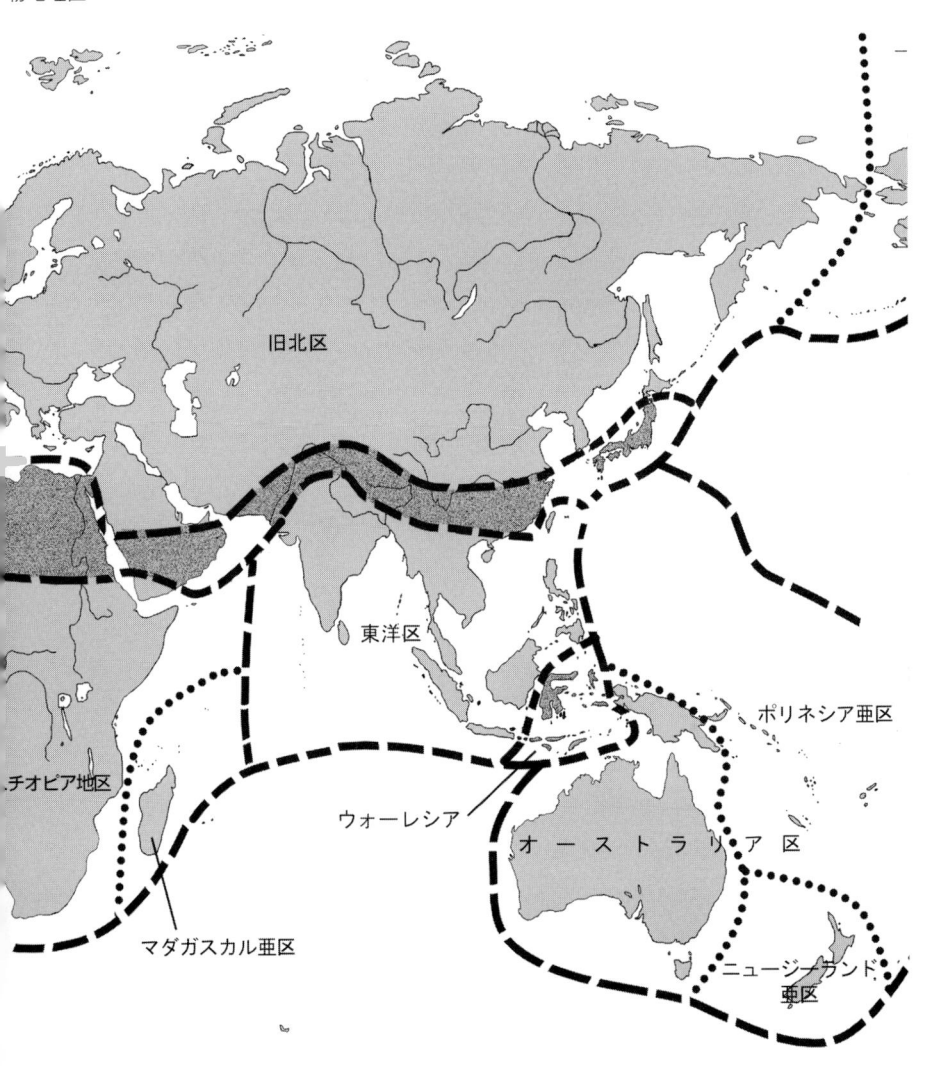

- 旧北区
- 東洋区
- エチオピア地区
- マダガスカル亜区
- ウォーレシア
- オーストラリア区
- ポリネシア亜区
- ニュージーランド亜区

から他方へ移動することができないから、動物相がまったく異なることになる。したがって過去における動物各類の進化の中心地と各類の絶滅の有無、陸地の連絡、隔離の有無と時期とが今日の動物相を決定するきわめて重大な要因である。北極と南極は似たような氷の世界だが、その動物相はまったく違うわけである。

哺乳類は、おそらくアフリカにおいて誕生し、旧世界に拡散し、その一部は南アメリカ南部と南極を介して連絡していたオーストラリアにも侵入した。このころにはすでに原始的な真獣類も現れていたらしいが、オーストラリアに入りえたのは単孔類と有袋類だけで、真獣類が拡散して南下してきたときにはすでにこの連結は切断されてしまっていた。一方、旧世界に残った有袋類はおそらく真獣類との競合のために死滅してしまったのであろう。このため今日のオーストラリアの環境は、アフリカの一部に酷似しているにも関わらず、その哺乳類相はまったく異なったものとなっている。このように動物相は環境と歴史によって決定され、そこの動物は環境の変化に従い適応的に変化するか、他の適当な地方に移動するか、あるいはいずれの方法もとり得ずして死滅するかして、今日の動物相が形成されたのである。

▲世界の動物地理区

さて、このような地理的な動物相を、哺乳類を中心にして眺めると、世界はまず3界に大別され、次に5～6の区に分けることができる。区はさらに亜区に分けられるが、亜区はバイオームの区域とほとんど一致する場合が多い。

A――北界 真獣類すなわち一子宮類のほとんどすべてを産し、単孔目、有袋目、貧歯目、霊長目の広鼻猿類を産しない。次の3区に分けられる。

Ⅰ. 全北区：この区はまた、新北区（北アメリカ）と旧北区（アジア、ヨーロッパ、北アフリカ）に分けられることもある。全北区には特産の科は少ないが、齧歯目ビーバー科、メクラネズミ亜科、タケネズミ科、トビハツカネズミ科、食肉目アライグマ科、食虫目モグラ科、兎目ナキウサギ科などは特産である。

新北区は旧北区と共通のものが多いが、旧北区に見られる奇蹄目ウマ科、食虫目ハリネズミ科、偶蹄目イノシシ科などは産せず、特産の偶蹄目プロングホーン科がある。

Ⅱ. エチオピア区：偶蹄目カバ科、キリン科、管歯目、食虫目キンモグラ科、

ハネジネズミ目、齧歯目ウロコオリス科などを特産するが、マダガスカルにはさらに霊長目キツネザル科、アイアイ科などが棲む。

東洋区とエチオピア区には共通の科も多い。たとえば霊長目オナガザル科、ショウジョウ科、長鼻目ゾウ科、奇蹄目サイ科、食肉目ハイエナ科、有鱗目などである。そのため両区を合わせて旧熱帯区とすることもある。

Ⅲ．東洋区：皮翼目、霊長目テナガザル科、メガネザル科、ツパイ目などを特産する。

B──**新界**　貧歯目、霊長目の広鼻猿類などを特産するほか有袋目をも産する。

Ⅳ．新熱帯区あるいは南米区：ここには有袋目のオポッサム科、ケノレステス科がいるほか、貧歯目アリクイ科、フタユビナマケモノ科、ミユビナマケモノ科、アルマジロ科、齧歯目アグーチ科、テンジクネズミ科、食虫目ソレノドン科、霊長目のクモザル、ホエザル、キヌザル科などの広鼻猿類など特殊なものが多い。

C──**南界**　単孔目を特産するほか、有袋目の大多数はここに限られる。流木に乗って移住したと考えられているネズミ類、人の手によって移入されたらしいディンゴ、明らかに人が連れていったイノシシ、アカギツネやアナウサギ、および飛翔力のある翼手類などを除き、真獣類は分布しない。

Ⅴ．オーストラリア区または豪州区：単孔目を特産し有袋目も一部を南米に見るのみで、特産といって良いほどである。齧歯目ネズミ科ユーカリネズミ、コヤカケネズミなど多数の特産属があるが、これらは第三紀末に南アジア方面から侵入したらしいといわれる。🐾

観察に役だつ動物学
24 日本の哺乳類の分布

▲日本の哺乳類の分布

　全北区は新北亜区と旧北亜区に大別され、ヨーロッパ州（ヨーロッパ亜州、シベリア亜州、トルキスタン亜州）、東アジア州（北支亜州、日本亜州）、地中海州（地中海亜州、サハラ亜州）に分けることが多い。また、東洋区はインド州、インドシナ州、マレー州、セレベス州に分けられることが多い。しかし、このような区分はまだ不完全で、ほかにもいくつかの分け方がある。

　北海道　　北海道が旧北亜区のシベリア亜州あるいはその一部である北部森林地区に入ることはほとんど疑う余地がない。北部森林地区あるいはオホーツク沿岸密林地区は、カムチャツカ、スタノボイ山脈、ウスリ、満州、朝鮮北東部、サハリンおよび北海道を含む地区で、シラベ、エゾマツ、トドマツなどを主とする亜寒帯林針葉樹林帯である。

　この地区の特徴を示す動物は、トガリネズミ類、クロテン、イイズナ、オコジョ、キツネ、ヒグマ、オオヤマネコ、アカシカ、ノロ、ジャコウジカ、キタリス、シマリス、タイリクモモンガ、ヒメヤチネズミ、ユキウサギ、ナキウサギなどである。このうちオオヤマネコ、アカシカ、ノロ、ジャコウジカなどは北海道にいない。一方、北海道に産して、大陸の北部森林地区に見られない陸生哺乳類にエゾアカネズミ、ヒメネズミがあるが、その他の北海道産の種類はすべて北部森林地区と共通で、特有の属はまったくない。北海道の哺乳類相は、大陸の北部森林地区の縮図に過ぎず、わずかに日本本土のヒメネズミや、それに近いエゾアカネズミなどの存在によって北海道小区を区別することができるのみである。この場合、この小区の北方の境界は宗谷海峡に引かれた八田線である。

　本土（本州、四国、九州）　　これに反して本土はきわめて複雑である。本土は地理的に北海道および朝鮮半島と接しているが、動物相はこの両地区と著しく

異なっている。北海道と共通のものにはトガリネズミ属、アカネズミ属、テン属、タヌキ属、キツネ属、モモンガ属、ヒメネズミ、イイズナなどがあるが、北海道のシマリス属、ヒグマ属、ナキウサギ属、ヤチネズミ、クロテン、オオアシトガリネズミ、トウキョウトガリネズミ、カラフトヒメトガリネズミ、ユキウサギ、キタリスなどは本土では見られない。また、本土に棲むヒミズ属、ヒメヒミズ属、モグラ属、マカク属、カモシカ属、ヤマネ属、カワネズミ属、ムササビ属などは北海道に産しない。北海道とは共通の属種もかなりあるが、まったく別のものも多く、著しく異なった動物相を形成していると見てよいだろう。

　一方、朝鮮半島と共通の属は、モグラ属、イタチ属、アナグマ属、キツネ属、タヌキ属、イヌ属、ツキノワグマ属、リス属、モモンガ属、アカネズミ属、カヤネズミ属、シカ属、イノシシ属など多数あるが、これらはいずれも分布が広く、朝鮮半島だけの特徴ではない。その大部分は少なくとも中国の華南地区まで南下しているし、キツネ属、イヌ属、リス属、モモンガ属、イノシシ属などは北部森林地区にも分布している。一方、ハリネズミ属、ヤマネコ属、ヒョウ属、キエリテン属、アカオオカミ属、シマリス属、キヌゲネズミ属、ノロ属、キバノロ属、チョウセンカモシカ属その他の朝鮮半島に見られる属はまったく本土に見ることができない。これらの属種の中には分布の広いものもあるが、コジネズミ、ヨシネズミ、キバノロ属などはほとんど華北・朝鮮地区の特産種でこれらが本土にいない点は注目に値する。

　また、本土にふつうのカワネズミ属、ヒメヒミズ属、ヒミズ属、サル属、ヤマネ属、カゲネズミ属、カモシカ属などはまったく朝鮮半島には産しない。また日本本土に産する種では、アズミトガリネズミ、カワネズミ、ヒメヒミズ、ヒミズ、ミズラモグラ、ニホンザル、ノウサギ、ニホンリス、モモンガ、ムササビ、ヤマネ、ニイガタヤチネズミ、カゲネズミ、スミスネズミ、ハタネズミ、アカネズミ、ヒメネズミ、キツネ、ニホンイタチ、ニホンカモシカなどが、華北・朝鮮地区には見られない。したがって本土の動物相は従来考えられていたように朝鮮半島に近いものではない。

　本土哺乳類相のもっとも顕著な構成員の中でも本土特産の属種たるヒミズ、ヒメヒミズ、ヤマネ3種と北方系の種類を除いた残り、すなわちミズラモグラ、モグラ、カワネズミ、ニホンザル、ツキノワグマ、タヌキ、ニホンイタチ、ムササ

ビ、カゲネズミ、スミスネズミ、ニホンジカ、ニホンカモシカなどは、いずれも同種あるいは同属の近似種を華南地区またはさらに西方の華西高地区に持つ。

　本土の哺乳類相は、東洋区に属する華南地区にきわめて近いということができる。が、中国の華南地区にはさらに本土にいないイボハナザル、ハナナガリス、タイワンリス、イワヤマリス、タケネズミ、ヒメアナグマ、マングース類、ウンピョウ、センザンコウ、キョンなどの特異なものがいるし、また本土には華南にはいないヒミズ、ヒメヒミズ、ヤマネおよび北方系の多数の種がいる。したがって両地方はよく似てはいるが、なおかなりの違いがあると見てよいであろう。

　このような事実から、本土は日本本土地区として区別できる。そしてこの区は、東洋区と旧北区の移行地帯とみなすべきなのであろう。

　本土は南北に長く延びているから、南と北では著しい気候の相違がある。したがって植物帯も、大体1月平均気温が2℃の線以北では温帯林（南部でも高地では同様）または山地では亜寒帯林で、それ以南の地区では暖帯林となっている。すなわち北半ではブナを主としてこれにオオナラ、ミズナラ、トチなどの落葉広葉樹あるいはヒノキ、サワラ、ヒバ、スギなどの針葉樹を混生しカシ類を見ないが、南半ではカシ類、シイ類などの常緑広葉樹が主な林木となっている。したがって哺乳類相も多少異なり、温帯林区にはミズラモグラ、ヒメヒミズ、トガリネズミ、アズミトガリネズミ、オコジョ、イイズナ、ヤマネ、ニイガタヤチネズミ、トウホクヤチネズミ、ニホンカモシカなどが棲み、暖帯林区にはこれらを産せず、スミスネズミ、カヤネズミ、イノシシ、コウベモグラなどを特産するようである。もちろん両区ともに分布するものも多数あるが、今後分布の調査が進めば、一層両区の差が明らかになることと思う。

　佐渡、隠岐、屋久、種子などの諸島もそれぞれ特有の亜種をもっているが、それらはいずれも本土の暖帯林区系のモノで、本土に産しない種はほとんど見当たらない。したがってこれらの島々を別の小区に分かつ必要はなさそうである。

　対　馬　九州と朝鮮半島の間に横たわる対馬は、ヒミズ、ヒメネズミ、アカネズミ、モモジロコウモリなどを産する点では本土に近い。同島のモグラも朝鮮産の亜種よりは本土の亜種に一層似ている。しかし対馬には本土に見ない朝鮮半島系のコジネズミ、ツシマヤマネコ、クロアカコウモリ、オオアブラコウモリなどを産し、イタチも朝鮮半島産の亜種と同じである。それは対馬が本土から離れ

第1部　フィールドの知識　85

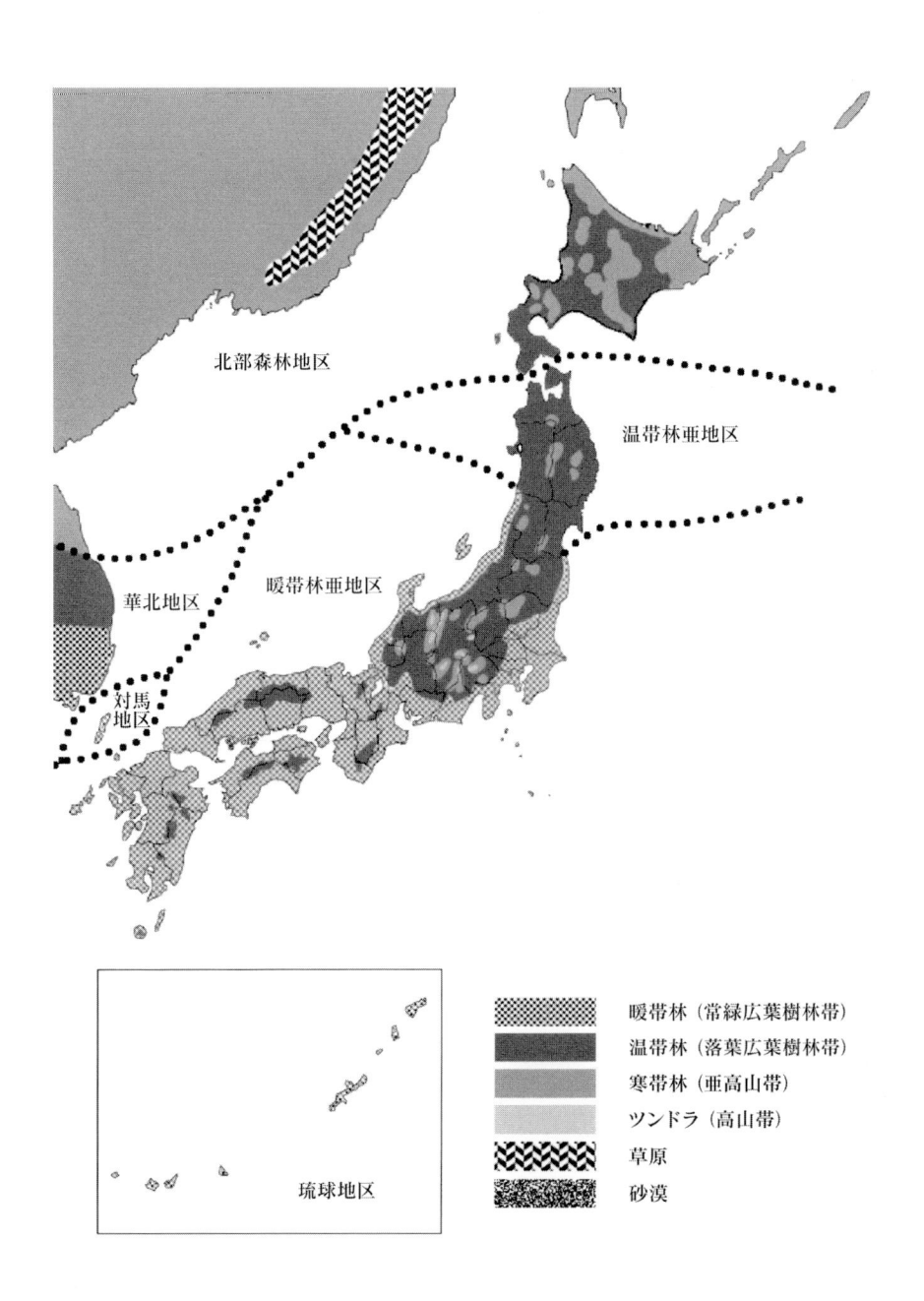

日本の動物地理区

て後も、なおしばらく朝鮮半島と連結していたためであろう。本土系のものはほとんど本土産と別亜種として分類されるのに、朝鮮半島系のものはほとんど朝鮮半島産と異ならないことは、この間の事情を物語っているように思われる。対馬の哺乳類相は、特有の種こそないがまったく独特のもので、対馬は本土と朝鮮の移行地帯である。

南西諸島　奄美大島から八重山諸島までの南西諸島は、オリイジネズミ、カグラコウモリ、イリオモテヤマネコ、トゲネズミ、ケナガネズミ、アマミノクロウサギなどの特産種・特産属を産する。これらは台湾、中国、朝鮮半島、その他アジアには見られない種であるが、属として見るとケナガネズミとカグラコウモリは明らかに東洋区系である。またワタセジネズミ、クビワオオコウモリも同様で、明らかに旧北区系と断定できるものは見られない。したがって、ここは東洋区中の「琉球小区」とすべきであろう。

小笠原諸島　オガサワラコウモリ以外の野生種はいない。一説にはマリアナオオコウモリに近縁とする見方もあるが、このコウモリは系統的にまだ十分調査されていないので、この地区の地理区分を哺乳類で行うことは無謀であろう。

以上を要約して日本の哺乳動物地区を示すと次のようになるが、これらの区分は、あくまで仮のものに過ぎないことを特に注意しておきたい。

1．北部森林地区＝北海道（旧北区）
2．日本本土地区＝本土（旧北、東洋両区移行地帯）
　 a．温帯林亜地区＝本州の北半および他の高地
　 b．暖帯林亜地区＝本州の南半、四国、九州、佐渡（？）、隠岐、壱岐、五島、種子、屋久
3．対馬地区＝対馬（華北・日本本土地区移行地帯）
4．琉球地区＝南西諸島（東洋区）
5．小笠原地区＝小笠原諸島（ミクロネシア亜区？）

コラム 日本の哺乳類相の起源

　日本の哺乳類相は、北海道を除ききわめて特異である。このような哺乳類相がどのようにして形成されたかについては、二つの相反する考え方がある。

　その一つは、日本本土が大陸から隔離された後に、種の分化が行われて、大陸産と異なった種または亜種になったとみなすものである（隔離後分化説）。もう一つは、隔離古種保存説とでもいうもので、大多数の日本固有種は日本本土において種の分化が行われたものではなく、古く大陸に生じた種（古い種）が、大陸ではその後に分化して生じた新興種によって、ほとんどあるいは完全に滅ぼされ、海峡が形成されたなどの原因で新興種が入りえなかった本土やその他の島にだけ、古い種があまり変化せずに残ったと考えるものである。もちろん隔離の結果生じたと思われる分化もゼロではないが、哺乳類の場合、それらはせいぜい別亜種となったに過ぎないようである。

　隔離された土地で別種が誕生するか、亜種程度の分化しか起こらないのかは、その種の個体、あるいは個体群の大きさが重要だと思われる。小さな島であっても、微細な昆虫などではかなりの数が棲息できるから、長期間にわたる隔離の結果、種の分化が起こっても不思議はない。ゾウのような大形哺乳類は数えるほどしか棲息できないから、種の分化、あるいは亜種の分化すら生ずる余裕はないに違いない。

　後説はモモンガ、ムササビ、カワネズミなどが日本本土のほかにも大陸の狭い地域あるいは山地に産し、ジネズミが済州島に産する事実などに基づいている。もしこれらの種が日本で分化したものとすると、大陸の同種は偶然の平行進化の結果生じたとしか説明がつけられない。また日本には数種の進化の程度を異にするモグラ類が複雑な分布を示しているが、これらもこの説に従えば、容易に説明できるが、隔離後分化説では説明がきわめて困難である。琉球地区に特産種が多い理由も、同様にこの古種保存説で説明できる。

　かつてイリオモテヤマネコが発見されて間もなく、東京の某デパートで「沖縄展」が開催された。琉球列島のほとんどの動物が展示されたわけだが、沖縄を表す言葉として「東洋のガラパゴス」なる言葉を用いた。この名の意味は、古種保存説に基づくものなのである。

　このような見方で、日本の哺乳類相を考えると、琉球地区にはもっとも古い種のみが、日本本土にはそれよりもやや新しい種が保存されており、北海道や対馬にはもっとも新しい種が渡来しているということになろう。🐾

コラム 生きた化石

　生きた化石とは、単なる古くからの生き残りではない、と考えている。重要なのは、「ミッシング・リンク（失われた環）」かどうか、ということだろう。進化学上、重要な種類であることがその条件として必要だと考えるのである。
　「古くからの生き残り」という条件だけだと、たとえば嫌われ者のゴキブリのことを考えればわかる。ゴキブリは、よく3億年の昔からあまり姿を変えないで生きているが、これを「生きた化石」とは呼ばない。ミッシング・リンクではないからである。古代魚シーラカンスは生きた化石である。水中で暮らす魚類と、水陸の両方で暮らす両生類とをつなぐ生き物の一つと考えられているからだ。ミッシング・リンクとは、古代と現代とをつなぐべき環の一つである。ふつうは化石として知られ、すでに滅びたと思われているもの。それが現代に生きているということで「生きた化石」なる言葉が生まれたのだ。
　哺乳類でよく知られている生きた化石の一つは、オカピである。世界一の背高ノッポのキリンは今でこそサハラ以南のアフリカに固有の動物と考えられているが、更新世から鮮新世（530〜1万年前）には、アジア各地にも仲間が棲息していた。100万年ほど前には日本にもキリンが棲んでいたのだ。だが、これは驚くにあたらない。そもそものキリン発祥の地はユーラシアだからで、およそ2500万年前の中新世にいたウマあるいは角のないシカに似たパレオトラグスと呼ばれるものが祖先なのである。
　このパレオトラグスは森林に生息し、歯の構造から、柔らかな木の葉を主食としていたと推測されている。中新世は世界中に草原ができた時代だが、パレオトラグスの子孫たちは森林生活に固執し、次の鮮新世になってようやく草原への進化を開始した。それがキリンである。草原へ出て、走ることに適応し、次第に四肢が長くなり、肩が高くなるにつれて首もまた長くなり、地上の水を飲むことができたものだけが生き残ることができた。
　このパレオトラグスに近縁な動物がコンゴの森林の奥深くに棲んでいた。イギリスの総督ジョンストンはそれまでは"謎"とされていた動物の足跡を追跡し、水辺でくっきりと残された蹄の跡を見て、単なる森林棲アンテロープかと落胆したりした。だが西暦1900年、やっとのことで標本を手に入れたとき、彼は、それがパレオトラグスに通じるキリン科の生き残りだと確信した。オカピは森林で生まれたキリンの祖先パレオトラグスの面影を残す貴重な動物だった。まさに生きた化石、といえるだろう。🐾

観察に役だつ動物学
25 哺乳類の生活空間

　哺乳類は、生活を営む空間によって地上棲、地下棲、樹上棲、空中棲および水棲に分けることができる。哺乳類の中にはこのどれかで一生を過ごすものもあるが、それはむしろ稀で、シカやカモシカのようにほとんど地上で生活していながら、水に入ることも決して稀でなく、泳ぎも巧みで狭い海峡などは泳ぎ渡るものもいる。しかし、かれらを地上棲哺乳類と呼び、水棲と呼ばないのは、生活の大部分を地上で送るからである。そのことはかれらの運動器官の形態にもよく反映している。したがって生態観察の十分に行われていないものの地上棲、地下棲などの判別を、運動器官とその運動方法によって推定することも可能で、蹼があれば水棲、蹄が発達していれば地上棲というわけで、むしろその方が混乱をまねく恐れが少ないとさえいえるだろう。だが、これにも例外がある。カバのように皮膚が乾燥しやすいために水棲生活を余儀なくされているが、指間にはほとんどみずかきが発達していないものもあるから、注意を要する。

　空中棲——コウモリのように翼を持って飛翔するものをいう。ムササビ、モモンガのように飛膜をもち滑空するものは、樹上棲との中間であるが、〈飛膜〉という特殊な運動器官を備えているので、空中棲に分類しても差し支えないかもしれない。ムササビはもとよりコウモリでさえも休息や繁殖まで空中で行うわけではないが、少なくとも生活の一部を空中まで広げたのは、進化的に見て重要な変革である。

　水　棲——真の水棲哺乳類は陸に上がることのないクジラ類と海牛類だけであるが、食肉目の鰭脚類は繁殖のために陸に上がるとはいえ、疑いもなく水棲である。しかしそれ以外の哺乳類では、蹼の発達の顕著なラッコ、カワウソ、ヌートリア、ビーバー、マスクラット、デスマン、カワネズミ、ミズトガリネズミ、ポタモガーレ、カモノハシ、カバなどを除けば、明瞭に水棲といえるものは少ない。小さいながら蹼をもったミンクや日本のイタチは半水棲とすべきだろう。

樹上棲——サルやヤマネのように枝を握るのに適した手と足、リスのような樹幹をよじ登るのに適した鋭い鉤爪とバランスをとるのに適した大きな尾、あるいはカヤネズミのような巻きつく尾などを備えている。クマネズミやヒメネズミは、体よりも長い尾をもつ以外に特別顕著な適応を示していないが、どちらかといえば樹上棲に近く、半樹上棲とすべきかもしれない。あるいは「主に樹上棲、時に地上棲」との表現が正しいのかもしれない。

　地下棲——ヒミズ、モグラなどには、目と耳介の退化のほか、尾が短くなり、前足とその爪が強大に発達し、毛が直立していていずれの方向にも向かうことができるなど、地下棲への著しい適応が見られる。オオアシトガリネズミは小さいながらも眼が開き、尾が長いが、前足は明らかに地下棲に適応している。ハタネズミは適応度がさらに低く、ヤチネズミ、カゲネズミになると一層低い。しかしアカネズミやドブネズミよりは、目と耳介が小さく、尾が短く、体毛がビロード状を呈するなど、より地下棲へ適応している。

　地上棲——蹄行性のシカ、カモシカ、イノシシ、指行性のオオカミ、キツネ、タヌキ、ヤマネコなどは明らかに地上棲に適応したものである。地上での歩行と走行の能率は、蹠行性から指行性、さらに蹄行性へと高まることは疑う余地が無い。また跳躍して前進するものは後肢の長大化をもたらした。ノウサギやユキウサギがそれで、これらも明らかに地上棲といってよい。しかし同じく後肢の長いものでもカンガルーネズミになると、前肢は手の爪が長大になり、明らかに地下棲への適応を示しているから、一概に地上棲と断定するわけにもいかない。

　地上棲、地下棲、水棲などの間には、種々の程度の中間型または複合型があるから、それらを単純に割り切ることは不可能であり、正しい方法でもない。哺乳類の生態の一部にはその運動の様式も当然含まれる。地上棲のものでは歩き方、走り方、跳躍の仕方など、樹上棲のものでは木登りの方法、空中棲のものでは飛び方、水棲のものでは泳ぎ方などが問題になる。🐾

観察に役だつ動物学
26 食性――食物と食べ方

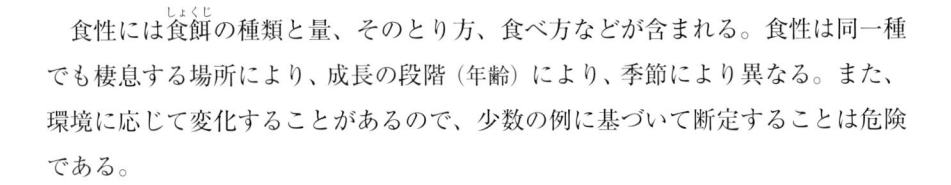

　食性には食餌の種類と量、そのとり方、食べ方などが含まれる。食性は同一種でも棲息する場所により、成長の段階（年齢）により、季節により異なる。また、環境に応じて変化することがあるので、少数の例に基づいて断定することは危険である。

▲食　物

　食物の種類はふつう胃内容（時に糞の分析）によって調べられ、その種類一覧表、含餌率、相対量などによって食性が表現される。含餌率とは、ある食物が調べた多数の胃のうちの何個に含まれていたかを％で示すものである。これは、単なる食物の種類の一覧表よりもはるかに価値がある。また相対量とは1個または多数の胃に含まれていた食餌の量を、その種類ごとに計算し比率で示したものである。いずれも一定の地点と季節に採集した胃だけを調べなければ意味がない。

　植物性食物　ほとんどあらゆる植物の芽、葉、花、柔らかい茎、樹皮、根、果実、種子などが食物となりうる。しかし動物の種類によって好みがあり、コアラのようにユーカリ類の葉しか食べないものもある。アメリカ合衆国の北西部に産するマツネズミはダグラスマツの葉と若枝の皮を主食とし、これがないと生存できないらしい。また熱帯アフリカのオナガザルの1種クチヒゲグェノンは、シュロの1種Elaeisを好み、その分布はほとんどこのシュロの存否に支配されているらしい。

　シダ、キノコ、地衣なども無視できない食物で、キノコはリス類やシカ類がよく食べることが知られている。

　主として植物性の食餌を摂るものを〈植食性〉、または〈植食動物〉という。それらは生産者たる緑色植物を直接に摂食する一次消費者である。植食性はシロサイ、シマウマのように主として草本を食べる〈草食動物＝グレイザー〉と、

表1　主な果実の種類

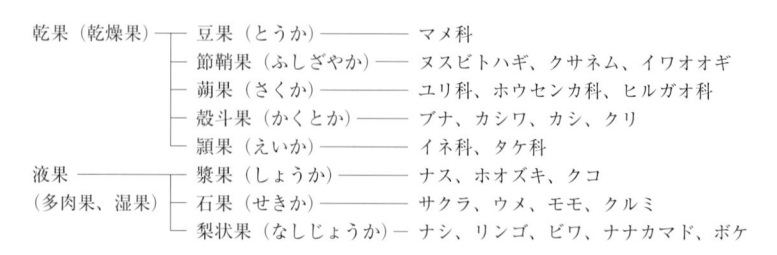

```
乾果（乾燥果）┬ 豆果（とうか）──────── マメ科
              ├ 節莢果（ふしざやか）──── ヌスビトハギ、クサネム、イワオオギ
              ├ 蒴果（さくか）──────── ユリ科、ホウセンカ科、ヒルガオ科
              ├ 殻斗果（かくとか）───── ブナ、カシワ、カシ、クリ
              └ 穎果（えいか）──────── イネ科、タケ科
液果　　　　　┬ 漿果（しょうか）────── ナス、ホオズキ、クコ
（多肉果、湿果）├ 石果（せきか）──────── サクラ、ウメ、モモ、クルミ
              └ 梨状果（なしじょうか）── ナシ、リンゴ、ビワ、ナナカマド、ボケ
```

　クロサイ、キリンのように主として木本の葉を食べる〈葉食動物＝ブラウザー〉などに分けることもある。草本とは茎が草質・多肉質で木部がよく発達せず、地上部が1年で枯れる植物体を指す。同じ草食性でもヌーは新しい柔らかい草を食べ、同じところに棲むトピは草の茎と乾いた葉を食べるといった微妙な違いがあることが知られている。

　さらに〈果食性〉を区別することもある。果実とは種子植物の花部が発達して生ずる器官の一般的名称で種々の分け方があるが、食性の記述の場合はふつう〈乾果〉、〈液果〉に大別する（以下上表参照）。乾果はまた乾燥果ともいい、果皮が成熟した後に乾燥する果実の総称である。マメ科植物のように果皮が成熟後乾燥して裂開し種子を落とす豆果、それに似て果皮が裂開せず各室が種子をもったまま分離して落ちる（ヌスビトハギ、クサネム、イワオオギなど）節莢果、果皮が軸に近い下部から裂けて種子を散布する蒴果（ユリ科、ホウセンカ科、ヒルガオ科）などが含まれる。

　ブナ、カシワ、カシなどの果実は苞葉が集合してできた椀状の殻斗に抱かれる。クリの「いが」も殻斗である。このような殻斗を持った果実を殻斗果という。また裸子植物のスギ科、ヒノキ科などの果実は木化した鱗片葉が集まって球形または楕円形の「まつかさ」を形成し、各鱗片葉の葉腋に種子がついている。このような果実は球果（毬果）と呼ばれる。イネ科やタケ科の果皮が乾燥して種子に密着する果実は殻果または穎果である。

　液果は、多肉果、湿果ともいい、肉質で水分含量の高い果皮を持つ果実の総称で、漿果、石果、梨状果などが区別される。漿果とは細胞液に富んだ果肉をもつもの（ナス、ホオズキ、クコなど）で、外果皮は薄いが中果皮と内果皮が厚く水

分の多い果肉となり、その中に比較的硬い種皮をもった種子がある。サクラ、ウメ、モモ、クルミなどの果実も外果皮が薄く中果皮が多肉で細胞液に富むが、内果皮は硬い石細胞からできていて核を形成し、その中に1個の種子を有する。このような果実は石果である。キイチゴ属の果実もこの1種で、小さな石果が集合したものに過ぎない。ナシ、リンゴ、ビワ、ナナカマド、ボケなどナシ科の果実は花托（かたく）が発達して多汁（たじゅう）の果肉となり、子房（しぼう）を包んだもので梨状果とよばれる。

このほかユリ、タマネギなどの鱗茎（りんけい）、サツマイモ、ダイコンなどの塊根（かいこん）、ジャガイモなどの塊茎（かいけい）も食餌となる。

動物性食物　哺乳類、鳥類、爬虫類（はちゅう）、両生類（りょうせい）、魚類、貝類（カタツムリ、ナメクジ）、環形動物（ミミズ、ヒル）、甲殻類（こうかく）（カニ、ザリガニ）、昆虫などが哺乳類の食物となる。これらを食べるものを〈肉食性〉、〈虫食性〉などに分けることがある。アリクイ、センザンコウ、ツチブタなど食餌がアリ、シロアリに限定されるものやキクガシラコウモリ、アブラコウモリなどの多くの小翼手類、トガリネズミ、ジネズミ、モグラなどの食虫類などは明らかに虫食性といってよく、「虫」の中には昆虫類だけでなく無脊椎動物（むせきつい）の大部分が含まれる。

一方、肉食性とは主として脊椎動物を捕食するものを指すが、虫食性との区別は必ずしも明瞭でない。肉食動物をさらに生体を捕食する〈捕食動物〉と死体を食べる〈腐食動物〉に分けることもある。ヒミズ、トガリネズミなどは虫食性であると同時に明らかに腐食性ももち、時には肉食性を示すこともある。ブチハイエナは古くは腐食動物として著名であったが、今では、ハンティングするなどかなり捕食性が強いこともよく知られている事実である。

熱帯アメリカのバンパイア（チスイコウモリ）は〈吸血性〉で温血動物の血液を飲むが、これも動物性食餌を摂るものの部類に含まれる。

クマ類、テン類、キツネ、タヌキ、アナグマ、ドブネズミ、サルなどは植物性食餌と動物性食餌の両方を摂るので〈雑食性動物〉と呼ばれる。もちろんこれは大体の傾向を示すもので、あまり厳密にこれを適用すると大多数のものが雑食性になってしまう。たとえば植物食のヤマネやアカネズミも昆虫を好んで食べるし、ライオン、ヒョウ、ヤマネコなどの純肉食性と思われているネコ科動物も、正常な状態でありながら、青草を少量ずつ食べるものだという。といってこれらを雑食性とみなすわけにはいかないのである。

▲顎や歯の仕組み

　哺乳類の顎や歯は、前述のような個々の食性によってそれぞれ異なっている。大きく分けると、以下のようになる。食痕を観察する時などにも参考になるので覚えておくとよいだろう。

　ピンセット型　もっとも原始的な真獣類（胎盤をもつ哺乳類、単孔類と有袋類以外）である食虫類の顎は、ピンセットのように上下にしか動かない。顎の関節部分を見ると、1ヶ所（モグラ類）、あるいは2ヶ所（トガリネズミネズミ類）が支点となって顎が開閉するしくみだ。この顎は前後や左右には極くわずかしか動かない。顎の上下のみの運動は、ミミズなどのように動き回ってつかみにくいものを捕えるだけならば、結構役に立つのである。

　われわれの使うピンセットも物を摘むだけならば、きわめて効果がある。ピンセットの先にある、ざらざらした滑り止めに当たるのが「歯」というわけだ。

　食虫類や翼手類の歯は、門歯、犬歯、頰歯（前臼歯と臼歯をあわせた呼び名）が全部そろっており、歯列を横からながめると、ノコギリの歯のようにギザギザしている。

　かみそり型　熱帯アメリカのバンパイア（チスイコウモリ）は吸血性である。内温動物（恒温動物、定温動物ともいう）の背中や腹、足のつけ根などの皮膚が軟らかな部分に飛びついて、カミソリ状に変化した門歯で咬み付く。その切れ味はまさにカミソリで、血が流れ出ても切り裂かれた動物はまったく気づかない。この血液をなめるのだが（吸うのではない）、唾液には血液が凝固しない物質が入っている。顎の構造や顎を動かす筋肉の状態は、虫食性のものと変わらない。

　ナイフ型　肉食性のものの顎の仕組みなどを見ると、顎はドアが開いたり閉じたりするような蝶番運動をする。顎は、点でなく、蝶番のような幅のある面が関節となっている。ピンセット型と比べると、瞬間的に強い力が顎関節に加わっても壊れない丈夫さがある。つまり「顎が外れる」という悲劇が起こらないようになっている。

　歯は門歯が小さく、犬歯が巨大で牙となり、頰歯は上顎では最後位の第4前臼歯が大型化して鋭く、下顎では最前位の第1臼歯が大型化し、お互いにかみ合って「肉切りバサミ」の働きをしている。そのために頰歯であるがとくに〈裂肉歯〉の名が与えられている。鋭い牙で獲物を刺し殺し、裂肉歯で肉を切り裂いて食べる

第1部　フィールドの知識　95

顎や歯のしくみ

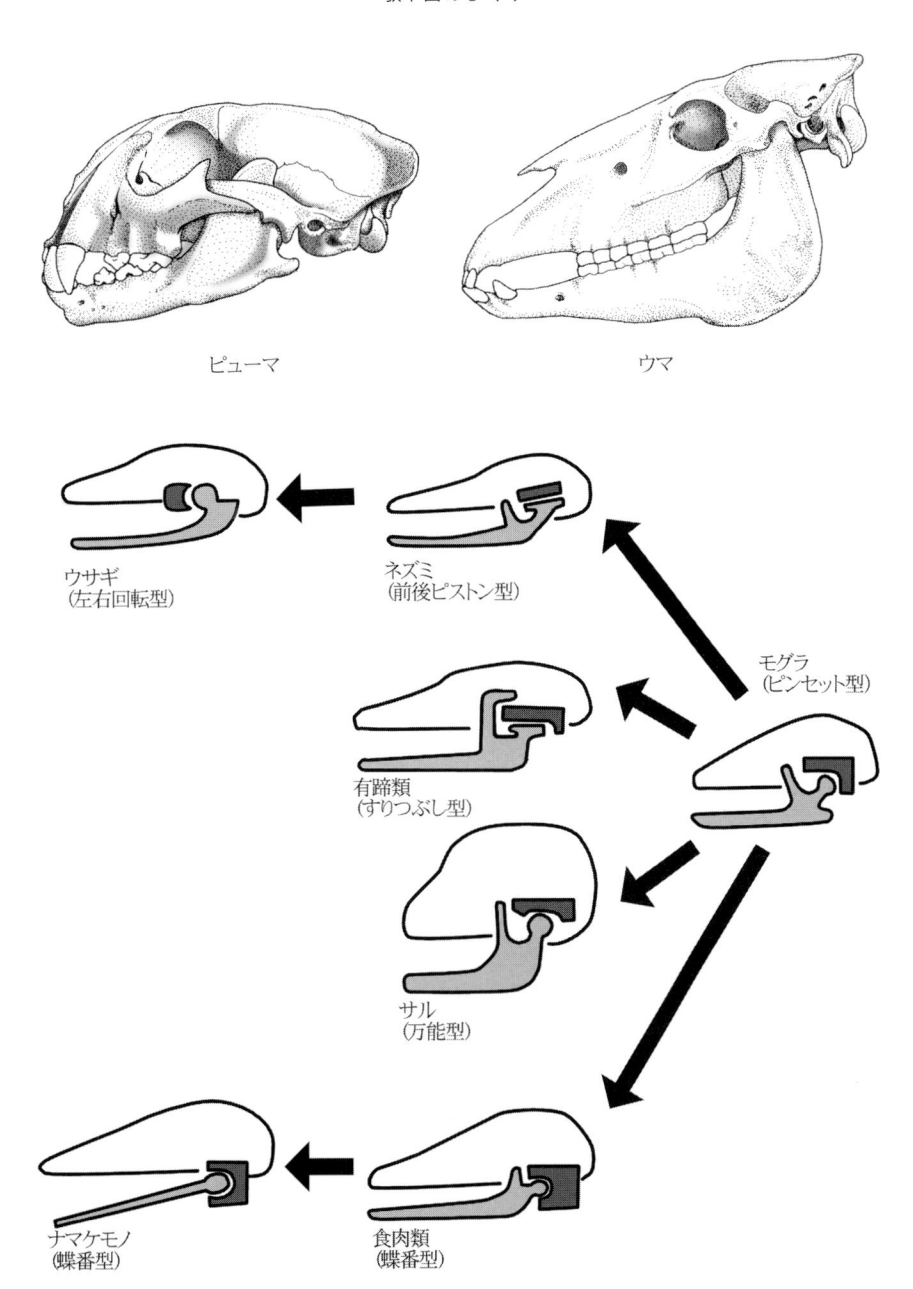

ピューマ　　　　　　　ウマ

ウサギ
(左右回転型)

ネズミ
(前後ピストン型)

モグラ
(ピンセット型)

有蹄類
(すりつぶし型)

サル
(万能型)

ナマケモノ
(蝶番型)

食肉類
(蝶番型)

というわけだ。

オオカミやライオンなどのイヌ科やネコ科によく発達しているが、クマ科などのように雑食性に変化したものでは、この裂肉歯の先端部分は鋭くない。むしろ硬いものを嚙み潰すのに適応している。それでこれらの動物の頰歯は〈割截歯〉ととくに呼ばれる。

臼　型　木の葉や草を主食とする草食動物は、たいていがこの型の歯と顎を備えている。食物のすりつぶし運動に適したものである。麦やソバの実を臼でひいて粉にするようなもので、顎の関節は上下運動と左右の運動が連動した「旋回運動」を行うのに適している。ウシなどが終日草をもぐもぐと反芻しているが、このときの顎の動かし方が典型だろう。

歯は臼のように巨大化し、物を咬む面はツルツルと平坦である。顎にこの巨大な臼歯がずらりと並ぶため、顎の骨も長大である。奇蹄類や偶蹄類などの草食動物に"ウマづら"が多いのは、草が主食だからなのである。

のみ型　齧歯類は「かじり運動」を行う。下顎を、彫刻刀を使うときのように、前後に動かすのである。このノミ型の歯を持つ顎は、硬いものを下顎の前後のピストン運動によって削るのに適しており、果食性のものに向いている。

門歯は前面にだけエナメル質があり、一生伸び続ける。前面だけ硬くて減りにくいために、門歯の先端はいつも鋭く尖っているのである。そして犬歯はなく、頰歯が口の奥に並んでいる。犬歯がないために、歯列のその部分には間隙がある。その隙間は、リスなどを見ているとわかるが、そこから削りかすを口の外へ捨てるためにあるのだ。

なお、ウサギ類は外形はネズミ類によく似ているが、顎の仕組みなどは独特である。歯は門歯と臼歯しかなく、かじり運動をするネズミ的であるが、顎の動かし方は前後に動かすことができず、奇蹄類や偶蹄類などのようにもっぱら上下・左右の旋回運動を行う。つまり、ウサギは元来、ネズミのようなかじり屋だったが、草や小枝を食べるために有蹄類のようなすりつぶし屋へ変化したものなのだろう。🐾

観察に役だつ動物学
27 採食法

　食餌を探すには視覚、嗅覚、触覚、聴覚などを用いる。しかし視覚はサル類、ネコ類その他少数の哺乳類を除けばあまり重要ではなく、ホッキョクグマは冬、雪の下に埋まった小さなヤナギを嗅覚によって探し、それを主食としている。多くの場合、嗅覚は採餌に大きな働きをすると思われるが、といってその判定は慎重でなければならない。

　たとえばヒミズは好きな餌を地面に引きずって臭跡を残しておけば、それをたどって容易に餌を発見する。しかし、その臭跡をわずか数cmでも中断しておくと、容易なことでは餌を発見できない。空中を伝わってくる匂いだけでは、餌の方向を探知できないようである。

　ヨーロッパのモグラでは嗅覚が食物の発見に役立つのは、獲物を中心とした半径約7cmの円内に限られるといわれ、その外方では食餌動物の発する震動を吻、手、尾などに生えている触毛で感知して（1種の触覚）接近するのだろうといわれている。日本産モグラやヒミズの観察では、食餌動物が運動するときに発する微かな音が獲物の探知にきわめて重要なように思える。

　北アメリカのブラリナトガリネズミは唾液が有毒で、ネズミなどを捕える際に役立つのだろうと考えられているが、わが国のトガリネズミの唾液も同様に有毒なのかもしれない。飼育下のトガリネズミに大きなミミズを与えると、トガリネズミは暴れまわるミミズを恐れるかのごとく遠ざかっているが、やがて素早く近づいてミミズを咬み、直ちに飛びのく。これを2～3回繰り返すと、元気に暴れていたミミズがぐったりと動かなくなるからである。

　肉食動物、とくに捕食動物の場合は、獲物の捕え方が問題で、オオカミなどのイヌ類のように追いかけて捕えるもの、単独で狩をするものと群れで狩りをするもの、ネコ類のように忍び寄ったり待ち伏せて捕えるものなど、種々の方法がある。

ネコ類の獲物の捕え方は、基本的には忍び寄ってからの急襲である。例外的に、チーターは追跡型の狩りをするがほとんどが500m以内の短距離で、オオカミなどに見られる長距離の追跡は行わない。また、ライオンは数頭による集団型の狩りを行う。この二つの狩猟方法は、開けた平原生活への適応である。

　本来、ネコ類は森林棲であるために、単独で生活し、忍び寄りで狩りを行う。イヌ類が群れによる追跡型の狩りを行うのは、平原生活への適応である。隠れる場所の多い環境では単独性が有利であり、走るしかない開けた場所では群居性が有利なのである。そのネコ類とイヌ類の関係は、面白いことにネコ類と似たような生活を送るがやや原始的なジャコウネコ類とハイエナ類の関係にも見ることができる。つまり、ネコ類に対応するジャコウネコ類は単独性・森林棲であり、その仲間と類縁が深く、イヌ類に対応するハイエナ類は群居性・平原棲なのである。ハイエナ類の姿はイヌ類によく似ているが、平原での生活が彼らの姿・形を似たものにしている。

　もっとも原始的なのはイタチ類の殺し方で、頭骨を噛み砕く。この方法は獲物が暴れるから自分が傷つく恐れがあり、唯一の武器である犬歯や裂肉歯が破損する恐れもある。牙の摩滅も激しいから、長期にわたって獲物をとり続けることは難しい。

　これに対して、ネコ類は動物界きっての洗練された殺し屋である。トラやライオンなどのように体力にものをいわせて、スイギュウなどの背骨をへし折ったりもするが、彼らの武器はその牙、つまり犬歯である。

　ネコ類は獲物を即死させるべく進化してきた。自らが怪我をしたり体力を余分に消耗させることを防ごうというわけである。そのためのテクニックの一つが喉に咬みつくことだが、もっとも素晴らしいのが首筋への一咬みだ。後方から首筋に咬みつくと、牙で脊椎と脊椎の間を瞬間的に探りあて、そこへ牙を差し込む。そして、脊髄神経を切断するのである。この方法だと、獲物は瞬時にして息絶える。断末魔のあがきが殺し屋を傷つけることも多いから、この方法がもっとも優れているといえるだろう。🐾

観察に役だつ動物学
28 食物の貯蔵・貯食

　齧歯類にもっともふつうに見かけられる。アカネズミは秋にクルミなどを大量に土穴に運び込み、冬の間の食糧にする。食べかすはトンネルから外へ捨てられるが、雪があるとその殻は見えない。雪と地表の間の空間に捨てるからである。春、雪が解けると、クルミの殻が1ヶ所に大量に並んでいる。ハタネズミ類はトンネルの中に、夏には新鮮な草本や種子を貯えるが、秋には根茎、鱗茎、塊茎、塊根などを貯えて冬の食糧とする。まアメリカのハタネズミの1種では、キンポウゲ類の鱗茎の芽を貯蔵する前に取り去ることが知られている。日本のハタネズミもほぼ同様で、トンネル内には2～3個の貯蔵庫があり、草本類をほぼ同じ長さに咬み切り、きちんとそろえて貯える。

　キヌゲネズミ類は信じられないほど大量の食物を大きな頬袋(ほおぶくろ)につめこんで巣へ運ぶ。そのときは、顔はひどくグロテスクな格好になる。あるハイイロキヌゲネ

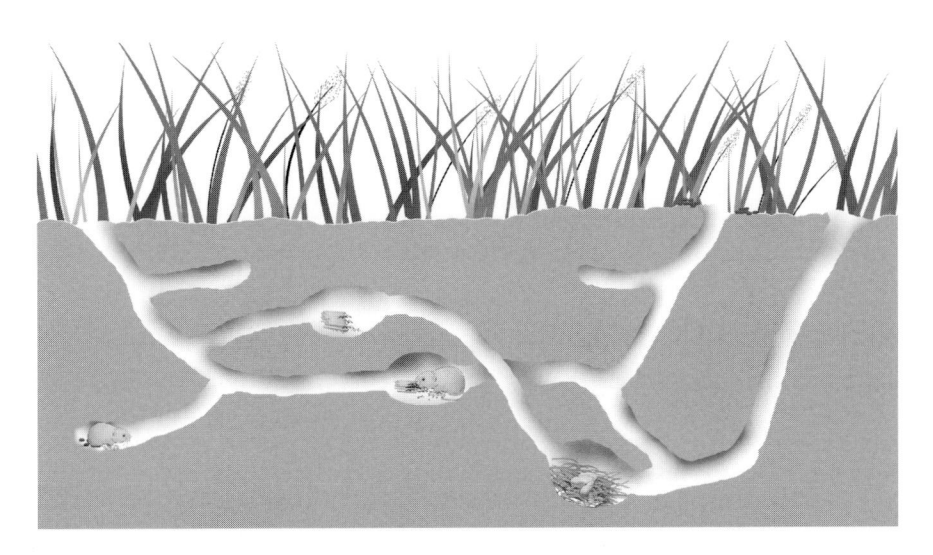

ハタネズミの貯食

ズミの例では、42個のダイズを頬袋に詰め込むのが見られ、その頭は体の3分の1の大きさに膨れ上がったという。冬の食物の貯蔵も非常に大量で、ヨーロッパハムスターの穴から45kgものイモや種子が見つかった記録がある。かつての中国では、貧農たちはハイイロキヌゲネズミの貯蔵室を掘り起こして飢えを凌いでいたといわれる。

　カリフォルニアのオオカンガルーネズミは、アメリカの生態学者調査によれば、冬の終わりから春の初めにかけて種子を集め、多数の小さな穴（直径・深さとも2.5cmくらい）に入れ、上に土をかけて見えないようにする。1匹しか棲んでいない土穴の周囲のわずか5 m²の地域にそのような穴が875個もあったという。4月以降になると、これらの種子を土穴の中にある貯蔵庫にすっかり移す。この貯蔵所への移動の理由を調べるために、3月に地表の小さな穴を数個開き、マーキュロームで種子を染色し、米粒を加えた。そして5月4日に地下の貯蔵庫を調べたところ、その中から染色された種子と米粒が見つかったという。これから見ると、はじめに小さな穴に入れておくのは、種子を乾かすためだったと結論した。

　ところが北アメリカのアカリスは、マツ類の球果をまだ青いうちに集め、湿った冷たい穴に3～10個ずつ貯え乾燥するのを防ぐ。そして後にこれらを石の下、落ち葉の下、樹皮の下などの小さな穴に分散する。また夏にキノコを集め、枝にかけたり樹皮の下に入れて乾かし、十分に乾いてから貯蔵庫に運ぶ。

　このような貯食は食虫類も行う。飼育下でモグラ類がミミズを飼育箱の隅に貯えるのはよく見るところであるが、その際ミミズの前端近くを咬んで、仮死状態にしておくという。ブラリナトガリネズミがカタツムリ、甲虫などを貯蔵することもよく知られている。

　ヒグマ、イヌ類、ヤマネコ類も食物に土や枯葉をかけるなどして保存し、翌日また食いに来る。体重約5kgのイリオモテヤマネコは、体重約2.5kgのニワトリを捕えると、満足するまで食い、残りには落葉や土などをかけて保存する。翌日は夕刻早い時間に必ずやってきて、それを食べる。食い尽くすとその場から立ち去り、翌日はそこへは姿を現さない。その日も獲物が残れば、またその翌日訪れる。イリオモテヤマネコは貯蔵したこと、その量などを確実に記憶しているのである。

　なお、東アフリカのヒョウが獲物をアカシアなどの樹上に引き上げ、ライオンやハイエナの横取りから守るが、これも貯食の一つである。

観察に役だつ動物学
29 棲み家

　多くの哺乳類の個体は日常生活を一定の地域で行なっている。その地域が〈行動圏〉で、その中に〈なわばり〉や〈巣〉が設定してある。

▲行動圏

　これを定義すれば、「動物の個体または群れが日常の生活活動を行う地域」ということになるだろう。〈なわばり〉と異なるのは、ここには同種の他の個体または他の群れの侵入を許す点にある。したがって数個の行動圏が一部分重なり合っているのがふつうである。行動圏の広さは種類によって著しく異なるが、同一種でも年齢とオス・メスにより、棲息地の違いにより、また年により（個体密度、食物量などの違い）異なっている。

　一般に行動圏は食物の豊富な地域では狭く、食物が少ない荒地では広い。またオスのほうがメスよりも広い。たとえば北アメリカのアカギツネなどでは、メスは確かに一定の行動圏を持っているが、オスはむしろ放浪性で行動圏を持つといってよいのか疑わしいともいわれる。ある例では11日間に37km移動し、他の例では9月下旬に記号をつけたオスが、12月上旬には64kmも離れた地点で再捕獲されている。またマウント・マッキンレイ国立公園でのオオカミの家族群の行動圏は直径80kmに達するという。

　行動圏の広さは個体密度が高くなると小さくなる。しかしこの圧縮可能度は無限ではない。ある地域の個体数が、次第に増加して行動圏がある程度まで小さくなって均衡状態になると、もうそれ以上行動圏が小さくなることはない。行動圏を手に入れることができない個体は他の地域へ移住しなければならない。多くの幼獣が生まれた地域から去らねばならないのはこのためで、ごく少数だけが成獣が死んで空白になった行動圏を引き継ぎうるに過ぎない。

　行動圏の中にはふつう、主居住地のほか数個の副居住地や避難所がある。テキ

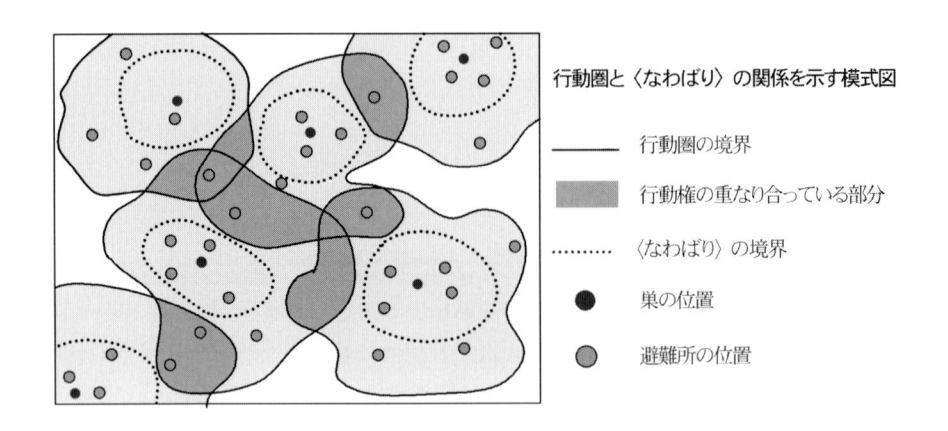

行動圏と〈なわばり〉の関係を示す模式図

――― 行動圏の境界
▨ 行動権の重なり合っている部分
…… 〈なわばり〉の境界
● 巣の位置
● 避難所の位置

サスのココノオビアルマジロは4〜8個の穴を設けて、適宜それらを使用する。また、泥浴びをする場所（〈ぬた場〉と呼び、イノシシやシカなどがもつ）、遊んだり日光浴をする場所（アナグマ）、トイレ（アナグマ、タヌキ）、体の一部をこすったり、角磨きをしたり、あるいは眼下腺などの分泌物をこすりつける場所（特定の木や岩が選ばれ、イノシシ、シカ、バイソン、カモシカなどがもつ）、採食地などがある。そしてこれらは通路（けもの道）で結ばれ、何代にもわたって長年月使用されることがある（アフリカゾウの通路はその顕著なもので幅が1m以上もあり、草が生えず滑らかになっている）。この通路に沿って木や岩に皮腺の分泌物をこすりつけたり、尿をかけたり、または糞を積み重ねたり、木の皮を剝いだりしたサインポストがある。

　行動圏の所有者は、ネズミ類のような比較的知能の低いものでもその中の地理をきわめて詳しく記憶しており、捕食者に追いかけられたような場合、素早く近くの避難所に逃げ込むことができる。しかし、それを行動圏外に選んで放したのでは、そのように素早く避難所を見つけることができない。多くのものが行動圏を守って、著しく変更しようとしないのは、このような利点があるためであろう。つまり定住地には安心感があり、未知の地域には不安があるのであろう。

▲カモシカ道・シカ道・サル道
　けもの道は、動物の種類に応じてカモシカ道などと呼ばれることがある。これはその動物の生態などを調査しているときに、仲間で打ち合わすときなどに都合

がよいなどの理由で用いられるものである。動物たちは共同利用しているから、カモシカ道とはいえシカもサルも、あるいはキツネやタヌキなども通る。人の踏み跡のようにくっきりしたものもあるが、猟師などにしか読み取れないものも多い。動物たちの「けもの道」を猟師や金鉱探しなどが通り、そこを山菜採りなどが利用し、次第にはっきりした「通路」になるのだろう。

▲なわばり

　行動圏の中で、同種の他の個体の侵入を許さない地域を〈なわばり〉という。ヨーロッパのアナウサギでは、繁殖期にその土穴の周囲に明瞭な〈なわばり〉が見られ、他の個体がそこに侵入すると所有者は直ちに追い払う。時にはそのために闘うことさえあり、繁殖用の土穴を掘りつつあるメスにおいて特に烈しい。

　ビーバー、マスクラットなどでは群れとして〈なわばり〉を持っていて、他の群れのものが侵入すると協力して追い出す。テナガザルの家族やホエザルの群れでも同様だと言われる。

　モグラ、ヒミズなどでは少なくとも非繁殖期には行動圏全体を〈なわばり〉とみなしてよいほどである。彼らはどこで相手と出会っても敵対し、逃げ場がない場合は弱いほうは殺されてしまう。しかし彼らは土穴の一部を共同で利用しているから、長時間一定不変の、すなわち地域的な〈なわばり〉は存在しないともいえる。彼らの〈なわばり〉は、個体の周辺だけに見られ、個体の移動に〈なわばり〉がついて回っていると解すべきかも知れない。このような点については、まだほとんど研究が行われていない。

　種類によっては〈なわばり〉があるとは思われないものもいくつか知られている。カリフォルニアジリスは繁殖期でも、1個の土穴に5～6匹のオスの成獣が入っており、〈なわばり〉らしいものは見られない。2匹のオオカミのメスが1個の土穴で同時に子を育てていたアラスカの例、ヨーロッパのキツネのメス2匹が同じ土穴に子を産み、共同で哺乳していた例なども、〈なわばり〉が、少なくともそれらの間にはないことを示している。一説には、北アメリカのアカギツネでは真の〈なわばり〉は認められないという。そして、オスが石や木などに尿をかける臭(しゅう)信号も、行動圏やなわばりの印というよりも、繁殖期にあることを示す、性的なものに過ぎないというわけである。

いずれにせよ、哺乳類におけるなわばりに関する研究は、鳥類に比べるときわめて不完全で、定説らしいものは何一つ述べられない状態にある。今後の研究が期待される分野の一つといってよいだろう。

▲けもの臭

日本の野生動物の中で匂いが強いものは、キツネ、タヌキ、イリオモテヤマネコとツシマヤマネコ、トガリネズミとジネズミである。キツネは行動圏が広く、適応力があるために、比較的里山などに出てくる。小鳥の残骸が落ちているのを見つけたら、まず匂いを嗅(か)いでみることだ。キツネなどは獲物に匂いをつけて捨てていくことがあるからである。

キツネはヨーロッパ各地でもふつうだ。ある科学者が夫人とともにロンドンの大きな終着駅のホームに立っていた。夫人は熱心な自然研究家で、キツネの臭いが分かるということで有名だった。二人が列車を待ちながら、さまざまな物の臭いが入り交じった空気の中に立っていたとき、夫人は鼻をクンクンさせ、「キツネだわ」といった。「このあたりには何マイル行ったってキツネなんかいるわけがないよ」と夫の科学者は応じたが、それでも念のためにわざわざ問い合わせた。そして知らされたことは、キツネが食堂車から出る残飯を漁(あさ)りに大きな駅の周りをうろつくことは決して珍しくもないという事実だったという。

▲住　居

動物の棲み家は、一時的住居と恒久的(こうきゅうてき)住居に区別できる。

「一時的住居」とは文字通り、一時的に眠ったり休息したりする場所で、ゴリラやチンパンジーが一晩だけ眠るために木の枝で作る巣状の棚がその良い例である。ヨーロッパノウサギは低木叢(ていぼくそう)などの地面に浅いくぼみを掘って、そこに昼間は隠れているが、次の日には別にそれを作り、繰り返し使用することはめったにない。虫食性のコウモリの中にも一時的住居で休息するものがある。インドのカグラコウモリはヤマアラシの穴を利用し、南アフリカのヒナコウモリ科のウーリーコウモリ属のものは小鳥の古巣を使うことが知られている。また熱帯アメリカのサシオコウモリ科のハナナガサシオコウモリは水面に突き出た樹枝(じゅき)の下側に前後肢でしがみついて休息し、一定の住居をもたないといわれている。

アナグマの巣穴

土　穴——地中の穴であるが、これは一時的住居として使われることもあるが、恒久的住居とされるのがふつうである。コヨーテはアナグマ、スカンク、キツネなどの土穴をわずかに改造して自分の土穴とすることが多く、キツネもアナグマやアナウサギの土穴を利用することが多い。また大きな岩の下などにある天然の穴もよく利用される。しかしたいていが1本の筒状を呈し、1個の入り口と1個の巣しかない。アナウサギの育児用の土穴もそれによく似ている。しかし住居用の土穴はやや複雑で、数個の入り口とそれに続く曲がりくねったトンネルがあるが、巣は1個しかないことが多い。これに反してヨーロッパのアナグマの土穴はきわめて複雑である。新しく作られた土穴は入り口と巣が1個しかないが、群居性でしかも何代にもわたって穴を使うので、次第に新しい土穴が追加されきわめて複雑になる。10〜20年たった土穴は、ふつう入り口が3〜5個あり、入り口から1〜2m奥に大きな室がある（最初の巣を広げたもの）。この室から数本のトンネルが出ていて、それらの奥に数個の巣がある。さらに年数がたつと、いよいよ複雑になり全長が200mにも達することがある。このような土穴の一部にはネズミ、アナウサギ、キツネなどが棲み着くことが稀ではない。ハタリスの土穴も初めは単純だが、次第に複雑になる。

ポケットゴファー、ハタネズミ、ヤチネズミなどの土穴は、アナグマに劣らず複雑で、巣のほかに数個の食物貯蔵室と便所がある。またヨーロッパモグラの土穴には採食地にいたる数本の恒久的トンネルと一時的な採餌用トンネルが区別されるほか、巣からは逃走用のトンネルが出ているといわれる。

　土穴のもっとも重要な特質のひとつは、その中の気候、すなわち微気候が極めて安定していることである。たとえばカラクム砂漠では気温が59℃にも昇ったときでもスナネズミの土穴の入り口からわずか10cm奥でさえ28℃に過ぎなかった例がある。もちろん冬はこの反対になる。したがって、砂漠のようなところでは、土穴なしには小哺乳類は生存できないといっても過言ではない。

　巣——動物が休息したりあるいは子を育てたりするところである。一時的住居、特に類人猿が作るベッドなどに似たところがあるが、少なくとも一定の期間、あるいは恒久的に使われるところが異なっており、恒久的住居の一部である。巣は土穴の中にも作られるが、ジネズミのように地表に作るものもあれば、リスのように樹枝上に作るものもある。またムササビのように樹洞内に作るものもあり、巣材や構造もさまざまである。

　ヨーロッパのキタリスの巣は、ふつう木の枝の根元近くに小枝を集めて球形に作り、その内側にコケや樹皮の層がある。1匹でこのような巣を数個つくり、そのうちの一部は一時的住居または避難所にする。また北アメリカのキツネリスは風通しのよい夏の巣と、壁が厚くて保温性の高い冬の巣を作る。

　ビーバーの巣はふつう池の中央に作られる。すなわち1個ないし数個のダムを造り、川の水をせき止めて池（ポンド）とし、その中央にロッジを作る。巣はこのロッジの中に造られる。池からは多数の運河が岸の林に向かって掘ってあり、かじり倒した木の枝をこの運河に浮かべて運ぶ。巣と通路を覆う大きな家は、こうして運んだ枝を積み重ねで作ったもので、家と呼ぶにふさわしい構造物である。

観察に役だつ動物学
30 繁　殖

▲繁殖期
　高等な霊長類を除くとメスは、一定の時期、すなわち繁殖期にのみ交尾する。すなわちメスには性周期または発情周期があり、そのうちの一時期、発情期にだけ交尾するのである。排卵はその時期か、または交尾の結果起こる（交尾排卵型と呼ばれ、多くのウサギ類、リス科、ネコ科、イタチ科、トガリネズミ科の一部）。また、ネズミ類の性周期または発情周期は次のようにして起こる。

①発情前期——濾胞が成熟する際、発情ホルモンが分泌されるが、その作用により膣上皮の増殖と角質化が起こる。

②発情期——さらに濾胞が成熟すると膣上皮は完全に角質化し、子宮は水を吸って太くなり、発情する。

③発情後期——濾胞は黄体化し、発情ホルモンの分泌がやんで発情が止まり、受精しなかった場合は、生殖器系は退行を始める。

④発情間期——黄体はしばらく残るが黄体ホルモンを分泌せず、生殖器系は退化したままとどまる。

　しばらくすると新しい濾胞が生長してきて①に移る。ただし受精・妊娠した場合は妊娠黄体は黄体ホルモンを分泌し、分娩まで発情は起こらない。

　イヌ、ウマ、ウシなどでは、発情後期に黄体形成が起こると黄体ホルモンが分泌され、子宮は受精卵の着床に有利な偽妊娠の状態になる。しかし一定期間内に受精が起こらないと黄体は退行し偽妊娠状態は解消し、再び次の周期が開始される。サルではこの偽妊娠状態が著しいので、受精が起こらないと子宮壁が崩壊して出血する（月経）。発情周期はラット5日、ウマ19〜22日、アカゲザル28日、チンパンジー34〜35日である。

　発情周期が年に1回しか起こらない種類を〈単発情周期種〉、数回起こるもの

を〈多発情周期種〉という。数回起こるものは〈恒久多発情周期種〉と〈季節的多発情周期種〉に分けられる。前者はこの周期が一定の期間で絶えず繰り返されるもの、後者は性的に休止している期間、すなわち非繁殖期が長く（時には数ヶ月も）続くものである。単発情周期種は、クマ科、イヌ科の大多数、鰭脚類、シカ科の一部など。また、恒久多発情周期種には、コウモリの一部、霊長類の大多数、熱帯産のネコ科、クジラの一部、リス科の一部、キヌゲネズミ亜科・ネズミ亜科の多く、ゾウ、熱帯産のシカ科、ウシ科などである。

　しかしこれらは環境によって変わることもあり、たとえばラットやマウスなどは実験室内では恒久多発情周期種であるが、野外ではたいてい夏と冬に非発情期が現れ季節的多発情周期種である。またヨーロッパのキタハタネズミはイングランドでは2月から10月までしか繁殖しないが、フランス南部では1年中繁殖する。

　繁殖期と非繁殖期の別は単発情周期種および季節的多発情周期種においては明らかであるが、恒久多発情周期種にはその別がない。オスにおいてもメスの発情期に相応する発情期があることが多い。しかし家畜や熱帯産の種類の多くでは1年中交尾可能のようである。

▲配偶関係

　雌雄の配偶関係はほとんどが〈一雄一雌〉、〈一雄多雌〉、〈多雄一雌〉、〈乱婚〉に分けられる。ネズミ類、食虫類、翼手類など多くの小哺乳類は乱婚のようである。発情期にある雌は最初に近づいた雄の交尾を許し、交尾後その雄を他の雄と区別するようなことはない。繁殖期にオス同士が戦うことがあるが、これは雌を獲得するためではないらしい。

　シカ、オットセイ、ゾウアザラシなどは一雄多雌で、オス同士は烈しく闘う。アナウサギも同様で1匹のオスは1～7匹のメスと関係するのだが、闘うことはほとんどない。したがって一雄多雌とオスが烈しく闘うことは、必ずしも相関がない。

　一雄一雌は哺乳類では比較的稀でオオカミ、キツネ、ビーバー、テナガザルなどに見るのみである。テナガザルやビーバーではその配偶関係は一生変わらない。しかしキツネでは、ふつうその関係は繁殖期が終わると解消されてしまう。

なお、一時的な多雄一雌はホエザル、アカゲザルなどのメスに見られるが、これらは群れ内のことであるから、多雄一雌といってよいかどうか問題がある。むしろ乱婚とみなすべきかも知れない。

▲求愛行動

　もっとも単純な求愛行動は発情期にあるメスをオスがただ「追いかける」もので、ネズミ類、とくにラットがこれに属する。ラットのメスの発情期は、平均13時間続くのみであるが、このときは急に生き生きして、耳や体全体を震わせる。オスはそれまではメスに無関心だったのに、急に関心を示し、近づいて匂いを嗅いだり、なめたりする。メスは走って逃げオスが追うが、すぐに止まり、オスは後方からマウントする。するとメスは腰をあげて背をへこませる。これは発情期における特有の受容姿勢で、背の後端、尾の基部付近を刺激すると、この姿勢をとる。続いて交尾が行われる。

　ハリネズミではオスはメスの周囲を1時間以上もグルグル回る。また北アメリカのブラリナトガリネズミではメスはオスに追われているときに不快な「キチキチ」という音を出す。ヨーロッパのキタリスでは、メスの尿がオスを興奮させる。そしてオスが追いかけないと、メスはオスの前で地面を転げ周り、性器を雪にこすり付ける。ネコのメスは地面を転げ周り、低い声で鳴きながら体を何にでもこする。そして前肢を曲げ胸をつけ、腰と尾を上げてうずくまり、たいてい後足で足踏みする。クロテンのメスは頻繁に尿をし、肥大した性器を石などに触れさせ、匂いの強い油状の分泌物をつける。

　アナウサギの発情したオスはメスを追いかけるとき、後肢を伸ばし腰を高くする。そして尾を背につけて裏面の白色の部分を現し、メスを目がけて尿を放射する。またメスの上を跳び越しながら尿をかける。ヘラジカのオスは地面を前肢でかきながら、繰り返し放尿しメスが近寄るのを待つ。キリンのオスはメスの尾をなめたり、口唇でくわえたり、あるいはただ頭をわき腹につける。するとメスは放尿し、オスはその一部を口に含むか、またはなめる。次にオスは頭を上げ、口を閉ざし、口唇をめくり上げる。これは発情期のウマが「笑う」のに相等しく、〈フレーメン〉と呼ばれる。オスが尿の味をみるのは、メスが発情しているかどうかを確かめ、発情していればオスもそれに合わせて興奮する働きがあると考え

られている。

　ダイカー、オリックス、ローンアンテロープ、トムソンガゼル、野生のヤギ・ヒツジ類、キリン、オカピなどでは、交尾の前にオスがメスを追いかける。そして片方の前肢を伸ばしたまま前方に上げ、メスの後肢に触れさせる。ノロのオスはメスを、夜も昼もぶっ通しで追いかけ、その間、特有の「シュッシュッ」という音を出し続ける。

　哺乳類の求愛行動は鳥類などに比べるときわめて不十分にしか観察されていない。飼育下においてさえもそうで、今後に残された問題がきわめて多い。

▲交　尾

　交尾はほとんど背腹位でオスがメスの上に乗って行う。四足獣の多くのオスがメスよりも大形なのは、一つには交尾の姿勢のためでもある。ネズミ類では交尾時間がきわめて短いかわり、交尾回数が多く、ゴールデンハムスターは2時間内に224回も行った例が知られる。ブラリナトガリネズミではオスはメスの上に乗り、前肢で腰を抱き、口で頸背か肩の毛をくわえて交尾する。その時間は2～3秒から25分に及び、1時間に6回、または1日に20回以上も繰り返す。イタチ科の交尾時間はさらに長く、シマスカンク5～20分、クロテン30分、フェレット1時間の例が知られる。ライオンのメスは3～4日間しか発情しないが、オスはこの間に交尾を重ね、5時間で157回交尾した例が知られる。

　ヒナコウモリ科のある種のホオヒゲコウモリでは、秋（時に冬）に洞窟内の垂直の壁に頭を下にしてぶら下がりながら交尾する。オスはメスの背後からマウントし、メスの頭の基部を歯でくわえる。次にオスは後半身を後下方に下げ、イレクトした陰茎をメスの腿間膜（たいかんまく）の下に入れ、今度はそれを前方に移動させて膣口に近づける。

　腹腹位のものも時にはあり、クロハラハムスター、フタユビナマケモノがこの姿勢で交尾する。ゴリラもこの姿勢が観察されている。ビーバーがこの姿勢をとると古くから言われていたのは間違いで、これは背腹位である。クジラ類以外で水中で交尾するものとしてはマスクラット、ヨーロッパのカワウソ、ラッコ、コビトカバ、タテゴトアザラシ、ハイイロアザラシなどがある。

▲妊娠と分娩

　〈妊娠期間〉とは交尾から分娩までの期間で、その長さはたいてい体の大きさに比例している。しかし、アナグマ、テン類、オナガオコジョなどのイタチ科やクマ類、アルマジロ類、ノロ、オットセイなどでは、からだの大きさに比して妊娠期間が異常に長い。これは受精卵の着床遅延のためである。たとえばイギリス南部のアナグマでは、7～8月に交尾が行われるが、胚盤胞の着床はようやく12月か1月上旬に行われるに過ぎない。その後の胎児の成長は速やかで、子は8週間後、すなわち2月末に分娩される。ノロでは交尾が7～8月、着床が12月末～1月上旬、分娩が4～5月である。

　アブラコウモリ、ホリカワコウモリ、オオホオヒゲコウモリ、その他多くのホオヒゲコウモリ類、ウサギコウモリなどのコウモリ類では、交尾は秋に行われる。精子はメスの子宮内に貯えられ、冬を越す。春に排卵が起こると、卵は卵管内で直ちに受精される。南ヨーロッパのユビナガコウモリでは交尾も排卵も秋に行われるが、母体が冬眠中は胎子の発育が悪く、翌年の春に分娩される。しかし同じ属でも温暖な地域に棲息するものでは妊娠期間が短く、ニューヘブリデスのユビナガコウモリでは110日に過ぎない。

　分娩しないうちに2回目の受精が行われ重複して妊娠する現象、重複妊娠も稀に見られる。たとえばヨーロッパノウサギのメスは、ふつう分娩の1～5日間に2度目の妊娠をするという。

　〈分娩〉は、ふつう横たわった姿勢で行われるが、種類によっては立ったままです。コウモリでは、背を下にして前後肢でぶら下がり、腿間膜で作った袋の中に子を産み落とす。

　ウマ科のものと反芻獣は横たわったまま分娩し、すぐに立ち止まって子を包んでいる膜（羊膜）を破り、後産を食い、必要に応じて臍帯を噛み切り、子を隅から隅までなめる。

　子は、ふつう頭を先にして分娩される。しかし歯クジラ類では尾から先に現れることが多く、コウモリ類でも後肢と尾が最初に現れることがしばしばある。1腹子数が多く、子が小さいもの（多くのネズミ類、食肉類など）では、どちらが先に現れるか、不定のことが多い。ネズミ科では分娩直後に発情期に入るのがふつうである。🐾

観察に役だつ動物学
31 ライフ・サイクル──動物の一生

ここでは野性動物のライフ・サイクルとして、出生から死までの生活史を紹介しよう。

▲発　育

就巣性と離巣性　新生子には、無毛・盲目で母親の世話が絶対に必要なもの〈就巣性〉と、有毛で眼が開いており、まもなく独りで食物が摂れるようになるもの〈離巣性〉とがある。右表にその特徴を示した。

ネズミ類でいうならば、就巣性に属するものの一つはラット、離巣性に属するのはテンジクネズミであるが、両者間には妊娠期間に明らかな差があり、ラットの21日に対しテンジクネズミでは67〜68日である。多くのネズミ類は就巣性に属するが、それらの新生子では体温が変温性である。そのためラットの新生子は寒冷と酸素不足に耐える力が驚くほど強い。ネコ、イヌなどは、就巣性と離巣性の中間に位置する。

子育て　授乳期間は、幼子が食物を摂るようになってからも乳を飲み続けることが多いので、判定が難しい。しかしネズミ類では10〜20日、セイウチでは約2年である。授乳する姿勢はいろいろで、多くの反芻類は立ったまま、ネズミ類、イノシシ、カバなどは横たわって行う。

子の世話はふつうメス親がするが、オス親もそれに加わるものがある。オオカミ、キツネ、オナガオコジョのオスは食物を運ぶ。またバンテン、ヤク、ヨーロッパバイソン、ノロ、アフリカのヤマアラシのオスは子に近づく敵を撃退する。

イヌ科、ネコ科、多くのネズミ類は危険を感ずると親は子を移動させる。すなわち子の背や頸・腹などの皮膚を口でくわえて運ぶ。クマのメス親は子の頭全部を口にいれて運ぶ。オオアリクイ、コアラ、オポッサムなどは子を背に乗せ、センザンコウは尾の基部にのせて運ぶ。またヤチネズミやハタネズミの類の子は

就巣性と離巣性

	就巣性	離巣性
妊娠期間	非常に短い (たとえば20〜30日)	長い (50日以上)
1腹子数	多い (たとえば5〜22匹)	少ない (1〜2匹、稀に4匹)
例	多くの食虫類、齧歯類、イタチ類	有蹄類、アザラシ、クジラ

親の乳頭に吸い付いたまま運ばれる。コウモリでは母親が飛翔するときには、子が小さいうちは先が鉤状に曲がった特殊な乳歯で乳頭に噛み付いたままでおり、北アメリカのアカコウモリは4匹もの子を胸につけたまま飛ぶことがある。シロハラジネズミでは、母親の腰の毛を1〜2匹の子が咬み、この尻を別の子が咬んで、6〜7匹もが列車のようにつながって行進する。非常にしっかり噛み付いているので母親をつまみ上げると、全部の子が引きずりあげられるほどであるが、巣に戻ると、ばらばらになる。このような子の奇妙な習性を〈キャラバン行動〉と呼んでいるが、生後3週間以内にしか見られない。

遊びと成長　遊びは哺乳類の子にはごくふつうに見られる。しかし、一般に成長するに従い消滅し、成獣ではほとんど見られなくなる。ただし飼育下にある動物ではずっと長い間、遊びを続けるといわれる。野生状態では動物は多くの時間を食物を探したり、敵を避けたりするのに費やさねばならないが、飼育下ではその生活に関する限り親に保護されている子と同じで、真の本能的行動（たとえば、素餌行動とか逃避行動）が触発されることが少ないからだとされる。

動物の遊びはだいたい、走り遊び、戦いの遊び、逃げる遊び、隠れ遊び、獲物との遊び、性的遊び、および探究遊びに分類できる。これらはすべて人の子の遊びにも見られる。一般に高等な動物の遊びほど複雑で、バラエティーに富み、本能的なものから離れ、可塑性が増大する。イヌやネコの子によく見られる駆けっこ、ものの取り合い、取っ組み合いなどは、他の大形の種類にも見られるし、カワウソやミンクが滑り台遊びをすることはよく知られている。

遊びの多くは学習につながるが、それらや本能的な行動の出現と成長との関係は興味深い。動物行動学者のアイブル＝アイベスフェルトによると、ヨーロッパ

のキタリスでは、生後5日までは子は無毛・盲目で乳を飲むだけである。6日目に初めて声を出し、皮膚には色素が現れる。8日目に毛が生え始め、23日目に下の門歯が萌出、32日目に眼が開く。36日目に毛づくろいをし、42日目に子は初めて自発的に巣から出て、45日目にはアリの蛹(さなぎ)を食べた。60日目になると初めてドングリの殻を割り、68日目には初めて巣を作り、74日目、母親が子から去った。そして130日目に初めて交尾を試みた（オスの子）。

また、アナグマの子は、生後101日目で土穴を掘ろうと試み、臭腺(しゅうせん)による〈なわばり〉のマーキングを118日目に行なったが、同日に取っ組み合いの遊びが初めて観察されている。

学　習　これで見ても巣作りのような本能的な行動が、きわめて早く現れることがわかる。またヨーロッパヤマネの子は、親から離して飼育していたのに生後55日目に粗雑だがとにかく球形の巣を作ったという観察もある。

これに反して敵に対する防御反応は、主として学習によって形成される。飼育下で生まれたアフリカオニネズミの若い個体が初めてニシキヘビと一緒にされたとき、ぜんぜん恐怖を示さず、近づいて吻(ふん)のあたりを嗅ぎまわった例や、チンパンジーの子がヘビに無関心なのに親になるとそれを恐れるようになるのは、それが学者によって形成されたことを示している。チンパンジーの場合は、それを社会の伝統の影響と考える人もある。すなわち子の教育に際して親が演ずる行動が大きな影響を及ぼすと考えるのである。イリオモテヤマネコはリュウキュウイノシシの子、すなわちウリンボを獲物とするが、実験的に金網で仕切ってウリンボに対する若いイリオモテヤマネコの反応を見たが、ウリンボを攻撃しなかった。両者とも金網越しに鼻づらを突合せ、お互いに相手を探っていた。お互いに個体数が少ないために、狩り・防御の学習する機会がなかったように思えた。カワウソの子は自分から水に入らず、母親が頸の皮をくわえて引き入れる。ハイイロアザラシの場合も同様で、子は初めはうまく泳ぐことができず、親が手助けをして教える。

性成熟　性成熟とは性腺が成熟して繁殖能力が具わったことを意味し、心理的に幼獣時代が終わり、成獣時代に入ったことを示す。しかし、成長が終わったという意味ではない。ネズミ類では性的成熟に入るのがきわめて早く、アメリカハタネズミのメスは生後25日、オスは45日、アラゲコトンラットでは約40～50

日に過ぎず、成長はこの後も長く続く。

　性成熟に要する時間は、フロリダオヒキコウモリは7ヶ月、ヌートリアは8ヶ月、キツネは10ヶ月、キツネリス、ウッドチャック、カナダカワウソ、フィッシャーは1歳、ユーラシアの小翼手類の多くは12〜15ヶ月、マーモット、ノロは14ヶ月、アカシカは18ヶ月、ビーバー、クロテン、コヨーテは2歳、シャモアは3歳、ヒグマは6歳、チンパンジーのメスは平均8歳11ヶ月、シロテテナガザルは8〜10歳、インドゾウは15歳などである。

　体の成長　　成長に関しては研究がきわめて不完全で、哺乳類では体重の変化についての研究くらいしか見られない。体重増加と骨格の成長とは必ずしも平行せず、骨格の成長が停止した後も、主として脂肪の蓄積によって体重が増加することが多い。また体重は妊娠、疾病などによって著しく変動するし、小哺乳類の場合は満腹時と空腹時の差も意外に大きい。体重による成長度の測定にはこのような欠点があるが、測定方法がきわめて簡便なのは大きな長所である。

　成長はふつう〈成長曲線〉によって示される。横軸に時間、縦軸に大きさを示す測定値をとったグラフで、S字状曲線を示すのがふつうである。この曲線は、成長を促進する力が作用している成長の旺盛な前期と、成長を抑制する力が強く働く成長の衰えた後期に大別され、満期の移行点（変曲点）は性成熟期にあたることが多い。

　なお、ヒトでは成長様相を次の4種に分けることがある。

1. 一般型——身長、体重、体表面積、骨格、筋肉、血液量などの成長に見られるもので、滑らかなS字状曲線を示す。
2. 神経系型——頭部の計測値、脳髄、神経系の成長に見られるもので、幼児期に成長が旺盛で6歳で早くも成人の90％に達し、その後はきわめて緩慢に成長する。
3. 生殖器系型——生殖器系の成長が示すもので12歳ころまではきわめて緩慢であるが、その後急激に成長する。
4. リンパ系型——リンパ系の成長がこれで、12歳頃まで急速に成長して成人の2倍近くにたっするが、その後急激に退行する。

　なお、ラットでは食物量を減少すると成長が緩やかになり、寿命が著しく伸びることが知られている。

日本の主な野生動物の妊娠期間と1腹子数

(分類)	個体名	妊娠期間（日）	子数
食虫目	ジネズミ	16〜42	
翼手目	キクガシラコウモリ	70	
	ヤマコウモリ	38〜70	
霊長目	ニホンザル		
食肉目			
イヌ科	アカギツネ	56	3〜7
	タヌキ	67	
クマ科	ヒグマ	210〜250	1〜3
イタチ科	オコジョ	62	
	ニホンイタチ	35	
	クロテン	274	
ネコ科	イエネコ	65	
	ベンガルヤマネコ	56	
アザラシ科	ゴマフアザラシ	245〜300	
鯨 目	マッコウクジラ	365〜480	
	バンドウイルカ	330〜390	
	ザトウクジラ	335	
	セミクジラ	376〜360	
奇蹄目	ウマ	330〜390(平均335)	
偶蹄目	イノシシ	112〜115	3〜12
	キョン	183	
	ニホンジカ	225	
	ウシ 胎児♀	280.13 ± 0.45日	
	胎児♂	281.73 ± 0.34日	
齧歯目	キタリス	32〜40	3〜5
	モモンガ	39	
	カヤネズミ	21	3〜6
	ヒメネズミ	26	
	クマネズミ	25	
	ドブネズミ	21	
	ハツカネズミ	18〜20	4〜7
	ヤマネ	22	
兎 目	トウホクノウサギ	43	
	カイウサギ	31	

主な動物の寿命

哺乳類	個体名	年.ヶ月	最高寿命
有袋目	コアラ	17	
	オオカンガルー	24	
食虫目	ハリネズミ	6	
貧歯目	フタユビナマケモノ	11	
霊長目	ゴリラ	44	
	（上野動物園の"ブルブル"）		
	チンパンジー	20	47.6
齧歯目	プレーリードッグ	4	8
	カヤネズミ	2	2.5
	ドブネズミ	2	4
	ハツカネズミ	1	3
	ヤマアラシ	8	20
	モルモット	2	6
兎 目	アナウサギ	6	13
食肉目	アナグマ	11	13
	イタチ	4	7
	イヌ	13	34
	カワウソ	15	
	キツネ	12	
	テン	10	14
	ヒグマ	34	
	ネコ	13	21
	トラ	11	26
	ライオン	13	30
	アザラシ	19	
鯨 目	シロナガスクジラ	37	110
	バンドウイルカ	49	
長鼻目	インドゾウ		69
	アフリカゾウ	50	70
奇蹄目	インドサイ	40	47
	ウマ	30	62
偶蹄目	ウシ	25	30
	カバ	40	49
	キリン	14	28
	トナカイ	15	
	ヒトコブラクダ	25	
	ヒツジ	15	20
	ヤギ	10	18

▲寿　命

　個体が生存しうる最長の時間を寿命とする。野生では捕食者、疾病などのために死亡する率がきわめて高く、真の意味での寿命を全うするものはほとんどない。たとえば、チンパンジーは、野生では平均寿命が20歳くらいだが、飼育下では50歳くらいまで生きる。ライオンも野生では13歳くらいだが、飼育下では30歳くらいまで生きる。野生での寿命は飼育下の半分以下と考えて差し支えない。このような状況だから、ハタネズミ、ヤチネズミ類などの小哺乳類では、爬虫類や魚類のように成長が終生続いて行われると誤解されるほどである。したがって寿命は飼育下でしか観察しえないといってよい。

　寿命の短いのは食虫目と齧歯目で、前者ではブラリナトガリネズミ（2.5年）、ジネズミ（4年）、ハリネズミ（5.5年）、後者ではカヤネズミ（2.5年）、ヒメネズミ（3年）、オオヤマネ（8年）、トウブハイイロリス（14.5年）、ビーバー（19年）、タテガミヤマアラシ（20年）、翼手目は体の割に長く、インドオオコウモリ（17年）、トビイロホオヒゲコウモリ（20.5年）などである。

　哺乳類中もっとも長いのはヒトであるが、それに続くものにインドゾウ（69年）、カバ（49.5年）、インドサイ（47年）、チャクマヒヒ（45年）、シロナガスクジラ（43年、最長で110年）などの例がある。これはもちろん全種類を比較したものではなく、ここに掲げた年数も既知の記録中最長というに過ぎず、毎年のように伸びているその陰には、飼育の技術の向上、良い飼料の開発、効果的な薬剤の投与などがある。したがって、飼育下の記録といえども、これらが本当に真の寿命の最長であるかどうかはわからないのである。ここに掲げてある各種動物の寿命の表は、あくまでも目安だと考えて欲しい。🐾

観察に役だつ動物学
32 1年周期の活動

▲季節的移動

　季節的移動とは繁殖地と越冬地の間を季節的に、そして規則的に移動する現象をさす。したがってスカンジナビアに棲むタビネズミの再び戻ることのない行進は、移住であって、ここでいう移動には属さない。またココノオビアルマジロがメキシコ、テキサスから次第に分布を北に広げ、75年間にアーカンソー南西部、オクラホマ東部にまで達したのを移動と呼ぶことがあるが、これもまた、まったく別の現象である。

　季節的移動をする地上棲動物でもっとも顕著なのは東アフリカのヌーと北極圏のトナカイである。またかつてはアメリカバイソンも円形のルートをとって移動し、その夏冬間の距離は320～640kmに達した。ミュールジカ、ワピチなどの移動ははるかに小規模である。ミュールジカでは夏は標高の高い牧草地で過ごし、冬は低いところへ移る。低地への移動の開始は、気温には関係なく初雪による。しかし春の移動は雪とは関係がなく、食草と密接な関係がある。

　コウモリ類は移動力が強大なので、長距離の季節的移動を行うものが多い。これは前腕に番号を打ち込んだ金属製の輪（標識）をつけて放して調査する。ヨーロッパではオオホオヒゲコウモリとヨーロッパコヤマコウモリがもっともよく調べられている。

　オオホオヒゲコウモリはブランデンブルグの越冬地を3～4月初めに去る。越夏地は北西から北東にほぼ円形に広がっており、越冬地と越夏地間の距離は最大が256km、最短は800m以下、ふつう32～80kmである。越冬場所は驚くほど一定していて、特定の洞窟内の特定の場所といった例が多い。1932～3年に標識した355匹中、1933～4年に場所を変更していたのはわずか3匹に過ぎなかった。またあるものは越冬地から他の場所へ運び（中には144kmも）、そこで冬眠を続けさせたが、次の年にそこへ帰ったものは1匹もなく、大多数がもとの越冬地へ帰った。

アフリカ・セレンゲティ平原におけるヌーの移動

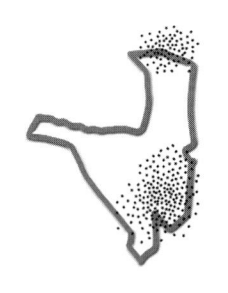

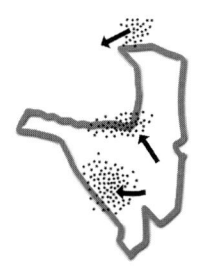

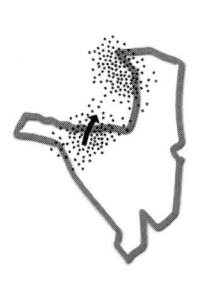

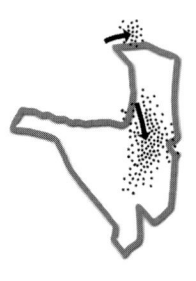

12月　小乾季　出産　　3月　雨季　交尾　　6月　大乾季　妊娠　　9月　雨季　妊娠

　ヨーロッパコヤマコウモリの場合は、再捕獲（回収）されるものが少なく、1464匹のうちわずか19匹に過ぎなかった。しかし越冬地と越夏地間の距離はきわめて大きく、ドレスデンで標識したものが752kmも離れたリトアニアのカンピアイで回収された。

　ヨーロッパアブラコウモリは小形で飛翔力もあまり強いようには見えないが、ロシアで1939年6月28日に標識したものが同年の9月8日に直線距離が1154kmも離れたブルガリアで回収された。

　北アメリカのアカコウモリも遠距離を移動し、秋の南へ向かっての移動の際はしばしば海上で回収されている。1匹は8月に北アメリカ東部のコッド岬の沖384kmのところで回収された。おそらくバミューダ諸島に渡るのだろうと推察されている。

　海獣の季節的移動すなわち〈洄游〉は、鯨目、鰭脚類などにきわめて顕著であるが、これらの類はここでは除く。

　少なくともネズミ類やコウモリのような哺乳類には、鳥類に似た帰家能力があることが近年明らかになってきた。シロアシネズミの行動圏はふつう100m前後であるが、これを捕獲地から100～3200m移動させても、戻るものが多いことが確かめられている。その中の1匹の若い個体は3200mも離れたところから48時間以内に自分の行動圏に戻った。またヨーロッパヤチネズミは700m離れたところから戻っている。ヨーロッパコヤマコウモリは20.8kmのところから2～3時間内に、45kmのところからは24時間で帰った。オオホオヒゲコウモリは、16km

離れたところへ運んで放したものは次の日にはすでに帰ってきており、35kmで放したもの65匹のうち8匹は3日後に、99kmで放したものは1ヶ月後に帰ってきた。また、164kmも遠くから放したのに帰ってきた例も記録されている。

このような帰家能力は距離に逆比例して低下するところから、まったく不規則に動き回った挙句、偶然によく知っている地点に到達したのだと考えられないこともない。しかし、それだけでは十分に説明できないものを含んでいるように思われる。

▲冬眠と夏眠

環境条件が生活に適さなくなった季節を生活機能を低下させて過ごす現象があるが、そのうち、寒冷な季節に起こるのを〈冬眠〉、暑いかまたは乾燥した季節に起こるのを〈夏眠〉という。両者ともその機構はほとんど同じである。

冬眠や夏眠はカモノハシ（9月中旬から10月中旬まで）、ハリモグラ、オポッサム、テンレック、ハリネズミ、温帯のヒナコウモリ科、キクガシラコウモリ科、オヒキコウモリ科などのコウモリ類、ヤマネ、ハムスター、マーモット、ジリス、シマリス、オナガネズミ、トビネズミ、コビトキツネザル、マウスキツネザルなどに見られる。これらでは休眠時には体温が下がり（ハリネズミでは6℃くらい）、呼吸がのろく不規則になる。

ジリス類では冬眠の期間は気温と大体平行している。しかし、カリフォルニアジリスでは同一個体群に属するすべての個体が同じように冬眠するのではない。メスの成獣の大部分は夏の初めから12月または1月まで冬眠するのに、オスの成獣と両性の幼獣ではずっと期間が短く、中には冬眠しないものさえある。また年によっても冬眠の仕方が異なっている。

食肉類の中にも冬眠するものがあるが、上記のものよりも冬眠が浅く、体温はあまり下がらない。クマは数ヶ月このような冬眠をし、その間まったく食物を摂らない。ヨーロッパのアナグマはロシア北部、スカンジナビア北部では冬眠するが、イングランド、フランス、コーカサスなどでは冬眠しない。

冬眠にはこのように種々の程度があるが、前にあげた食肉目以外のものが真の冬眠をするとみてよかろう。これらでは秋に体温を保つ上に必要な熱の生産量（発熱量）が減じ、熱の放散を防ぐ働きが低下する。すなわち体温調節が乱れ、

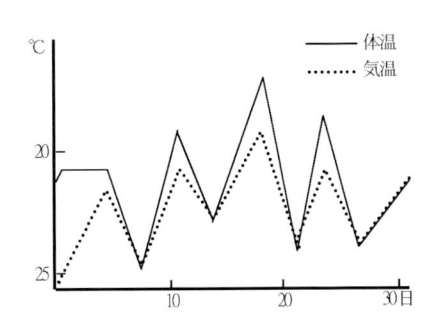

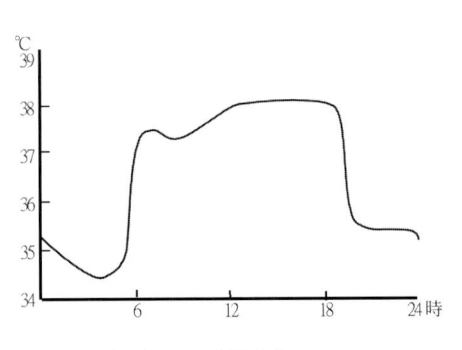

1ヶ月の体温変化　　　　　　　1日の体温変化

キツネザル（左）とピグミーマーモセット（右）の体温変化

その後昏睡状態に入る。かくて、不完全な恒温性であったものが変温性になり、体温は周囲の温度近くまで下がる。たとえばコウモリの直腸温が0℃以下に下がることさえある。同時に多くの内分泌腺が退縮する。すなわち脳下垂体前葉、副腎皮質、甲状腺、副甲状腺、性腺などが明らかに退縮する。膵臓内に散在する内分泌腺組織、ランゲルハンス島はα、βという2種の細胞からなるが、冬にはそのうちのβ細胞（インシュリンを分泌する）だけしかなくなる。エネルギー代謝は著しく低下し、心拍動は遅く、呼吸運動は少なく、不規則になり、炭酸ガスが増加しても、呼吸数は増加しない。しかし、冬眠中にそれらの調節がまったくなくなるわけではなく、気温が下がりすぎると心拍動は増大する。そして冬眠中は、貯蔵された脂肪を燃焼して必要なエネルギーを得る。

　冬眠をもたらす要因はまだ十分に判明していない。しかし、まず第一に気温の低下が必要で、13℃以上では冬眠を起こしえない。次に断食が必要である（夏眠の場合はこれが主な要因になると思われる）。ハムスターやオオヤマネでは脳下垂体を切除し、低温にして断食させたり、インシュリンや体温低下剤を注射し、あるいは副腎髄質を除去することによって冬眠をもたらすことができる。しかし、こうして人為的に冬眠に入らせたものは数日しか生かしておけないから、真の冬眠状態とはどこかが異なっているようである。

　冬眠を行わねば棲息できないような環境——寒冷地や砂漠地帯——に、多数の冬眠する哺乳類が分布を拡大しているのは、まったく冬眠のおかげであるから、そのような種にとっては冬眠の意義はきわめて大きい。

観察に役だつ動物学
33 昼行性と夜行性

▲1日の活動

　どんな哺乳類でも活動と休息を繰り返し、一定の活動周期が見られる。もっともわかりやすいのは24時間のリズムをもった活動、すなわち24時間活動周期型で、日の出と日没によってリズムが調節される。この活動の型を大まかに分けると、〈昼行性〉と〈夜行性〉になる。

　昼行性は採食・交尾その他の活動を主として昼間おこなうもの、夜行性はそれらを主として夜に行い昼間は多くは隠れて休息しているものである。

　類人猿は人間と同じように夜は一定の場所で眠ってすごす〈単眠型〉。しかし半昼行性の有蹄類の多くや、半夜行性の食肉類の多くは、長時間、目を覚している期間と短時間眠っている期間とを1日のうちに何回も繰り返す〈多眠型〉。ウシとヒツジの成獣（たぶん大多数の反芻類も）では休息している期間中も、時々立ち上がったり反芻したりし、目を閉じてぐっすり眠ることはほとんどない。これは反芻類では第1胃と第2胃を働かせるためには胸部を直立させておく必要があるのと、反芻するには意識をしっかり保っている必要があるためであろうと考えられている。

　チェコスロバキアでノクトビジョン（暗視装置）を使って半野生のノロを観察したところでは、ノロは毎夜87〜236分しか眠らないという。またキリンは20分以下、オカピは約60分しか夜眠らない。しかしゾウは1日に2〜5時間、ウマは約7時間眠る。アザラシ類、イルカ、クジラなどは多眠型である。眠りに適応した形質と推定されるものにセイウチの咽頭嚢がある。セイウチはこの袋（25〜50ℓの空気が入る）を膨らませて水に浮いて眠るのである。また、ヒヒ類の尻胼胝もすわって眠る習性への適応らしいという。

　小哺乳類の多くは24時間周期よりも短い活動周期を持つ。その周期は体の大きさ、代謝、消化によって決定されるようである。ヨーロッパトガリネズミでは

1日に7～10回の活動期がある。活動期は1～2時間で、短い休息期がこれに続く。もっとも活動が盛んなのは午後8時から午前4時までで、活動が落ちるのは午前7時から午前11時までである。このような短時間活動周期は体が小さいほど著しく、ドブネズミでは約4時間、ハタネズミでは2時間半、ハツカネズミでは45分～1時間半、モリネズミでは約1時間である。これは栄養を取り入れて、それを消費する速度、すなわち代謝速度が活動周期を支配していることを示すものである。

ヨーロッパモグラは暗い土穴の中で生活するにもかかわらず、24時間周期で活動するといわれる。日中は不活動の傾向が強いことをガイガーカウンターで確かめられている。しかし、日本のモグラは、詳しく調査したわけではないが、短時間周期活動型のように思われる。ただ昼間は明るいところへ出ることがほとんどなく、もっぱら土穴内で活動するから、この点を重視すれば24時間周期活動型である。ヒミズ、トガリネズミ、アカネズミ、ヒメネズミ、ハタネズミなどのネズミ類も昼間はほとんど土穴から外に出ない。

活動の場所をも加味した日周期活動を考える場合、それを支配しているもっとも重要な要素は、昼夜による光量の差と考えられるから、その感覚器である目の構造が夜行性・昼行性を決定する上で重要である。

▲目の構造と行性

目の構造と行性の関係は次のとおりである。

完全夜行性　網膜に錐状体（波長を区別できるが光が弱いと働かない）がなく、桿状体（弱い光にも感ずるが明暗しか区別できない）のみがあり、黄斑がなく、レンズ（水晶体）は明るい。すなわちレンズは焦点距離が直径に比して著しく短く、しばしば眼球自体が大きく虹彩も大である。ハリモグラ、ジネズミ、モグラ、ハリネズミ、コウモリ類、アルマジロ、ガラゴ、ロリス、メガネザル、ヨザル、テンジクネズミ、アザラシ、アシカなどがこれに属する。

目はしばしば筒状で眼窩の中での運動が不自由なため、横を見るときは頭全体を動かす（メガネザル）。弱い光を増強するため脈絡膜には蛍光を発するグアニンの顆粒を充満した細胞の層がある（アザラシなどの食肉類、原猿類、クジラ類など）。

なお桿状体は青系統の光にのみ感じ、赤系統の光には感じない。したがって錐

124　昼行性と夜行性

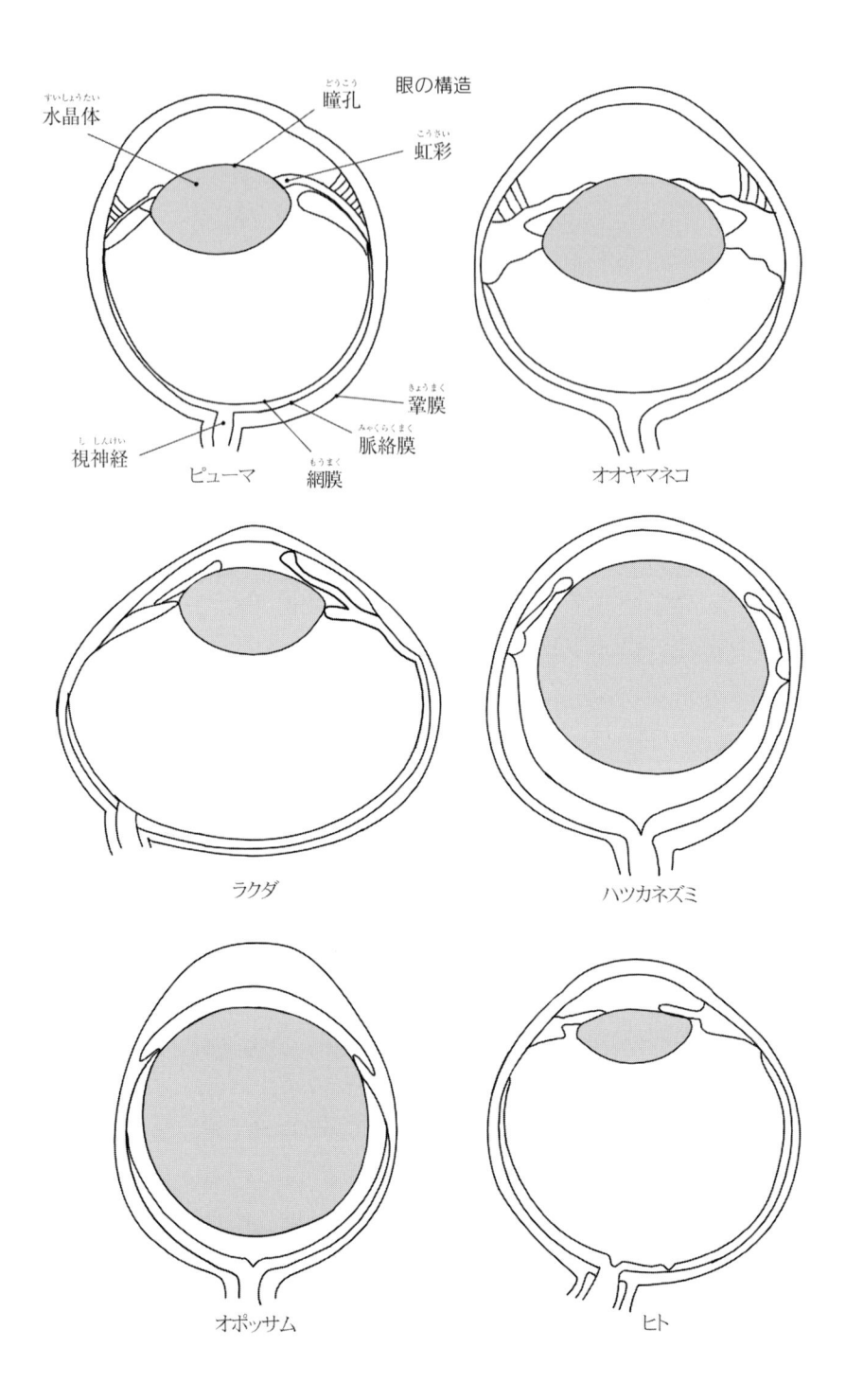

眼の構造

水晶体（すいしょうたい）
瞳孔（どうこう）
虹彩（こうさい）
強膜（きょうまく）
脈絡膜（みゃくらくまく）
視神経（ししんけい）
網膜（もうまく）

ピューマ

オオヤマネコ

ラクダ

ハツカネズミ

オポッサム

ヒト

状体のない完全夜行性のものは赤色灯をつけてもまったく気がつかない。もちろん色覚はない。

半夜行性　　前者によく似ているが、少数の錐状体を有する点が異なっている。しかしネズミ類やクジラ類の錐状体はきわめて少数なので、むしろ〈準夜行性〉というべきであろう。

　ネコ類、クジラ類などはグアニン細胞層を有し、暗視に適する。しかし瞳孔は大きく変化するので昼間も活動できる。色覚はほとんどない。ネコ科、イヌ科、イタチ科、アライグマ科などの食肉類、ラクダ、ドブネズミその他大きくのネズミ類がこれに属する。

半昼行性　　前者に似るが錐状体が多く、不完全ながら色覚があるものが多い。一方夜間の活動に備えて脈絡膜に一種の反射装置すなわち反射膜（タペータム）を持つものが多い（多くの有蹄類）。ゾウ、ウマ、キリン、オカピ、シカ、レイヨウ（色覚の有無には異説がある）などがこれに属する。

準昼行性　　錐状体と桿状体をもつが、前者が多く、色覚があり、黄斑がある。これは一種のカラーフィルターで青系統の光を吸収し、黄系統の色とのコントラストを強めるのに役立つ。またレンズは黄色に着色することが多い。反射膜はなく、中心窩(か)が良く発達する。ツパイ、広鼻猿（ヨザルを除く）、狭鼻猿、類人猿、ヒト、カンガルー（錐状体に赤色脂肪球がある）など。

　なお、広鼻猿は黄緑色と青緑色は区別できるが、赤色光は区別できないといわれる。

完全昼行性　　桿状体がなく、錐状体だけのもので、トカゲ類、ヘビ類、多くの鳥類にふつうに見られるが哺乳類では稀で、ジリス、プレーリードッグその他のリス類くらいにしか見られない。レンズは黄色または橙色、黄斑と中心窩があり、色覚がある。しかし暗視にはまったく適していない。🐾

観察に役だつ動物学
34 群れの生活

　哺乳類を社会的な習性の面から眺めると、〈独居性〉と〈群居性〉の別があるように見える。しかしごく厳密にいえば、真の独居性などというものはありえない。どんな種にも雌雄間の接触があるし、母親と子のつながりがある。北アメリカのトウブシマリスの雌雄は交尾の数分後には早くも反目し、母親と子の関係も巣にいる間と、巣立ち後1週間に限られている。彼らには仲間を求める必要性もないように見える。モグラ、ヒミズなどもこのような独居性である。しかし、それでもやはり個体間の社会的な関係は存在するのである。

▲コミュニケーション
　動物相互の間には音声、身振り、匂いなどを用いた信号があり、それを受け取った個体は特有の反応を示す。それらの信号はその動物が社会生活を営む上に、不可欠の機能を持っているかのごとくである。このようなものが動物間のコミュニケーションである。

　音声や身振りの信号　群居性のカリフォルニアジリスは、1匹がタカを発見すると大きく一声「チーック」と鳴いて隠れる。これを聞いた他の個体は驚きの叫び声を上げて土穴に飛び込む。敵がヘビの場合は、ジリスはその方へにじり寄り、よく観察して尾を烈しく左右に振る。そして低い震え声で「チーッ、イク、ィル、ィル、ィルル」と鳴き、他のものに知らせる。敵がヒト、イヌ、コヨーテなどのときは「チュイー、チュ、チャック」と鳴くなど、種々の鳴き声、すなわち音声信号を発する、という。

　パナマホエザルは少なくとも15～20種類の声を出すが、それぞれが一定の合図になっている。オスが敵を見つけたときの声を出すと、群れの全員はあらゆる行動を中止して敵に身構える。リーダーのオスが行進の際出す声、子が木から落ちたときにメスが出す声など、それぞれ異なっている。

一応確認された声の種類は、
　キツネ、ライオン、シロテテナガザル──9
　アナグマ──12
　アカゲザル──20〜30
　ニホンザル──30
　マウンテンゴリラ──20
　チンパンジー──32
などである。またビーバーは尾で水をたたき、エジプトトビネズミやウサギは足で地面をたたいて音の信号とする。

　嗅覚信号　哺乳類の多くは、特殊な皮腺をもつが、ここから分泌される臭気の強い液の中には嗅覚信号に使われるものがあるらしい。テンやマングースは肛門腺の分泌物を木につけ、レイヨウ、カモシカなどの有蹄類は眼下腺の分泌物を木や岩にこすりつける。多くのイヌ科の動物は包皮腺の分泌物を混じた尿を石や木にかける。これらが特定の信号になると思われるのは、それが性ホルモンの影響を受けることが多く、性と関連が深いからである。たとえばテンジクネズミの尾上腺はオスの成獣にだけ発達するが、去勢すると退行する。またアナウサギの肛門腺は、オスにもメスにもあるが、どちらも性腺を除去すると退行し、性ホルモンを与えると復活する。しかしブラリナトガリネズミの側腺はオスと非発情期のメスに発達しているが、去勢しても退行しない。

　嗅覚が社会生活を営む上にきわめて重要なことは次の実験からも明らかである。交配したばかりのハツカネズミのメスたちを、それらと交配したオスたちから離し、別の系統のオスたちと一緒にすると、約80％のものは黄体が発達しないために妊娠が障害されるという。

　この妊娠障害を起こすには、見慣れないオスを見たり（視覚）、物理的に接触することは必要でない。オスたちが汚した空の容器にメスたちを入れるだけで十分である。一方、嗅球を傷つけてメスを無嗅覚にすると妊娠障害は起こらない。したがってこのようなブルース効果を起こす刺激は疑いもなくオスが発する匂いである。

　視覚信号　視覚信号は群居性の種では、しばしば順位を示すのに用いられる（ニホンザルの尾の位置）。また、威嚇の姿勢の方が実際の闘争よりも効果が大きいことが多い。視覚信号にはシカやプロングホーンの尻の白斑やアナウサギの尾

オオカミの表情による信号

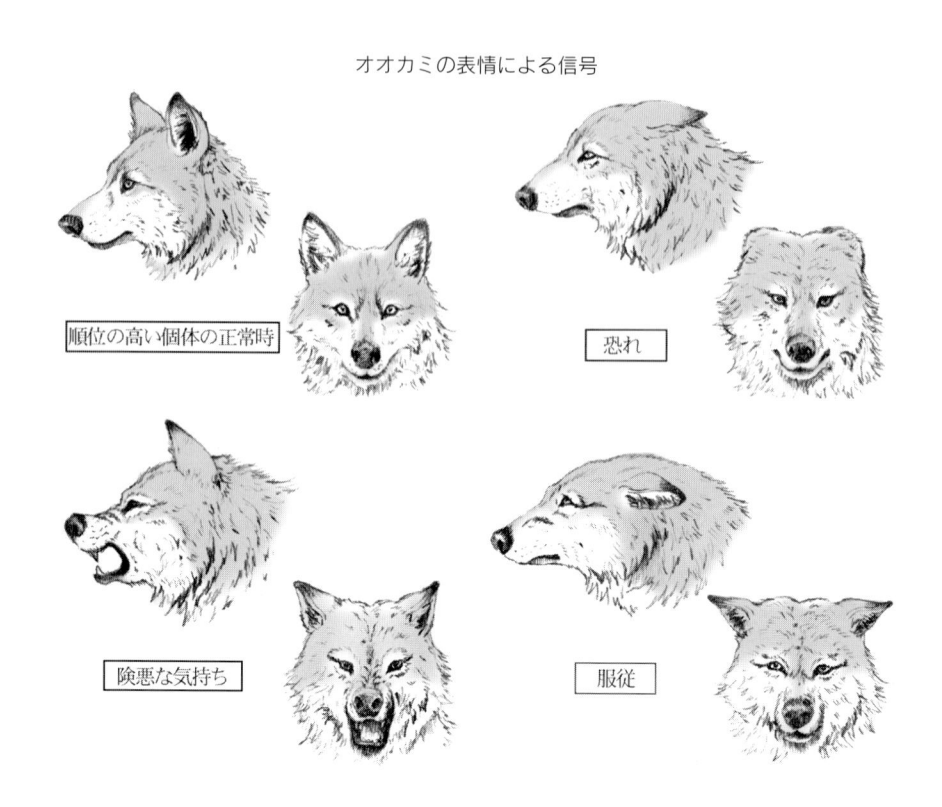

順位の高い個体の正常時　　　　恐れ

険悪な気持ち　　　　服従

　の下面のように、からだの他の部分とはっきり色や濃淡が違う部分が良く用いられる。シカはこの部分の長い白毛を立てて白斑を大きくすることができるが、これは多分仲間への警報となるとともに逃走の際、互いにはぐれないための目印としても役立つことであろう。
　頭、耳介（じかい）、尾などの位置や動作も信号（表情または感情の表現）に使われる。たとえばオオカミは、上図のような表情が知られているほか、自信に満ちているときは尾を高く上げ、威嚇するときは尾を高く上げて左右に振り、襲い掛かろうとして陰悪なき持ちのときは尾を後上方に上げる。服従のときは尾を下げて左右に振り、ひどく不安なときは尾を腹の下に巻く。

▲順位制
　ニワトリやニホンザルの群れの中の個体に優劣の順位があることは、今日では良く知られている。このような順位制はヒヒ、チンパンジー、ライオン、アナウ

サギ、タイセイヨウバンドウイルカなどで知られている。ドイツの動物行動学者カッツは、バーバリシープの12匹の群れ（オス4、メス4、子4）を調べ、順位を次のようにして判定している（2匹の中間に食物を投げると、2匹はその方に行くが、優位のものが劣位のものを威嚇して退け、食物をとる。このような実験を繰り返した）。

　　オス1はオス2、3、4に優位、
　　オス2はオス3、4に優位、
　　オス3はオス4に優位。
　　メス1はメス2、3、4に優位、
　　メス2はメス3、4に優位、
　　メス3はメス4に優位。

またオスはどのメスに対しても優位で、成獣は子に対して優位である。これによって次のような直線的順位が成り立つ。

　　♂1＞♂2＞♂3＞♂4＞♀1＞♀2＞♀3＞♀4＞子1＞子2＞子3＞子4

この順位はその後の272回の観察のうち270回がこのとおりで、きわめて安定していた。ただ注意すべきは、この群れが驚いて逃げる場合、リーダーになるのは常に♀1であったことである。これによって、群れのリーダーは必ずしも最高

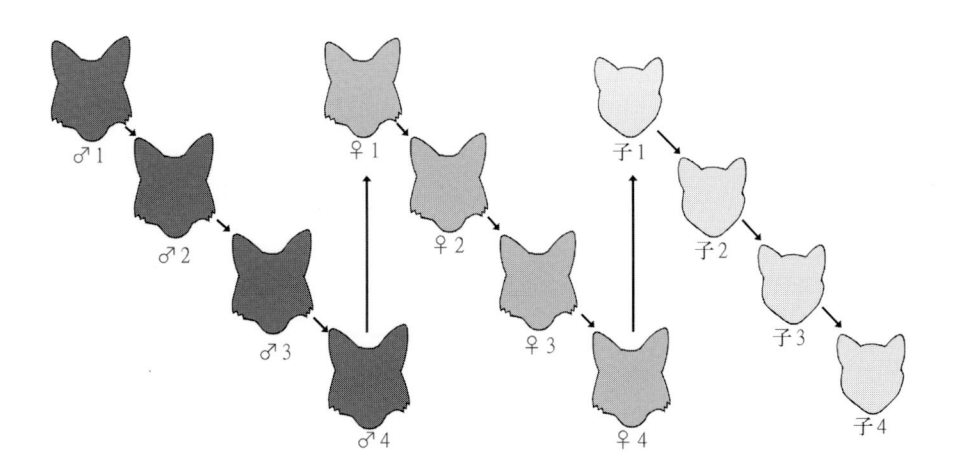

オオカミの順位

の順位のものとは限らないことがわかる。

　また順位は必ずしも直線的とは限らない。たとえばC＞A＞B、B＞Cといった三角形または輪状の順位もあり、鳥類では稀ではない。順位は上述のとおりかなり安定したものであるが、もちろん不変ではなく、長く時間がたてば次第に変化する。

　順位はふつう威力によって決定されるが、常にそうとは限らない。アナウサギでは腺からの匂いが重要である。アナウサギは8～10頭からなる小群をつくって生活する。この小群はなわばりをもち、これを肛門腺と、頤（おとがい）腺から分泌される匂い物質で標識する。小群の構成個体の間には明瞭な順位が見られる。順位は必ずしも体の大きさとは関連せず、肛門腺の大きさとその分泌能力で決定される。すなわち優位個体の肛門腺は大きく、劣位個体の腺は小さい。この関係はきわめて明確で肛門腺の切片標本を見ればその個体の社会的地位をかなり正確に推定できるほどだという。

▲群　れ

　群れの構造がもっともよく調べられているものの一つは、ニホンザルであろう。その飼育下（給餌される）における社会構造はおよそ次のとおりである。すなわち、オスは数匹のリーダー、サブリーダー、若モノと大体年齢によって分かれた集団に分かれ、大多数のメスと子はリーダーとともに生活する。リーダーは群れの中心部に位置を占め、その周りにサブリーダーが、外縁を若モノが占めている。移動のときは行進の前後を若モノが進み、中央をリーダーとメスと子が占め、その前後をサブリーダーが進む。群れの移動の方向を決定したり、強敵と最後まで闘うのはリーダーである。しかし、野生ではこのような「リーダー制」は見られず、まったく自由な集団で生活している。

　アカシカの群れは、季節によって変わる。冬はオス同士、メス同士が別の群れを作り、別の行動圏をもつ。メスはその行動圏の中で子を生む。夏になると山の高所へ移動し、いくつかの冬の群れが集まって一団となる秋の交尾期になるとオスはメスの行動圏に侵入してハレムを形成する。そしてオスはメスよりも順位上、優位になる。しかし危険なときは元のメスのリーダーの元に全員が団結する。これによく似た群れはヘラジカ、アイベックス、シャモア、プロングホーン、

オオカミの群れ　リーダーを先頭にサブリーダーがつづく。

トピ、ウォーターバック、トムソンガゼル、インパラなどで知られている。

　プレーリードッグは大群をなして棲み、地下にいわゆる「町」を作る。しかしその大群も実は家族群が多数集まったものである。家族群は1匹のオス成獣と2匹以上のメスの成獣およびその子から成り立ち、そのなわばりに他の群れのものが侵入しようとすると、全員が協力して防ぐ。しかし2月下旬から4月までの繁殖期には、メスたちはめいめいが巣用のなわばりを設ける。

　ペルーのマウンテンビスカーチャは高原に4〜75匹のコロニーで棲む。このコロニーも家族群で、7〜9月には大多数が配偶関係にあり、オス成獣1、メス成獣1および年齢を異にする1〜3匹の子からなる家族群を形成している。本種は1産1子、メスは年に2〜3回出産する。繁殖期になるとメスはオスの成獣を追い出し、オス同士が集まる。本種は乱婚で、1雄は数匹のメスと交尾し、数匹のオスが1匹のメスと交尾する。妊娠するとメスの攻勢は弱まり、オスはメスの穴に入るのを許され、再び家族群が形成される。なわばりは個体のも群れのも見られない。たとえば家族の日光浴の場所などが定まっていて、他の家族のものはそこを使わないが、そこの占有者たちが防御的な行動を示すわけではない。このように、家族群といっても決して単純ではないから、精密な観察が必要である。🐾

観察に役だつ動物学
35 生きる環境① 気候と土壌

　哺乳類の多くは恒温性であるが、それでもなお気候と無関係に生活することはできない。土壌の性質や他の動植物との関係もまた重要である。哺乳類の生存に重要な影響を及ぼす主な要因は次のとおりである。

▲気候的な要因

　哺乳類の分布にもっとも大きな影響を及ぼすのは、熱帯、温帯、寒帯といった一般的な気候ではなく、それぞれのビオトープ（生活する場所）の微気候である。たとえば本州中部の森林内に棲むネズミの生活に影響を及ぼす温度は、本州中部の平均的な気温ではなく、また森林内の平均的な気温でもない。ネズミが活動する場所の草の茂みの中の温度や、棲み家としている土穴の中の温度なのである。湿度や照度についてもまったく同じことが言える。

　温　度　　哺乳類は恒温性であり、周囲の温度の影響はあまり受けないような気がする。熱帯アフリカ産のライオンやシマウマは日本の冬を平気で越すことができる。しかし致死温度と最適温度の違いは厳密に認識しなければならない。体温調節が不可能になる限界の温度を〈臨界温度〉というが、下の臨界温度（℃）は、テンジクネズミ（－15℃）、ラット（－25℃）、カイウサギ（－45℃）、イヌ（－160℃）である。一方、乾燥したところでの上の臨界温度は、ラット（＋40℃）、イヌ（＋49℃）である。

　この臨海温度の範囲内では、気温とほとんど無関係に体温が一定に保たれている。しかし実際は、正常な生活を長く続けるには、最適温度でなければならない。遺伝的に差のないマウスの子の一方を21～23℃の最適温度で飼育した場合と、それよりも高い32℃で飼育した場合では、その他の条件がまったく同一でも後者の方が成長、性的成熟において遅く、産子数が少ない。そして次の代にな

るとほとんど完全に不稔性となることが知られている。最適温度は遺伝的なもので種・亜種によってまた品種によっても一定していることが多い。

　哺乳類にも恒温性が不完全なものがある。単孔類、ナマケモノ、コウモリがこれである。ミユビナマケモノの体温はふつう約32℃であるが、気温が10〜15℃に下がると約20℃になる。反対に直射日光にさらすとすぐに致死温度の40℃に昇ってしまう。このためナマケモノ類は、温度がきわめて安定している棲息地にのみ分布が限られているのである。小形コウモリでは体温は34.4〜40.6℃であるが、休息しているときは急速に体温が下がり、気温に近づく。したがって冬寒い地方では移動するか、あるいは適当な場所で冬眠しなければならない。

　気温と体の大きさの間に関連があることは古くから知られていた〈ベルグマンの法則〉。イギリスのハツカネズミは、室温が－10℃以下に保たれている冷凍室に棲んでいるものは、人家内や穀倉に棲んでいるものよりずっと大きいことが知られている。後者ではメスの最大のものが30gであるが、前者では40gに達するものがある。

　また、寒冷な地に住むものは尾や耳が短い傾向がある〈アレンの法則〉。この例として北アメリカのノウサギ類（耳の長大なジャックウサギ、耳の短小なホッキョクウサギ）やキツネ類（キットギツネ、アカギツネ、ホッキョクギツネ）がよく引用されるが、これは正しくない。ベルグマンの法則もアレンの法則も、同一種内の産地を異にする個体群にのみ適用しうるもので、別種間には厳密には適用できないものである。

　同一種内の個体群が寒冷地に産するものほど大きいのは、体が大きくなるにつれて体の表面積が比較的小さくなり、したがって体熱の損失を少なくし、体温を一定に保つうえに有利なためと説明されている。ラットの子を31〜33.5℃で育てると、15〜20℃で育てたものに比して、わずか2〜3ヶ月のうちに尾がより長く、精巣が良く発達し、体重の軽いものになる。またカイウサギでは高温で飼うとふつうよりも耳介が長くなることが知られている。

　アライグマが北へいくほど小さくなる例、ヨーロッパモグラが海抜高度に平行して小形になる例などは、ベルグマンの法則が絶対的なものでないことを示す例として、よく挙げられるが、筆者はむしろ、例示されたアライグマやヨーロッパモグラの多数の個体群がすべて間違いなく同一種に属するのかどうかを疑っている。

水　　水は水蒸気、液体、氷の形で哺乳類に大きな影響を及ぼす。北アメリカ南西部の砂漠に棲むポケットネズミやカンガルーネズミは水を5〜10％以下しか含んでいない種子だけで生きることができる。しかしラットはそのような状態では急速に体重が減じ（40〜50％も）、やがて死亡する。また同じ砂漠に産するものでもサボテンネズミは種子だけでは生きられず、サボテンその他の水分の多い植物を食べなければならない。このように水分の必要性は種によって著しく異なっている。

湿　度　　これもまた種によっては重要で、コウモリ類を湿度が85％以下のところで食物と水を与えずに飼うと1〜2日のうちに死んでしまう。これは主として飛膜が乾燥するためである。ところが湿度を高くしておけば長く飼える。コウモリが冬眠する洞窟内の湿度はきわめて高く、75〜98％に達する。モグラも同様に高い湿度を必要とするといわれる。

また、アカシカは湿度が高いと行動距離が短くなり、乾燥すると長くなるが、これは匂いの伝搬が高温多湿の場合に妨害されるためであろうといわれる。カリフォルニアジリスは湿度が低すぎても高すぎても土穴の中にこもってしまう。同様のことは他の齧歯類にも見られ、土穴の中の湿度はきわめて安定しているらしい。ヒミズ類が土が乾燥した場所や夏には捕獲率が極めて低く、降雨の後、捕獲率が急に高まるのも、土穴内の湿度と関係がありそうである。

積雪は草食動物に食物を得がたくし、行動の自由を奪う。ヨーロッパロシアの東部におけるイノシシの分布は、積雪が50〜75cm以下のところに限られるというが、日本のイノシシについても同じことが言えそうである。しかし、著しく寒冷な地方では、雪は寒さよけに役立つ。ホッキョクウサギは、わざわざ降雪に埋まって寒さを防ぐことがあると言われ、積雪地方ではハタネズミは、雪の下の地表面に通路を作って冬中活動している。

光　線　　光線の強さの変化が日周期活動に影響を及ぼすことはすでに述べた。日光浴は多くの哺乳類が行い、暑い季節でも中止しないところから見ると、外部寄生虫を追い払う方法ではないかと言われる。

日々の日照時間の増加、または減少が脳下垂体前葉を刺激して繁殖期や換毛に影響を与えることは古くから良く知られている。ヨーロッパのキタハタネズミでは日照時間を15時間から9時間に減らすと繁殖が妨害される。しかし、ヤギでは

反対に日照時間を次第に減らすと繁殖活動が開始される。日照時間の変化が繁殖活動と深く関連していることは次の例でも知られる。すなわちアカシカの交尾期はスコットランドでは9～10月であるが、南半球のニュージーランドに移入されたものでは3～4月になる。またハイイロリスの繁殖期は原産地の北アメリカと移入されたイギリスでは1～7月であるが、南アフリカのローデシアに移入されたものは10～1月に変わっている。

　日照時間は換毛にも関係があり、冬、白色に変わるカンジキウサギを秋に毎日18時間、光に当てると白化を防ぐことができる。冬、毛皮が白いときに同様にすると褐色の夏毛が生じる。また日照時間を常に18時間に保つと1年中褐色のまま変わらない。ところがそれを1日9時間に減らすと気温が21℃もあるのに、白い冬毛になる。

　高度　海抜高度が高くなると気圧が下がり、酸素圧の低下に対応して赤血球数が増加する。ヒツジの赤血球数（1mm立方中）は海水位では1053万個、海抜4815mでは1600万個である。ところが高山に適応したラマでは1143万対1110万個で、海抜高度の差があまり現れない。これはラマのヘモグロビンがウサギ、ヒツジなどに比してはるかに高い酸素受容力を有するためと考えられている。コーカサスの海抜1560mのところで増えたモリネズミ12匹を、海抜147mのモスクワに移して7ヶ月飼育しても赤血球数は変化せず、950万～1060万であったという実験は、高地に適応した動物の特性を示すものと考えられなくもない。しかし海抜1600m～1700mで採集したヒメネズミ16匹を海抜20mの地点に移して飼育したところでは、赤血球数は日数に比例して減少した。

▲土壌的な要因

　土壌とは岩石の同化物や腐植が混ざり合った土地の表層部である。日本の森林地帯に広く分布する褐色森林土壌が発達する過程を見ると、

1．母岩（C層）が露出し、表層部に地衣類、コケ類が生育する。
2．母岩の同化が進み陽生植物が侵入し、表面に植物遺体の堆積層（A層）が形成される。
3．植生の繁茂が続き、母岩が根によって細かく深く砕かれ、堆積層の下に有機物の黒い層（A層）ができ、その下に有機物を含まない褐色の層（B層）が分化

する。

　土壌は気候、植生、母岩の種類、地形などによって異なり、次の土壌型に分けることができる。
（1）成帯土壌——A・B・Cの3層がよく発達したもので、広葉樹林に見られる褐色森林土壌、北海道・東北地方の針葉樹林に見られるA層が溶け去って灰色を呈する漂白土壌（ポドソル）、本州西部・中国・九州の一部に見られる赤色土壌などの種類がある。
（2）間帯土壌——本来は成帯土壌ができるはずの地域なのに、母岩や地下水の影響で異なった型になったもので、石灰岩地帯に発達し、鉄やアルミナを含む赤色のテラロッサ、新しい火山灰が積み重なった火山灰土壌、湿原にできる湿原土壌などの種類がある。
（3）無帯土壌——地形の影響で形成される型で、A層とB層の分化が明瞭でない。山の急斜面や上方から運ばれてくる石や土砂が積み重なってできる山地土壌、川で運ばれた土砂が積み重なって形成される沖積土壌などの種類がある。

　土壌の性質は植生に影響するから間接的に哺乳類の分布に影響を与える。しかし、地下棲の種類は直接土壌の影響を受ける。モグラは石の多い硬い土壌には棲めない。たとえば砂利を敷いた鉄道線路の下を通り抜けるのは小川を横断するよりも困難であるという。
　フランスのユーラシアハタネズミは粘土質か石灰質の軟らかくも重くもなくあまり湿り気の多くない土を好む。マウンテンポケットゴファーは記号放逐して調べたところでは、夏の間は地下の水位が地下2.8m以上の草地に棲む。冬が近づくと、もっと水はけの良い、凍結しない土地に移住し、春に再びもとの草地に帰る。このように本種は湿った土地を避け、ごく狭い湿った地帯があってもそこを通過しようとしないという。
　燐酸と燐酸石灰の不足な土地でウシを飼うと骨軟化症を起こし、繁殖周期まで狂ってしまう。土壌の化学成分が草食動物の分布に大きな影響を及ぼすことは、これによって推察できよう。🐾

第1部　フィールドの知識　137

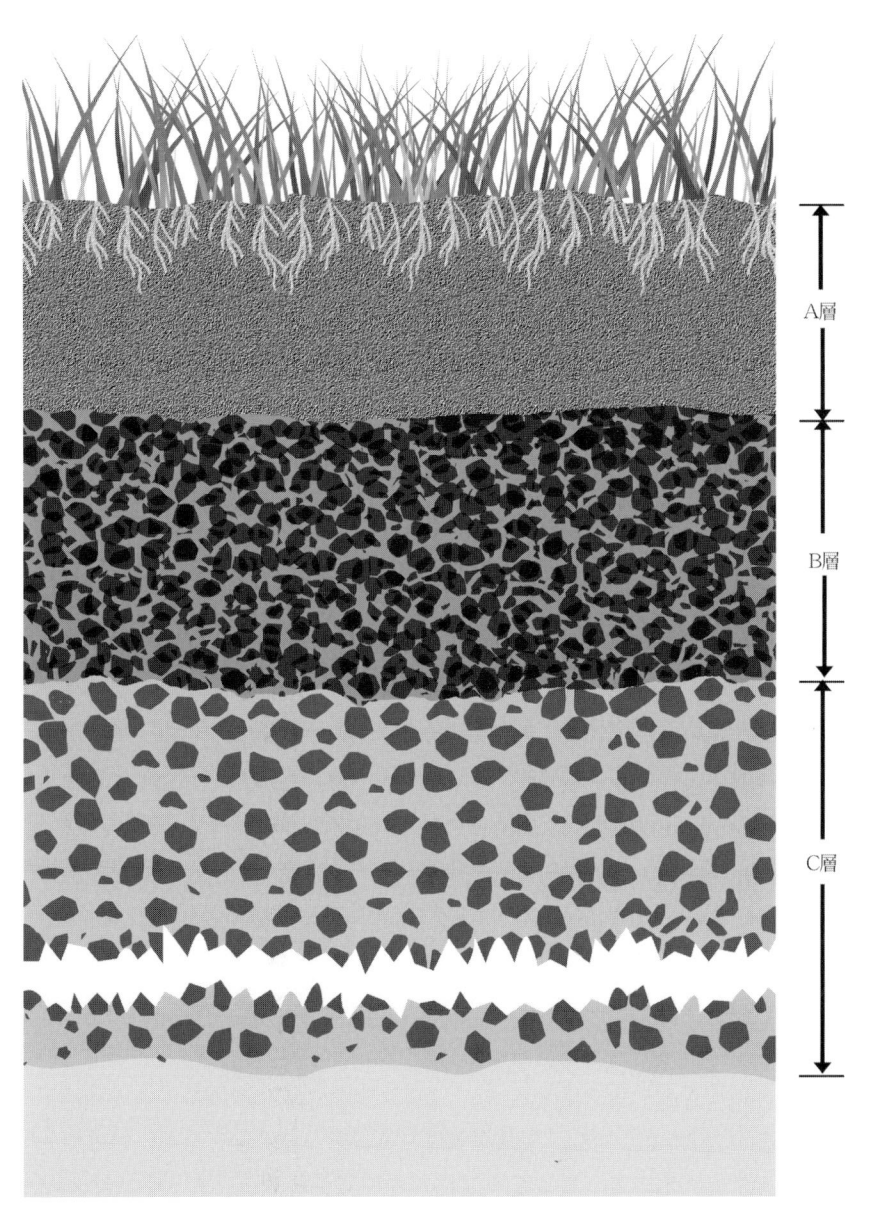

土壌の層位　それぞれの層位の深さは、きわめてまちまちである。
A層：表土層。腐植などを多く含み、水分や温度変化も大きい。
B層：下土層。雨水などで上層から洗い流された鉱物質を受け取る心土の層。粘土が多いのもこの層。
C層：風化して、もろくなった母岩を含む層。

観察に役だつ動物学
36 生きる環境② 生物要因

▲植物要因

　食性が狭い草食動物は、当然、植生によって分布を規定される。コアラ、ジャイアントパンダなどがそれであるが、哺乳類ではこのようなものは稀である。むしろ一般には植物の種類よりも周年にわたる食物供給が植生によって可能かどうかが大切である。

　北アメリカのオグロジカは、冬、雪が時たま降る地方には年中とどまっているが、雪が積もる地方では移住する。年中とどまる地方の植生は〈矮性低木林〉と〈沿岸針葉樹林〉に大別される。前者は閉鎖的で林床は貧弱である。

　矮性低木林はシカの棲み家としては適しているが、食物供給源としては不十分である。オグロジカの食物は低木の葉と小枝が主で、ときどきに殻斗果を摂る。矮性低木林の主要樹種は常緑なので主に春の2ヶ月間に成長する。葉には粗蛋白と燐が多い。しかし夏、秋、冬には木はほとんど成長を休止するので、粗蛋白と燐の含有度は低い。したがってこの林に棲むシカは小形で、オスの成獣でも平均64.8kg、メス成獣は34.7kgにすぎない。繁殖率は低く2歳以上のメス100頭につき71子を産んだのみである。個体数密度は中度で1平方マイル10～20頭であった。

　沿岸針葉樹林では林床植生がシカの食物となる。それらは食物としての価値が低く、特に冬において著しい。そのため繁殖率も低く個体数密度も低い（1平方マイル1～5頭）。しかしこの林が焼けたり伐採されたりすると、林床植生は急速に繁茂する。そのようなところではシカは体重が重く、オス成獣では75～124kg、メス成獣では46.4～54.5kgもあり、繁殖率も高く、2歳以上のメス100頭につき125～140子、個体数密度は1平方マイル40～70頭に達する、という報告がある。

　ユーラシアのステップでは、リス科のタルバガンとハタリスは4.5mまでの深

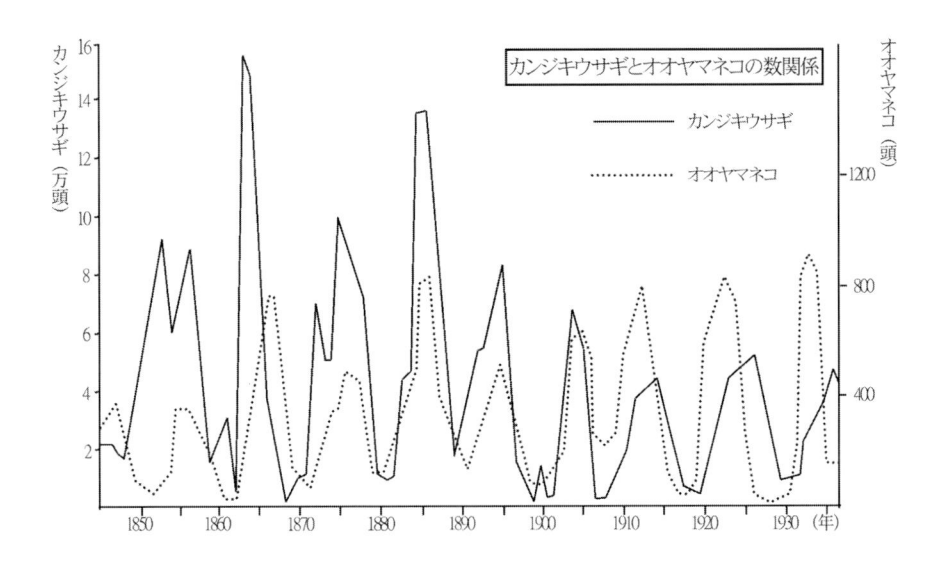

さから土を盛り上げる。掘り出された土は無機塩類に富むが腐植質が少なく、アルカリ度が低い。これは次第に周囲の土と同じになるが、それまでは砂漠に生えるような特殊な植物が生える。ポケットゴファーは1年に1エーカー当たり5〜8トン、ハタリスは1平方マイルあたり9万m³も土を掘り出すという。したがって、これらの動物が植生に及ぼす影響は軽視できないものがある。

▲動物要因

　捕食者と被捕食者の関係のほか、共生・寄生などの関係も重要である。アフリカのヌーは雨季・乾季で移動するが、アカシカの季節的移動はウマバエ、シカバエに関連がある。その1種は10時から4時までの間に活動し、シカを襲い顔や肢を刺すが、1分間に平均30匹も刺す。これが多数出現するのは6月下旬であるが、シカはこれを避けて低地から高地へと移動する。ロシアのトナカイにはウマバエ、シカバエのほか、カやブユも襲い、後者は特に袋角を好んで攻撃する。これらが多いときに角は正常に発育できないほどである。

　アフリカのツェツェバエは血液に寄生し熱病を起こす原生動物を伝搬し、草食有蹄動物の個体群が過密になるのを防ぐ。このようにして結果的にだが、植物の食べすぎによって侵食が起こるのを防いでいる。🐾

観察に役だつ動物学
37 生きる環境③ 生活帯と棲息地

▲生活帯

　種々の環境要因の違いのうち、特に気候によって区別される地域が〈生活帯〉である。これは大きく分ければ生物分布帯にほぼ一致し、水平的には熱帯、亜熱帯、暖帯、温帯、亜寒帯、寒帯の別があり、それらの各々をさらに数個の段階に細分することができる。またそれを垂直的に見ると低地帯、低山帯、亜高山帯、高山帯などの別が見られる。以下に述べるのは本州中部を中心とした植生区分であって、生活帯そのものではなく、動物分布と必ずしも一致しない。しかし、哺乳類の分布を調べる上には参考になることと思う。

A．低地帯または山麓帯

　上限は本州中部では海抜約700m、1〜2月の平均気温0℃の等温線にほぼ一致し、照葉樹林帯または常緑広葉樹林帯に属する。

　自然植生　　高木は内陸ではシラカシ、アラカシなどの常緑のカシ類、沿岸地方ではシイノキ（スダジイ）、タブノキなど。亜高木〜低木は野生のツバキ（ヤブツバキ）、シロダモ、アオキ、ヒサカキなどの常緑樹、林床にはテイカカズラ、ヤブラン、イタチシダ、ベニシダ、シュンランなどが見られる。これをヤブツバキ・クラス域という。

　この地域では、海岸に沿った斜面や尾根など、比較的乾燥した立地にはヤブコウジ―スダジイ群集、谷やくぼ地にはイノデ―タブ群集、内陸の腐植層の厚いところにはシラカシ群集、山地斜面にはヒイラギ―ウラジロガシ群集、尾根や急斜面にはシキミ―モミ群集、川沿いの谷では内陸にいくにつれてコクサギ―ケヤキ群集、イロハモミジ―ケヤキ群集が発達する。また尾根筋などの土壌が浅く、夏季高温の乾燥地にはアカマツ林が生ずる。

　代償植生　　人間の影響で自然植生が破壊され、その代わりに生じた植生で

ある。人間が伐採したり、火入れしたりして破壊された自然林のあとに二次的に生育する林を二次林といい、その代表者は、クヌギ―コナラ林とアカマツ林である。林縁を縁取るマント群落にはヌルデ、クコ、ヤブカラシ、カナムグラ、カラスウリ、ノブドウなどが、それに続くソデ群落にはタデ、イノコズチ、スギナ、ツユクサ、アカネ、ヤブジラミなどが見られ、火入れや草刈りのあとにはススキ草原が生ずる。

B．低山帯または山地帯

約700〜1700mの地帯で、夏緑広葉樹林によって代表され、月平均気温10℃以上の月が4〜6ヶ月続く。

自然植生　原生林（極相林）はブナ群落を主とするが、ミズナラ、カシワ、ヤナギ、ヤマハンノキ、トチノキ、シラカバなどの夏緑広葉樹をそれぞれ優占種とする群落も見られる。この地域を〈ミズナラ―ブナ・クラス域〉という。

またここにはヒノキ、サワラ、コウヤマキ、アスナロ（ヒバ）、ウラジロモミをそれぞれ優占種とする針葉樹群落もある。またノリウツギ、タニウツギなどの低木群落も生ずる。

この地域を特徴付ける高木には他にコシアブラ、イタヤカエデ、ハリギリ、シナノキ、アズキナシ、ホオノキ、コバノトネリコ（アオダモ）など、低木としてはオオカメノキ、ヤマウルシ、ニシキギ（コマユミ）、ツル植物としてはイワガラミ、ツタウルシ、ツルアジサイ、シダ植物としてはヤマソテツなどがある。主な群落は次のとおり。

［ブナ林］

チシマザサ―ブナ林――低木層がチシマザサによって覆われるが、ブナが密生したり大木になるとササがなくなり、オオカメノキ、オオバクロモジなどの低木層が発達する。北海道渡島半島のブナ林はアオトドマツを混生するのでアオトドマツ―ブナ群落と呼ばれ、東北地方から本州中部までのブナ林はマルバマンサク、ムラサキヤシオ、ホソバカンスゲによって特徴づけられるのでマルバマンサク―ブナ群落、近畿・中国地方のはスギ―ブナ群落と呼ばれる。

スズタケ―ブナ林――低木層がスズタケかミヤコザサによって覆われことが多く、チシマザサ―ブナ林の周辺に分布し、東北地方南東部、丹沢、伊豆などに見

られる。分布の下限付近ではツガ、モミなどを混生することもあり、赤石山脈の南部などではウラジロモミ―ブナ群落、鈴鹿山脈、紀伊半島、四国、九州ではシロモジ―ブナ群落が見られる。

［サワグルミ林］

トチノキ―サワグルミ林――裏日本の多雪地の傾斜地や谷に発達する。低木層はほとんどなく草本層はシダ類を主体とする。

シオジ―サワグルミ林――上に似るが主として表日本に見られる。

［ヤマハンノキ林］

ヤナギ―ヤマハンノキ林――河床部や川辺で大雨のたびに冠水するような立地に生ずる。高木になるヤナギは東北地方、北海道ではシロヤナギ、本州中部ではコゴメヤナギなど、谷が狭く受光量の少ないところではヤマハンノキが優勢になる。

代償植生　マント群落の構成種にはヤマブドウ、ミヤママタタビ、エゾニワトコ、ミヤマイボタなど、ソデ群落にはテンニンソウ、ヒメノガリヤス、オオイタドリ、アキタブキ、ヨツバヒヨドリなどが目立つ。また湿原の周辺にはレンゲツツジ、ヤマドリゼンマイの優占するマント群落が見られる。

二次林としてはクリ―ミズナラ群落（クリ、ミズナラ、イヌブナ、イヌシデ、アカシデ、イタヤカエデ、アサダ、ウリハダカエデなど）、レンゲツツジ―シラカバ群落がある。

また植林によるカラマツ林、採草によるススキ草原、放牧によるシバ草原、伐採によるヤナギラン―クマイチゴ群落なども見られる。

C．亜高山帯

約1700～2500mの地帯で年平均11.5～6.0℃の等温線に当たり、単調な針葉樹林を主とする。高木はシラビソ（シラベ）、オオシラビソが主で、これにトウヒ（エゾマツの変種）を混じ、乾燥するところではコメツガが多い。この地域を〈コケモモ―トウヒ・クラス域〉といい、コケモモ、タケシマラン、ゴゼンタチバナ、コミヤマカタバミ、コフタバラン、キソチドリ、ゴヨウイチゴ、コバノイチヤクソウなどの標徴種が見られる。群落には次のようなものがある。

シラビソ―オオシラビソ林――高木層はシラビソ、オオシラビソ、トウヒ、ダ

ケカンバなどからなり、低木層は貧弱でオオシラビソなどの幼樹、草本層はシラネワラビ、カニコウモリ、コイチョウランなどよりなり、蘚苔層（せんたい）が発達する。

コメツガ林──急斜面の尾根や母岩の露出した斜面など乾燥するところではシラビソ─オオシラビソ林にコメツガが混生し、乾燥の程度によって次第にコメツガが増え、ついには純林となる。また亜高山帯下部の岩石地にはクロベ、ヒメコマツ、チョウセンゴヨウなどを混じたコメツガ林があってブナ帯の下部まで分布する（中部地方北半以北ではアカミノイヌツゲ─クロベ群集、中部地方南半から近畿、四国ではクロソヨゴ─クロベ群集）。

カラマツ林──落葉針葉樹林で自然林は本州中部山岳に限られ、明るく乾燥したやせ地に生ずる。カラマツは先駆植生（せんく）として生えるので、立地が安定し土壌が厚く発達すると、シラビソ─オオシラビソ群集などの持続群落に置き換えられる。このほか北海道にはエゾマツ─トドマツ林やアカエゾマツ林がある。

オオバヤナギ─ドロノキ林──河川の縁にのみ見られ、オオバヤナギ、ドロノキ、エゾヤナギ、ケショウヤナギなどよりなる。

ダケカンバ林とミヤマハンノキ林──連続した急斜面で、雪崩の多いところでは、シラビソ、オオシラビソなど直立した幹を持つものは倒されて姿を消し、幹が曲がりくねっても生活できるダケカンバやミヤマハンノキが生育する。ミヤマハンノキ林は多雪地に多く、林床が暗くミネヤナギ、ウコンウツギ、シラネアオイ、オオバキスミレ、ミヤマカラマツなどを生ずる。ダケカンバ林は林床が明るく、クロツリバナ、カラマツソウ、エゾシオガマ、バイケイソウ、オオシラビソ、ミネカエデ、チシマザサなどを生ずる。

高茎草原（こうけい）──雪崩のきわめて頻繁に起こるところには林は形成されず、背丈が1mくらいもある大形草本と、地表10cmほどの高さの草本第2層からなる高茎草原が見られる。大形草本はオヤマリンドウ、ホソバトリカブト、ミヤマキンポウゲ、ナガバキタアザミ、センジョウアザミなどである。

D．高山帯

約2500m以上で森林限界（亜高山帯上限）または高木限界から、恒雪帯下限の雪線（せっせん）までの地帯。低温、低圧、強風、多雨で天候の変動が烈しい。

ハイマツ群落：高山帯下部ではハイマツは樹高が1m以上になり、シロバナ

樹形のいろいろ

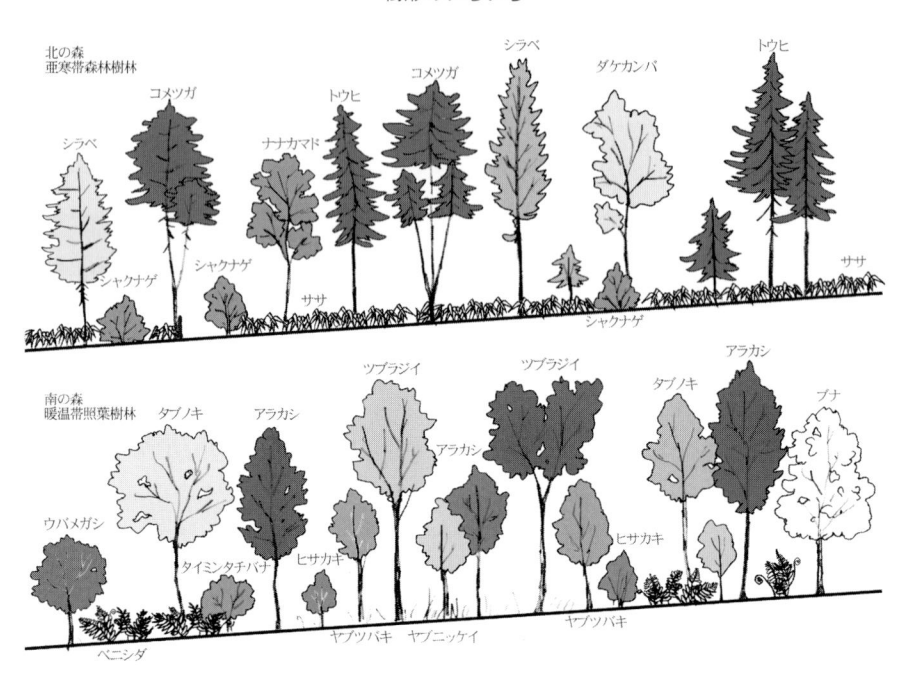

北の森 亜寒帯森林樹林: シラベ、コメツガ、シャクナゲ、シャクナゲ、ナナカマド、トウヒ、ササ、コメツガ、シラベ、ダケカンバ、シャクナゲ、トウヒ、ササ

南の森 暖温帯照葉樹林: ウバメガシ、タブノキ、アラカシ、タイミンタチバナ、ヒサカキ、ツブラジイ、アラカシ、ツブラジイ、タブノキ、ヒサカキ、アラカシ、ブナ、ベニシダ、ヤブツバキ、ヤブニッケイ、ヤブツバキ

シャクナゲを混生することが多い。またへこんだ風当たりの弱いところではシラビソ、コメツガを混じ、水が流れるくぼ地にはウラジロナナカマド、ミヤマハンノキを混生する。林床植生はコケ、地衣類が主でコケモモ、イワダレゴケなどが見られる。

コメバツガザクラ—ミネズオウ群落——風当たりが強く、積雪が少ない尾根にはミネズオウ、コメバツガザクラ、クロマメノキなどの高さ5cm内外の高山風衝低木群落が生ずる。これはハナゴケ、エイランタイ、ムシゴケなどの地衣類を伴う。

オヤマノエンドウ—ヒゲハリスゲ群落——万年雪の周辺の雪田に生ずる草原（雪田草原）で、湿地にはイワイチョウ、コケスギラン、ハクサンオオバコ、ヌマガヤ、ショウジョウスゲなど、乾性のところにはアオノツガザクラ、タカネヒカゲノカズラなどが生える。

コマクサ—タカネスミレ群集——高山荒原の代表的な群集で、環境がきわめて厳しく、草原の形成を許さないところに生ずる。ミヤマオトコヨモギ—オンタデ

群集その他もこれに類する。

▲棲息地

　哺乳類の棲息地を表現するには、前記のような生活帯と植物群落を以ってするのが便利であろう。しかし、生産者（緑色植物）・消費者（動物と菌類）・分解者または還元者（細菌）がそろっていて、それ自体が代謝を行う小さいが完全な生活圏を形成している真の群集はまだ十分に解明されていない。特に植物群落と哺乳類の関係を明らかにすることが、まず必要である。しかし、一口にシラビソ―オオシラビソ林といっても、その粗密（そみつ）の程度、若老の差、森林の中央部と周辺部などでは哺乳類の棲息状況が著しく異なっている。したがって現状においては、哺乳類の棲息地を植物群落によって示すだけでははなはだ不十分なのである。このようなわけで、本書では次のような区分に基づいて棲息地を記載することに努めた。

A．地形的な名称

　平野――多くは標高200m以下の起伏の少ない低平な土地。そのうち木のないものを平原 field or open field という。

　台地――ふつう標高600m以上の山地で、周辺の地域よりも一段と高く、辺縁部がゆるやかな傾斜を持って下り、地表が平坦なところ。石灰岩台地、溶岩台地 lava plateau。

　高原――高地 upland ともいい、前者によく似ているが、台地と異なり、周囲にはこれより高い山地が取り巻くことがある（高原盆地）。しかし一般には高原と台地を区別しないで plateau と呼ぶことが多い。高地草原 grassy upland、乾燥した高地 dry upland。

　山――周囲の平地よりも一段と高くなり、起伏の多いところ。山が広い範囲にわたって分布しているところを山地、山が細長く連なっているところを山脈という。山は比高がふつう数100m以上のものをさし、それ以下で起伏が少ないものを岡または丘陵とする。山を比高（絶対高度、すなわち標高＝海抜ではない）によって高山（約2000m以上）、中山（1000m内外）、低山（100～500m）に分けるが、厳密な区別ではない。

山には山頂、尾根、山腹、山麓（山麓の小さな丘も含む）などの部分があり、斜面または傾斜地および崖または絶壁よりなる。岩の崖には岩棚やクレバスがある。

丘陵（岡）——比高が数100m以下の低いなだらかな山で、それが続き波状にうねっている地域は丘陵地帯である。

山峡——山と山の間で、「はざま」ともいう。

盆地——周囲を山で囲まれた平地。

谷——地表が川や氷河の侵食・削摩作用によって、細長い溝状にくぼんだところをいい、川でできた谷の形は侵食が進むにつれて幼年谷、壮年谷、老年谷と変形する。幼年谷は下方侵食が盛んで谷壁は30度以上垂直までの傾斜を持ち、峡谷（川のない峡谷）を形成する。壮年谷では側方侵食が加わり、谷壁の傾斜が緩やかになり、川底には砂礫が堆積して平坦な床ができる。老年谷では谷壁はさらに緩やかになり、谷底には幅の広い谷底平野を形成する。

川——山地の谷川、極く小さな小流または小川、滝、瀬、早瀬または急流、淵、川床、川岸、河口などが区別され、中下流では川が運んできた堆積物で谷底平野や氾濫原が形成される。

湖——陸上のくぼ地に水がたまっているところで、これの小さいのを池という。湖は雨水などで流れ込んだ土砂で次第に浅くなり、それまで深すぎて生えられなかった沈水植物（タヌキモ、スギナモ、マツモなど）が生えるようになり、さらに浅くなると浮葉植物（ジュンサイ、ヒルムシロ、ヒシなど）、ついで挺水植物（ヨシ、マコモなど）が生えるようになる。これらの植物の遺体が完全に分解しないで堆積したものが泥炭である。泥炭の層が湖畔を取り巻くにいたった状態を沼という。さらに進んで泥炭が沼の底全体に堆積し、水の周囲にはスゲの泥炭層ができた状態を沼沢とする。スゲの泥炭層が表面のほとんど全体を覆った状態を低層湿原という。次にミズゴケが生えてミズゲケ泥炭を形成するにいたったのが高層湿原で、これが徐々に乾燥して山地草原や森林に移行する。なお英名のswampは淡水の沼沢に、塩水のそれ、すなわち塩沼地はmarshと呼ぶことが多い。また湿原を泥炭地、または谷地という。湿原には沼、池、沼沢が入り混ざっているのがふつうである。

このほか、岩石地、砂礫地、砂礫帯、砂丘、洞窟cave（cavernは主として地下の洞穴）、溶岩流、裸地などが棲息地の記載に用いられる。

B. 植生的な名称

樹林──広い土地を覆う樹木の植物群落。高木からなるのを森林、低木からなるのを低木林という。高木（喬木）とは、ふつう樹幹が1本で太く、その半ば以上から枝を出すもので、人の身長よりも高いもの、低木（灌木）とは幹はあまり太くならず、ふつう根元または地下部で枝分かれし、高さはたいてい人の身長よりも低いものをいう。しかし両者の区別は厳密なものではない。

森林のうち樹木が密生しているのを密林、疎らなのを疎林という。森林は幼齢林から壮齢林を経て老齢林になるが、老齢林になると風倒木が増え、林は明るい開けた林になり、所々に林内空地ができる。

混交林──種々の樹木が混生している森林で、反対に特定の樹木からなるのは純林である。カラマツの純林、カンバの純林などがこれである。混交林でもっとも目に付くのは針葉樹と広葉樹の混生した針広混交林であろう。

シヌシエ──分層群落、生活形社会、同位社会とも呼ばれ、林内の高木層、亜高木層、低木層、草本層、コケ層の各階層に属している植物をいう。高木層は高木の樹冠（クローネ：枝や葉の茂っている部分）よりなる層、低木層はその下部に位置する低木からなる層で、両者の中間にはしばしば亜高木層が見られる。草本層は低木層の下の層で、草本の葉部からなる。草本とは木部があまり発達しない草質の茎を持ち、地上部は1年で枯れる植物体である。コケ層または蘚苔層は蘚苔植物（コケ類、蘚類など）からなる層で、最下層をなす。

林内の地面、すなわち林床を覆う植生を下生えともいい、多くは低木層以下を総称する。また林内の2層の構造をごく大まかに上層と下層に分けて述べることもある。

平原林と山地林──名のとおりで学術的な区分ではないが、棲息地を記載する上では便利である。同様な使い方に丘陵林、氾濫原林、沼沢地林、湿潤な森林、乾燥した森林などがある。

林縁──森林の縁はマント群落で覆われ、風が吹き込んだり、日光が直射したりするのが防がれている。常緑広葉樹林帯のマント群落はヤブガラシ、クズ、ノ

ブドウ、カナムグラなどのツル植物、ニワトコ、キブシなどの低木からなり、夏緑広葉樹林帯のそれはヤマブドウ、ヒビヅル、ミヤママタタビ、エゾニワトコなどからなる。

マント群落の外側にはソデ群落があり草原に移行する。常緑広葉樹林帯のソデ群落はヤブジラミ、イタドリ、ツユクサ、スギナなど、夏緑広葉樹林帯のそれはテンニンソウ、オオイタドリ、ヒメノガリヤスなどの草本からなる。

低木林──低木shrubからなる丈の低い樹林で、森林のシヌシエから高木を取り除いたような構造を示し、林内に草本層とコケ層がある。

風衝矮性低木群落または高山風衝ハイデ──高山の強風に吹きさらされるところに生ずる高さがわずか1〜2cmから10cmどまりの低木群落で、コケモモ、クロマメノキ、ガンコウラン、コメバツガザクラ、ミネズオウナドノ低木とハナゴケがカーペット状に生えたもの。ヨーロッパのヒースによく似ている。なお環境がさらに厳しくなると、ツツジ科の低木は少なくなり、イネ科、カヤツリグサ科を主とした高山風衝草原(オヤマノエンドウ─ヒゲハリスゲ群落)になる。

草原──草本植物を主とする群落のあるところで、地表面の2分の1以上が植物によって覆われているところ。イネ科植物を主とするものが多く、樹林が成立できないような低温な地(高山帯)、湿気の多すぎる湿原、雨量が少ない乾燥地などにできるが、人工的または半人工的に形成されるものも多い。主なものは次のとおり。

高茎草原は、亜高山〜高山帯に生ずるもので、高さ1m内外の大形草本(シナノキンバイ、ニッコウキスゲ、アザミ、トリカブトなど)の下方に、高さ10cmくらいの草本第2層(ショウジョウスゲ、ショウジョウバカマ、ヒメハナワラビ、イワハタザオ、ミヤマチドリなど)が生えて、2層構造を示し、イネ科植物をほとんど混じないのが特徴である。

ススキ草原は、ススキを主とし、チガヤ、トダシバ、ヨモギなどを混生する草原で、草をしばしば刈り取るところに生ずることが多いが、自然の草原もある。

シバ草原は放牧する家畜に草を絶えず嚙み切られるようなところに生ずるので、放牧草原ともいう。シバを主とし、ところどころにサルトリイバラ、ナワシロイチゴ、テリハノイバラなどのトゲ植物がかたまって生えていることが多い。

ネザサ草原はススキ草原、シバ草原にネザサが加わり、それが優占するにい

たったもの。九州、中国地方に多い。

ワラビ群落はススキ草原、シバ草原、ネザサ草原に発達する。

ササ群落ハミヤコザサとクマイザサの群落で北海道に見られる。

ヨシ草原は大きな川の下流に生ずる。なお洪水のとき、水をかぶる川床に生ずる雑草群落を冠水草原という。

雑草群落は畑、水田、庭園など人間によって作られた立地に生ずる群落で、ハコベ、ノボロギク、ホトケノザ、ナズナなどの外来植物とネザサよりなる。人間の手を加えないで放置すると、20～30年たてば他の群落に移行するが、さもないと長く存続する。

雪田植生（アオノツガザクラ・チングルマ群落）——高山の万年雪の周囲に生ずるもので、アオノツガザクラ、チングルマ、イワイチョウ、コケスギラン、ハクサンオオバコ、ヌマガヤなどの群集が見られる。

切り跡群落——森林が伐採された跡に生ずる群落。伐採後1～2年目には、(1) ヤナギラン群落が生ずる。これはヤナギランを主としヒメムカシヨモギ、ノゲシ、オオバコ、ススキ、イタドリなどを混ずる不安定な群落で、1～3年で次の群落に移行する。(2) クマイチゴ群落：伐採後4～5年目になると生じ、クマイチゴ、エビガライチゴなどのキイチゴ類を主とし、タラノキ、オノエヤナギ、オニノゲシ、ヒメジョオン、オオヨモギなどを混生する。この群落は火入れ、草刈りなどが行われないと、高木や低木が次第に成長し、ミズナラ、クリ、シラカバなどの二次林になり、次いでブナ林になる。

荒原——植物が疎らに生えているところ。土壌が強い風、重力、雨水、土の凍結などによって絶えず移動するため、植物が地表を覆いつくせない場所で、高山の崩壊地、風衝地、雪田、岩壁などに見られる。コマクサ—タカネスミレ群集、ミヤマオトコヨモギ—オンタデ群集、ミヤマタネツケバナ群集、タカネグンバイ—コバノツメクサ群集などがある。なお砂漠も荒原の1種（乾荒原）である。

先駆植生——裸地に生ずる最初の植生。富士山腹の約2400m以上の裸地に見るオンタデ、フジアザミ、コタヌキランなど、近くの林縁や切り跡に生えている植物の群落、絶えず砂が移動する砂浜に生ずるネコノシタ・コウボウムギ群落などがこれである。🐾

《第2部》
フィールドの痕跡

基本編
痕跡集

フィールドの痕跡〈基本編〉
１ 楽しむ科学──アニマル・トラッキング

　日本の野山で野生動物を観察することは、なかなか難しい。日本には陸生哺乳類は120種ほど分布しているが、気軽に出かけていって目にすることができるものは、北海道では国道沿いなどに現れるキタキツネやエゾシカ、大雪山系の岩場のエゾナキウサギ、層雲峡のエゾシマリス、本州、四国、九州では下北半島から九州の大分県や宮崎県までの所々で棲息地が天然記念物に指定されたり単に観光目的で保護・餌付けされているニホンザルやニホンジカ、あるいはタヌキ、兵庫県・六甲山のニホンイノシシくらいなものであろうか。山沿いの寺社境内の大木に棲むムササビ、あぜ道を走るニホンイタチ、登山道でごく稀に出くわすニホンカモシカなどを含めても10種ほどに過ぎない。

　森の奥にブラインドを張り、ねむさに耐えて一晩中外をのぞいていても、運が良くても見られるのは、せいぜい傍らを走り抜けるキツネやテンやノウサギの姿である。満足感はあるが、ちらっと見えた姿だけからは、彼らの行動や習性を深く知ることはできない。動物たちはとても内気で、われわれ人間を避けている。哺乳動物はもともと真っ暗な夜間にのみ活動する夜行性のものが多いが、朝夕に活動するいわゆる"薄明性"、あるいは"薄暮性"の獣であっても、人間が出没する土地では、行動パターンを夜行性に変えてしまっている。彼らは日が落ちるまで樹洞とかヤブに身を潜ませており、すっかり暗くなって人間の活動が収まってくると、ようやく動き始める。だから、野生の動物は、たとえ姿だけでも垣間見るのは難しいのである。

　そこで必要なのが"痕跡を読む"ことである。動物たちの足跡、食痕、糞などを観察するのである。これらの痕跡は動物がそこで生きていた証拠である。とくに雪であたり一面が覆われた冬は、茂みや落葉が隠れ、動物たちの痕跡を見つけやすい。中でも延々と続く一連の足跡は、貴重である。動物たちが夜の間に雪の上に残した長く続く足跡を、朝になってから"読む"ことによって、それぞれの

動物の行動を再現することができる。動物を目の前で実際に見ているときには分からなかったことも、その動物が通った跡をたどることによって理解できる。ブラインドの中で運良く野生の姿を見ることができても、特に暗い中で眺められる範囲はたかが知れているし、彼らの姿は今ひとつ明瞭ではない。

　雪の上の足跡の主は自然に振舞っている。動物たちのありのままの生活を覗(のぞ)けるからで、この点からすれば、アニマル・トラッキングは直視による生態観察よりもはるかに優れた方法であるといえるだろう。足跡を読み、その跡を歩いて、動物たちが何を食べ、どのように暮らしているのか、彼らの暮らしぶりを可能な限り知るためのものである。知的好奇心を満足させるため以外の何物でもない。これがアニマル・トラッキングである。

▲足跡──生まれてからずっと残されるもの

　足は、その動物が生きている間中、その体を支えている。生まれた直後の赤んぼうの頃すでに、足跡らしい足跡は残らないかもしれないが、足をもがきばたつかせ、足跡を残そうとしているかのようにみえる。動物は生きている限り、延々と連なる足跡を残していく。むろん休息したり眠ったりして足跡が一ヶ所に留まることはあるが、活動を再開すれば、また足跡がつき始める。足跡の記録は、その動物が生まれた時に始まり、死んだ時に終わる、といえる。足跡は、雪や軟らかな土の上の場合のように、はっきり目に見えるもののこともあれば、硬い大地や草の上に残された、目に見えない臭跡(しゅうせき)だけのこともあるが、ともかくその動物が生きている限り、一連の記録として残されるのである。そして死が訪れたとき、その足跡も途絶える。

▲運動が足形を決め、足形が運動を決める

　棲んでいる環境が動物の体形を決定し、食物が顔つきを決めると、動物学では一般に言われる。では足形はというと、強いて言うならば、運動である。この場合の運動は、運動の様式であり、歩行に適しているか、あるいは走行に適しているか、などによって地面に対する足のつき方がちがってくるのである。

　ヒトは、つま先からかかとまでの足の裏全体を地面につけて立つが、これは主として歩行に適したためである。足の裏全体に体重を分散させ、脚を振り子のよ

ヒト　　　　　　　　ヒト　　　　　　　　　　　　　　ウマ
　　　　　　サル　　　　　　　　　　　イヌ

蹠行性　　　　　　　　指行性　　　　　　　蹄行性

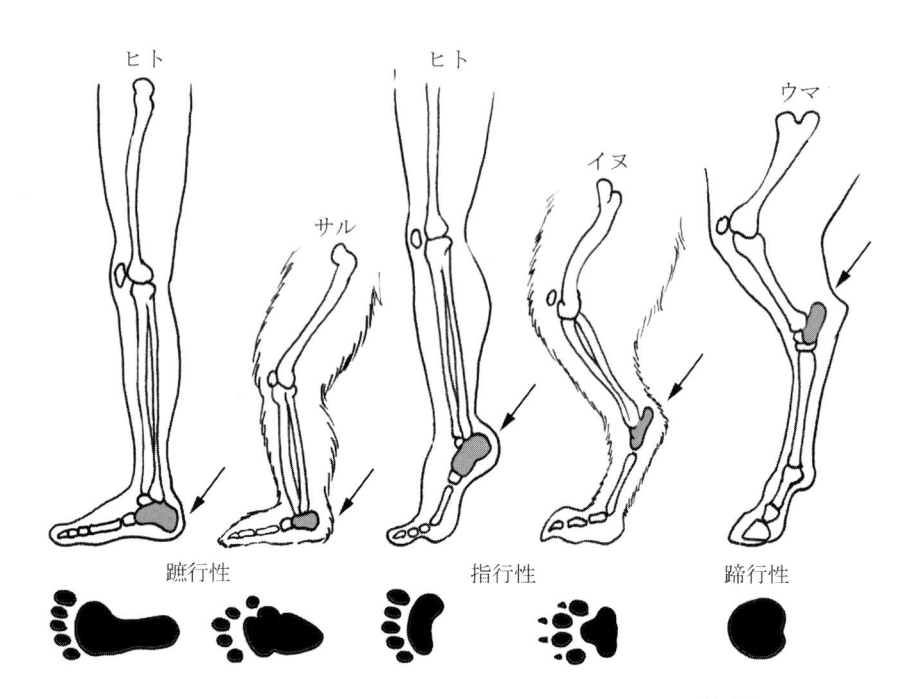

　うに動かして長距離を歩くことができる。この足のつき方を〈蹠行性（せきこうせい）〉と呼ぶ。野生動物では、サルやクマの仲間が典型的な蹠行性である。
　ヒトが速く走るとき、つま先立つが、つま先に蹴る力を集中させて地面を蹴ることで強い前進力を得ている。二次的に脚を長くするのにも役立つ。この足のつき方を〈指行性（しこうせい）〉と呼ぶ。ヒトはずっと指行性の状態ではいられないが、走行や跳躍（ちょうやく）に適した動物は常時、指行性のままである。イヌやネコの仲間（食肉類の一部）が代表的である。比較的長距離を速く走り、ときおりジャンプするのが得意である。鳥類はスズメからダチョウまで、すべてがこの指行性であるが、軽くジャンプして飛び立つのに適したものであろう。
　蹠行性と指行性を併せ持つものもいる。ウサギやリス、ネズミの仲間がそれで、前足は小さいが後足が極端に大きい。運動様式は、前進するときはほとんどが跳躍である。生態的に弱い地位、つまり常に食われる立場にあり、ふだん茂みにいて、別の茂みへ移るときは全速力で跳躍する、といった生活に適したものと思われる。カンガルーはそのたぐいの動物の中で最大級にまで発達した仲間である。
　指行性の動物の中で大形になった草食動物は、指先に爪が巨大化した蹄（ひづめ）を発達

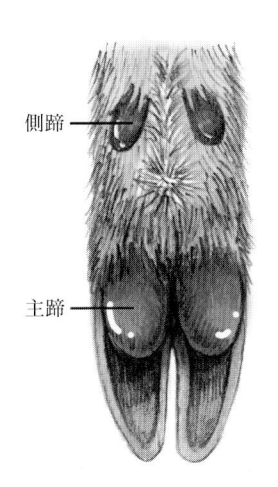

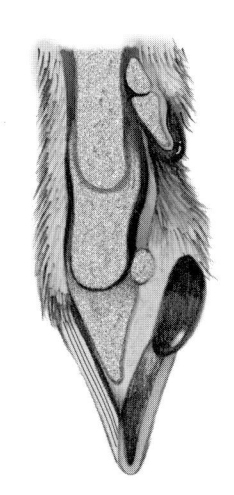

させている。哺乳類の指の数は原則として5本で、ヒトを含めた霊長類の多くは前後足ともに5本指であり、指に関していえば原始的である。ところが偶蹄類などでは、蹄が発達しているために指には見えにくいが、4指のものがほとんどある。4指のうち真ん中の2本、第3指（中指）と第4指（薬指）が大きく、体重を支え、〈主蹄〉と呼ばれる。第2指（人差し指）と第5指（小指）は退化して小さく〈側蹄（副蹄）〉と呼ばれる。

　蹄は硬く、重量のある体をよく支え、走るのもジャンプするのも得意とするものが多い。このような足のつき方を〈蹄行性〉と呼ぶ。手足を構成する中手骨・中足骨が長く太く伸びて脚の一部となっており、長距離の高速走行も可能である。ウマやウシの仲間が代表であり、平原や砂漠のみならず高山などの岩場でも敏捷に活動するヤギ・ヒツジの仲間がいる。

▲足跡の基本パターン

　蹠行性、指行性、蹄行性といった足のつき方をする動物の足跡は、当然のことながら、それぞれ特徴がある。蹠行性のものは細長い棒状あるいは楕円形に近く、指行性のものは円い。蹄行性のものは円くて中央部分に跡がない。

　これを、日本産の動物に関し、形のタイプに基づいて分類すると次のようになる。

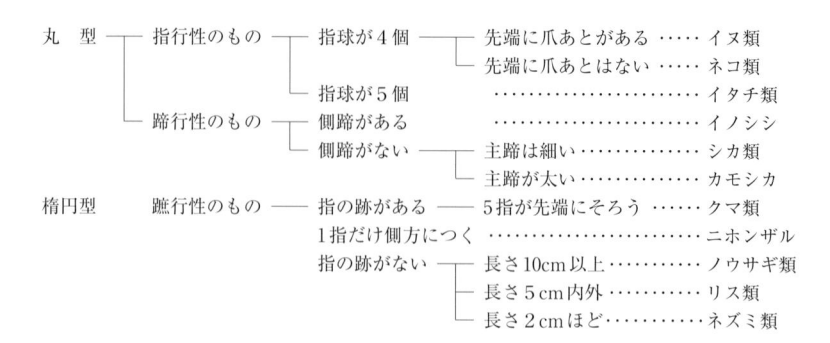

```
丸　型 ─┬─ 指行性のもの ─┬─ 指球が4個 ─┬─ 先端に爪あとがある ‥‥‥ イヌ類
        │                │              └─ 先端に爪あとはない ‥‥‥ ネコ類
        │                └─ 指球が5個 ‥‥‥‥‥‥‥‥‥‥‥‥‥‥‥ イタチ類
        └─ 蹄行性のもの ─┬─ 側蹄がある ‥‥‥‥‥‥‥‥‥‥‥‥‥‥ イノシシ
                         └─ 側蹄がない ─┬─ 主蹄は細い‥‥‥‥‥‥‥ シカ類
                                        └─ 主蹄が太い‥‥‥‥‥‥‥ カモシカ

楕円型　蹠行性のもの ─── 指の跡がある ─── 5指が先端にそろう ‥‥‥ クマ類
                         1指だけ側方につく ‥‥‥‥‥‥‥‥‥‥‥‥ ニホンザル
                         指の跡がない ─┬─ 長さ10cm以上‥‥‥‥‥‥ ノウサギ類
                                       ├─ 長さ5cm内外‥‥‥‥‥‥‥ リス類
                                       └─ 長さ2cmほど‥‥‥‥‥‥‥ ネズミ類
```

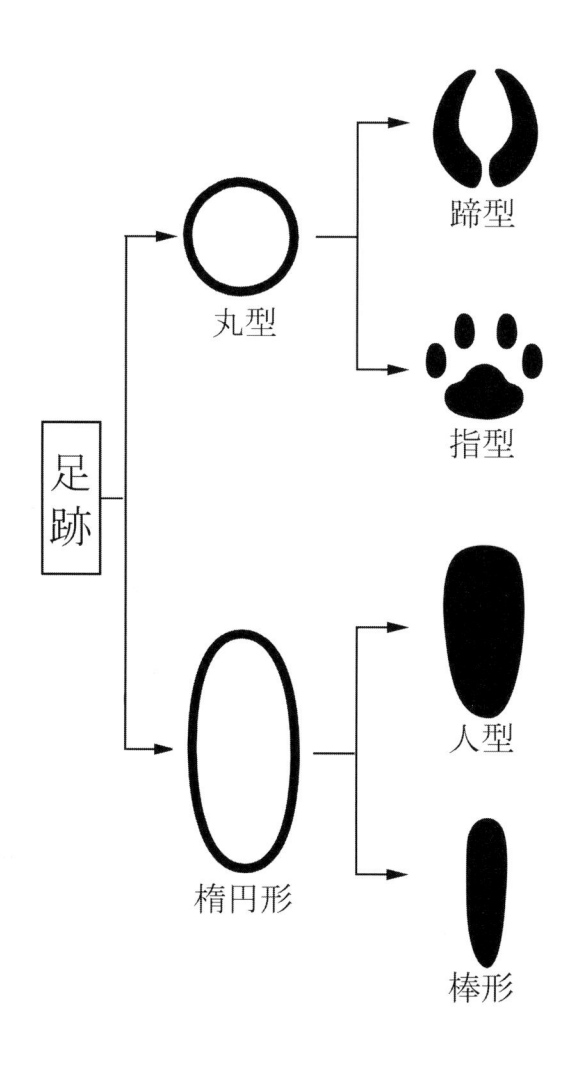

足跡
- 丸型
  - 蹄型
  - 指型
- 楕円形
  - 人型
  - 棒形

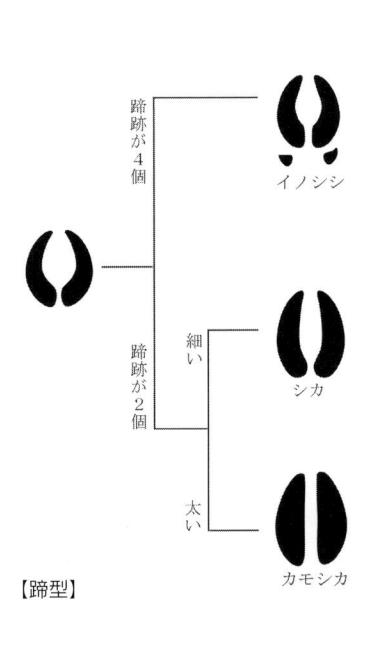

第2部　フィールドの痕跡　157

【蹄型】
- 蹄跡が4個 → イノシシ
- 蹄跡が2個
  - 細い → シカ
  - 太い → カモシカ

【人型】
- 5指とも前方につく → クマ 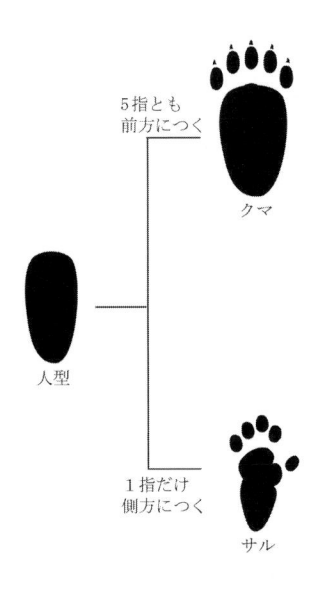
- 1指だけ側方につく → サル

【蹄型】
- 後足は4指 → イヌ科 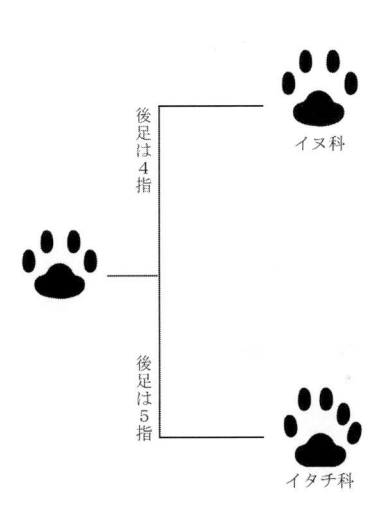
- 後足は5指 → イタチ科

【棒型】
- 普通10cm以上 → ウサギ 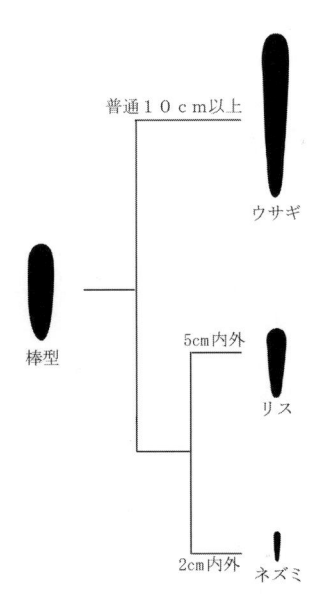
- 5cm内外 → リス
- 2cm内外 → ネズミ

コラム 足跡の名称

　「足跡」といっても実に漠然としている。足跡1個をさすこともあれば、雪原に続く一連の足跡全体をさすこともある。英語では前者を〈プリント print〉と呼び、後者を〈トラック track〉と呼んで区別している。それだけ古くから狩猟が重要視されてきたせいなのだろう。

　本書では「足跡」を双方の意味に用いているが、1頭の動物は、怪我でもしていない限り、常に4個で一組の足跡を残し続ける。歩くときはもちろん、飛ぶように走っても必ず4個が残る。そのことを頭に入れて一連の足跡を読む。4個の足跡の位置関係で、足跡の主が歩いていたのか、急いでいたのか、あるいは走っていたのかが想像できる。

　実際の足跡を見ると、3個のことも2個のこともある。いや、そう見えるのである。それは後足の付き方による。片方の前足をついたその上に片方の後足を乗せると、残される足跡は3個で一組となり、左右の前足の跡の上に左右の後足をつくと、残される足跡は2個で一組となるのだ。

　たとえばキツネであるが、この動物は2個で一組の足跡を残す代表である。彼らは正確に前足の跡に後足を乗せる。だから一連の足跡は点々と足跡の間隔が等しい直線状となる。アメリカの動物文学者でもあるシートンは、そうすることで危ういものを踏みつける可能性を半分に減らしているのだ、という。オオカミもかなり直線的だそうだ。だから、人に飼われるようになったイヌは、そんなことには気をとめず4本の足をバタバタとつくから、キツネやオオカミとの区別点になると述べている。

　キツネも走ると4個で一組の足跡を残す。前足は割り合い同時につくとしても、後足は速度によって付き方が変わる。前足と後足の間隔を〈歩幅 stride〉と呼ぶが、これは歩いていても走っていても極端には変わらない。それは動物の胴体の長さが、歩行時も走行時もあまり変わらないからだ。ゆったりと走るときは、後足を順番にゆっくりと地につける。だが全速力のときは前足も後足もほぼ同時につける。そして〈跳躍距離 leap〉がぐっと広がる。

　こうしたことが足跡を読むときに重要となるのである。ただし、足の地面へのつき方は、動物の種類によって異なることを忘れてはならない。

　体長と尾長　本書では動物の大きさを示すのに体長と尾長を用いている。体長は、背筋を伸ばしたときの鼻先から尾の先端（尾端の毛は除く）までの全長から、尾長を引いた値である。尾長は、腰の骨盤の後端から尾の先端までである。したがって背筋を伸ばしたりしているから、実際の大きさよりも数値は大きい。🐾

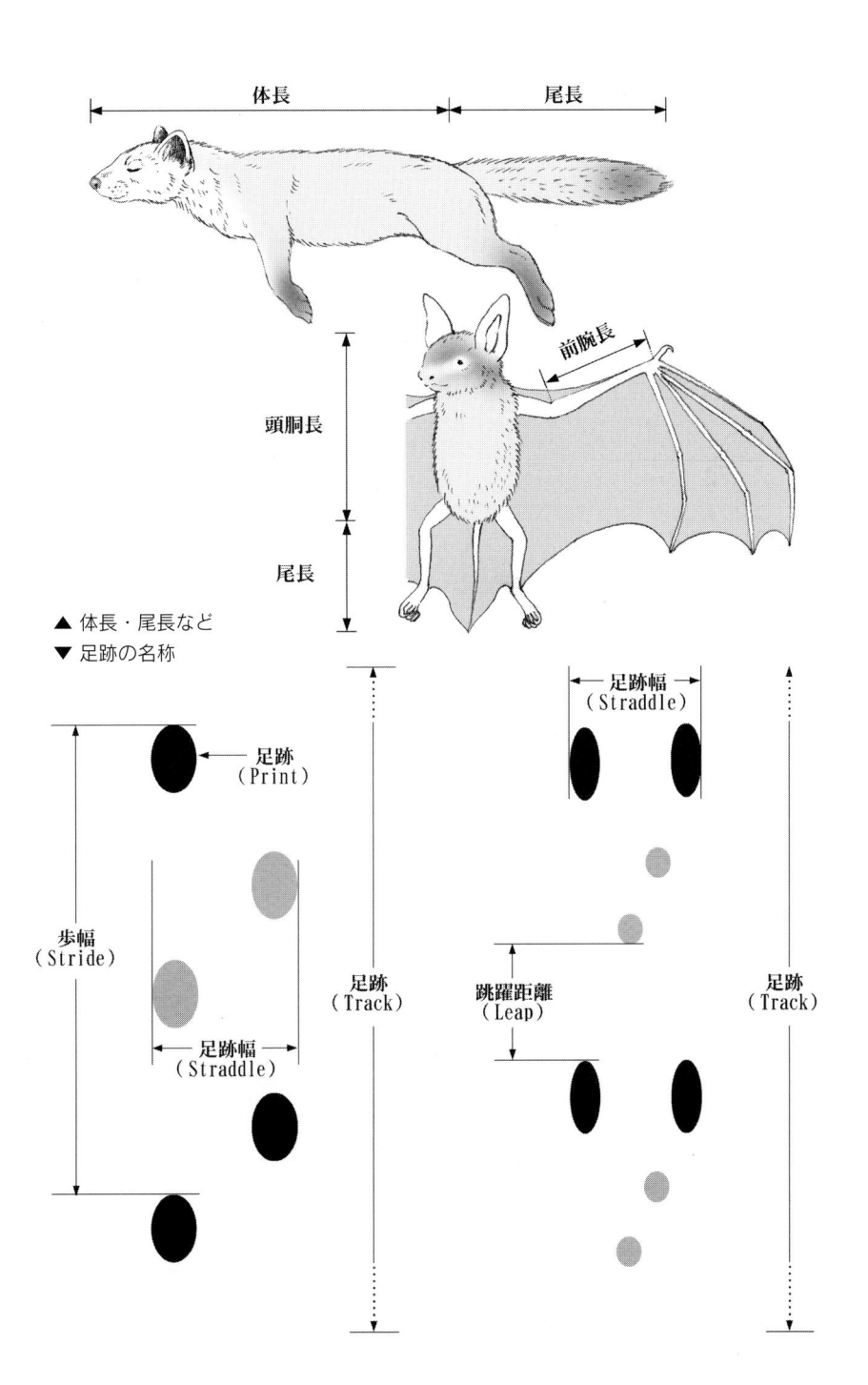

第2部　フィールドの痕跡　159

体長　尾長

前腕長

頭胴長

尾長

▲ 体長・尾長など
▼ 足跡の名称

足跡
(Print)

足跡幅
(Straddle)

歩幅
(Stride)

足跡
(Track)

跳躍距離
(Leap)

足跡
(Track)

足跡幅
(Straddle)

フィールドの痕跡〈基本編〉
② 足型をとる

▲石膏で足型をとる

　動物の足型をとるのにもっとも適しているのは、足跡の残ったぬかるみが乾いたときである。もちろんまだぬかるんでいても、砂の上などでも足型はとれるが、見事な出来栄えにはなりにくい。

　目的の足跡を見つけたら、その足跡の周りを、薄い缶詰の上下の部分を切り抜いたものなどを置いたり、厚紙を幅10cmほどに切り、端をホッチキスやセロハンテープなどで止めた輪、あるいは土で堤防を作って円く囲むのが効率的だ。囲まなくても足型はとれるが、流した石膏が広がりすぎ、石膏に無駄が出るし、乾燥してからもかさばって整理しにくい。

　足跡に囲いをつけたら、石膏を流すのだが、ポイントは石膏の溶き方である。小・中学校の美術の時間にやったことがある程度の人が大部分だと思うが、容器に水を3分の1くらい入れたら、そこに少しずつ石膏の粉末を絶え間なく入れ続

足型のとり方

① 厚紙を切って成型用の枠を作る。

② 動物の足跡を囲い、紙の端をセロテープで留める。石膏を静かに流し込む。

③ 石膏が乾いたら、紙をはずし、土を洗い流して乾燥させる。

ける。ドッと入れて、石膏の団子が水中でできてしまったらうまくない。サラサラと石膏は水に沈み、やがて富士山形の小山が水中にでき、頂上が水面から出るようになるのがよい。それからは残っている水面を隠すように、石膏の粉を振りまく。このとき、石膏の粉は自然に溶けているのがわかる。溶ける限界まで石膏の粉を入れ、それから箸のような棒で全体をゆっくりとかき混ぜる。気泡ができないようにゆっくりと混ぜる。次第に粘性が出て、やや温かくなってくるが、準備した囲いに流し込むのは、溶けた石膏の表面に撹拌している棒の跡が残るようになったときだ。

　静かに気泡ができないように流し込む。そして30〜60分もすると、出来上がる。石膏の凝固を遅らせたり早めたりする薬剤もあるから、何回か試してみると、その案配がわかってくる。

　回収した足型は、土を洗い流し、乾燥させる。表面の平らな部分に日付や場所などをメモ書きして保存する。

コラム 雪の上で足型をとる

　雪の上の足跡をとることもできる。ただ、雪の上だと石膏が凝固時に出る40〜60℃の熱が雪を溶かしてしまうため、鮮明な足跡採取は難しいのである。警察が使う技法であるが、比較的簡単なのは、アルミ粉末を吹き付けて被膜を作り、水に溶かした石膏を流し込む、というもので、凝固を早める薬品を使った方がよい。

　2000年に富山県警が開発した新素材がある。この特殊な石膏を使うと、火山灰や砂の上など軟弱な土壌の上の足跡などの採取にも有効だという。新素材は、セメントとカルシウムアルミネート、石膏を主成分とするもので、「スーパーTK（富山県警の略）とスーパーTK２」の２種類の特殊セメントで、特許が取得されている。

　足跡にTK２の粉末をまき、水をスプレーで噴霧、ぬれた途端に固まり足跡を転写する。その上に水に溶かしたTKを流すと、約20分で足跡が固まる、のだそうだ。特殊な技術を必要とせず、作業効率が大幅に向上した、という。「スーパー」は凝固熱が出ず瞬時に固まり、採取した足跡が収縮しないから、現物と寸分たがわず、捜査の証拠価値も十分あるという。🐾

フィールドの痕跡〈基本編〉
③ 樹皮などにつけられたサイン

　野生動物は森の奥でひっそりと暮らしている。なかなか姿は見せない。たとえトラでもクマでも音を立てず、人間の気配を察すると、動きを止めて人の動きをうかがっている。

　そこで、森の中を歩くときには、動物の"サイン（痕跡）"を探す。ネコ科動物の爪跡のように、なわばりのマークとして意識的に残し、かつ人間の目にも見えるサインもあるが、イヌ科動物の尿のように目には見えないが、時として鼻で感じるサインもある。しかし多くのサインは、動物たちが歩き回り、食べ、日々を生きることから残されるものである。

　地表に印される足跡は主要なサインであるが、森を形作っている樹木にもサインが残されている。樹木に残されたサインの多くは、食痕である。

　クマは木の幹に爪跡を残す。後肢で立ち上がってつけるため、クマの大きさが推定できる。また木の種類によっては幹をかじって樹脂をなめるので〈クマ剥ぎ〉が見られる。この跡には爪跡と歯型が残っている。木登りがうまいツキノワグマは、高い木の上にクマ剥ぎ跡を残すことも少なくない。さらに木の枝にまたがって枝を手繰り寄せて若葉や木の実を食べるので、結果的に"クマ棚"を作ることになる。古い木の株を崩してアリなどの昆虫をさがした跡もある。この崩し跡は、キツツキ類がつついた場合にもできるが、クマの方が崩し方がはるかに大規模である。

　クマ剥ぎに似たサインを残すのがシカである。ただシカはクマと違って樹脂をなめるのではない。木の皮を食べるのである。ふつうの季節にはあまり好まないが、冬季には非常食としている。雪で地表が覆われたときなどに木の皮を食べるのである。皮がはがされた部分には、歯で幹を上にしごいた跡が残されている。

　ノウサギとユキウサギも樹木にサインを残す。雪が降って地表の草木が隠れると、ここかしこに立つ樹木、特にキリなどの軟らかな木の幹の樹皮をかじる。彫

刻刀で削ったかのように20条ほどの門歯の跡が並んでいる。雪面から30cmほどの高さにあるが、降雪の量によってかじり跡の高さは上下する。雪のない時期、このかじり跡によってその地の冬の積雪量を知ることもできる。

ノウサギ類のサインに似たものがニホンザルのサインである。しかしサルのかじり跡ははるか上。枝などに残されていることが多い。

食痕以外に樹幹に残されるサインは、目立つものではイノシシの"牙かけ"跡である。またムササビの着地痕とでもいうべき、幹に残された無数のささくれ立った傷跡がある。このサインはスギの大木で目立つ。滑空してきたムササビが幹に着地してできる跡で、地上か数mのところに苔むした緑色がかった幹とは違って、明るい橙褐色(とうかっしょく)に変色している。本来の幹の色がムササビの爪によって露出している。このような大木にしばしばムササビが着地しているわけで、観察ポイントとなる。

木の幹に残されたサイン以外に、木の周囲に残されたサインもある。幹をかじったり、枝の上で食事をした痕跡が地上に落ちたものである。リスが投げ捨てた二つに割れたクルミの殻、マツボックリの芯、ムササビがかじったカエデの小枝、歯形が残った若葉、枝に止まって吐き出したフクロウなどの〈ペリット〉などが、動物たちの"落し物"である。

そのほか、体から抜け落ちた獣毛、羽毛も落し物のたぐいであろう。さらにはシカの角もそうだろう。春のころ、角は木々の間を抜けるときシカの頭から離れる。森の大きな落し物である。🐾

イノシシが体をこすった跡 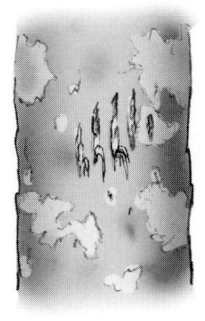　　　クマの爪跡 　　　シカの角とぎ跡

フィールドの痕跡〈基本編〉
4 スカトロジー

▲糞を見て落とし主の見当をつける

　森で生活している動物が落としていくものの中でもっとも重要なものが排泄物、中でも糞であろう。糞は、ある動物がその地域にいたという足跡よりも説得力のある証拠である。糞はその動物が属している分類学的な「目」の特徴を示すことが多い。たとえば偶蹄目のものはたいてい同じようなタイプの口と胃腸と肛門を持っており、だいたい同じような色と質、匂いをもった糞をする。ところが1個の糞だけであったり、その地域に似たような動物がたくさん棲んでいると、それ以上の詳しいところまで判定するのは難しいだろう。つまり、何科に属する動物なのか、さらに何属に属する動物なのかまでは、1個の糞だけで断定することは危険だということである。ただそれでも、糞が排泄された全般的な状況から判断すれば、確かに科学的な情報源の一つとなり、動物の大きさが分かるし、糞を分析することで動物のグループまでは推測しても良いだろう。

　動物の種を厳密に見分けるのに糞はあまり向いていないということになるが、日本ではさいわい、お互いに類似した動物が少ないので、逆に種類の判別にかなり役立っている。

　また、雪の上の足跡の追跡のときに糞を見つけたならば、糞からもう一つの情報を得ることができる。もし落ちていた糞があたたかだったら、その主は数100m以内に潜んでいるはずだし、冷たければ（周囲の気温にもよるが）1km前後のところを歩いていると考えても良いし、堅く凍っていたら、それは何時間もあるいは何日も前の糞で、落とし主は何kmも先にいるということが判断できる。

　糞は口・胃腸・肛門の構造以外に、食物の種類とその消化の過程の影響を強く受けている。それゆえに動物食性のものと植物食性のものとでは明瞭な違いがある。動物食性のものの糞には、餌食となった動物の体毛、骨片が含まれ、時には

歯や爪が見られる。形は長いがあまり一定せず、粘り気があり、色は黒っぽく、時としてタール状で、新しいものでは強烈な匂いがある。

　一方、植物食性のものではよくすり潰（つぶ）されているので、硬い繊維質（せんい）を食べているのに、食物の種類を想像させるような断片すら見えない。棒切れなどでつついてみると、中身がほぼ均質である。

　肉食性のヤマネコが食べたイネ科の草などはまったく原形、原色のまま排泄されているし、テンが食べたマタタビやサルナシなどの軟らかな果肉部分でさえ、ほとんど原形を保ち、色もそのままだから、植物食性の動物たちの咀嚼（そしゃく）能力にはひたすら驚き入る。これは臼歯（きゅうし）の威力であるが、シカやカモシカのような大きな口をもつものも、小さなネズミと同じほど、食物を細かく砕いている。大きな口と歯だから咀嚼も大雑把かと思うと、そうではない。事故などで死亡したシカやカモシカの胃を調べてみると、大きな第1胃の中の植物はほとんど原形を保っていることが分かる。ネズミ類では胃の中にあるものは見事にすり潰されており、色を除けば、それが葉なのか実なのかすら区別できない。あえて調べるならば胃内容物を取り出してスライドグラスに載せて、顕微鏡を使ってそれぞれの種に特徴的な細胞を探し、葉か実か、あるいは根なのかを識別しなければならない。それほどによくすり潰されているわけだが、シカやカモシカの第2胃、第3胃といった胃の中の植物を見ると、ネズミなどとの胃内のものと同じで、もはや植物の原型はないことが分かる。つまりシカやカモシカは、第1胃に入れた植物を口に戻し、反芻（はんすう）することによって植物を完全に咀嚼しているのである。

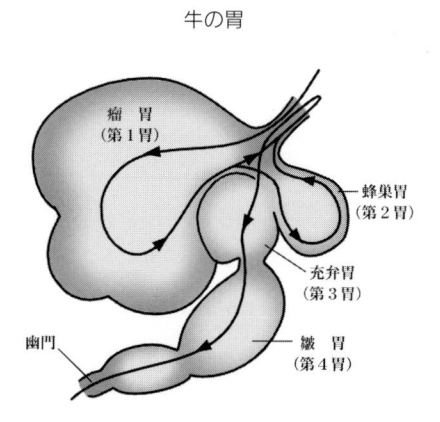

牛の胃

- 瘤胃（第1胃）
- 蜂巣胃（第2胃）
- 充弁胃（第3胃）
- 幽門
- 皺胃（第4胃）

▲糞を拾う

　散策中、糞を見つけたら、大きさを測り、スケッチなどが終わったら小枝でつついて糞を崩し、中を観察する。出てくるのは、多くの場合キツネかテンなどの糞だから、たいていは比較的大量のネズミの毛と歯であるが、ノウサギの白い毛、鳥類の羽毛や脚のこともある。そして植物の種子が入っていることもある。

　ノートには拾った地点、環境、匂いや見た感じ、推定される動物の種名などを書いておく。

　持ち帰ってさらに分析を試みようと思うならば、小形のポリエチレン製の袋、ピンセット、ラベルに使う小さな厚手の紙、油性のサインペン、濃い目の鉛筆などを準備する必要がある。ただし、ポリ袋は匂いが通るので、糞専用の入れ物がいるかもしれない。また、糞には寄生虫の卵や病原菌なども含まれていることが多いから、指でじかに触れることは避ける。

　現場で糞の内容をざっと点検したとき、もし果実が入っていたら、今度は歩くときに、足跡だけでなくあたりにも注意を払い、灌木に残る木の実を探す。そして樹種を同定するのだが、葉がついていない植物の同定はたいへん難しい。木をスケッチをしておき、後日、樹種をはっきりさせても良いだろう。

　持ち帰った糞はそのままの湿重量を計り、エチルアルコールか水につけて、分解する。そのとき、果実の種子は事前に取り出しておく。これを鉢植えにして育て、樹種を見極めることも不可能ではない。

　分解した糞を、今度は茶漉しなどを使って、毛、歯、不明の骨、鳥の羽毛、脚といった具合にまとめ、さらにきれいなアルコールでよく洗い、乾燥させ、厚手の紙に木工用ボンドなどで貼り付ける。このボンドは水溶性であるから、後で必要ならば水で濡らせばはがせる。そして丹念に調べることもできる。さらにこのボンドは乾燥すると透明になるからよい。台紙にはナンバーやその他のデータなどを書き込んでおく。

　糞から出てきたのが歯であると、かなり面白くなる。歯の特徴から種名を特定することも可能だからだ。この場合、同時に出た毛もネズミの体色を知る上で大切である。また、野山を歩くときには、常に動物の死体などにも注意を払う。もしネズミやモグラの骨でもあれば、顎や歯を含んだ頭骨くらいは拾って整理しておく。こうすると糞から出たものと簡単に比較することができるのである。

痕 跡 集

◎ここでは、わが国の野山で観察することができる主な野生動物を種別に揚げ、それぞれ、その動物学的なデータや生態を紹介しながら、足跡、糞、食痕や特徴的なサインなどをイラストで示していくことにしよう。

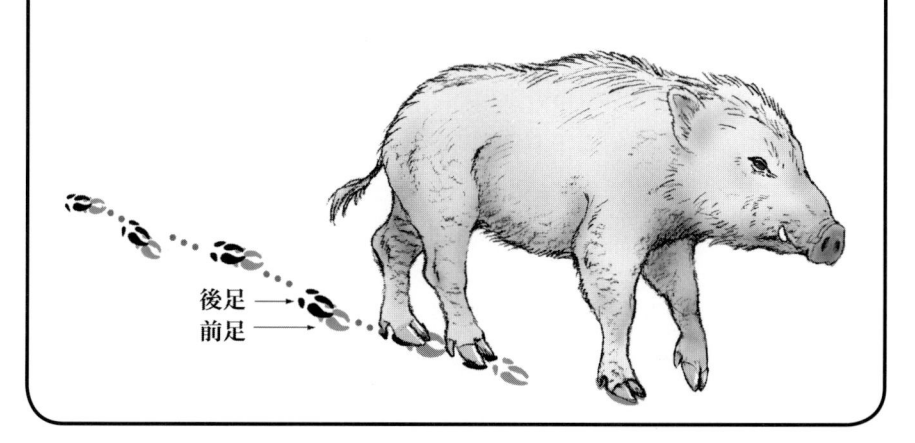

後足 →
前足 →

ニホンイノシシ
Japanese Wild Pig

学　名：*Sus leucomystax* ／分類：偶蹄目イノシシ科
行　性：主に夜行性
分　布：本州、四国、九州、淡路島、†対馬（江戸時代に絶滅させられたが、最近再び棲息の痕跡が発見される）。
大きさ：体長1.3〜1.4m、尾長約30cm、肩高約80cm、体重75〜190kg

　平地から低山の森や二次林に棲む。ふだんオスとメスは別々に活動し、オスは単独、メスは姉妹、子どもと群れでいることが多い。ふつう夜行性で、食物はタケノコやハギの根などの植物質と、ミミズやカニなどの動物質である。視力はやや鈍しいが、耳はよく、嗅覚はとくに優れている。交尾期は11月から1月にかけてで、妊娠期間は約120日、通常1年に1回、春〜初夏に平均4.5頭の子を出産する。子どもは体重約500gで、黄褐色の地に白っぽい縦縞模様があり、「ウリンボ」と呼ばれる。模様は生後5ヶ月ころには消える。性成熟に達するのは約18ヶ月後で、寿命は野生では病気、天敵、狩猟などのために5歳以下だが、飼育下では約20年である。

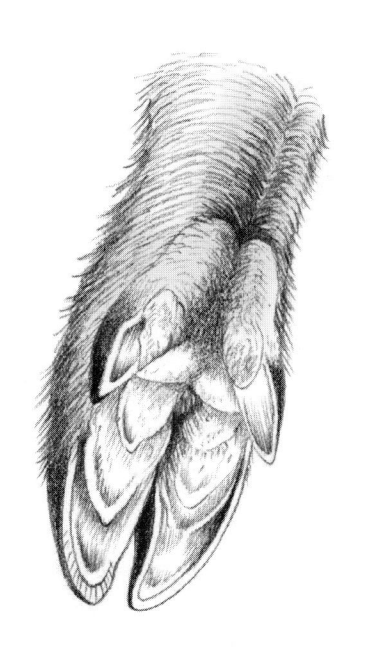

【イノシシの足跡の特徴】
　偶蹄類中もっとも原始的なイノシシ類は、側蹄が比較的大きい。それだけ走行には適していないというわけだが、イノシシは山林に棲息するため、この大きな側蹄が有効に働いている。急傾斜の斜面などを降りるときに、側蹄が滑り止めの役割をはたすのである。

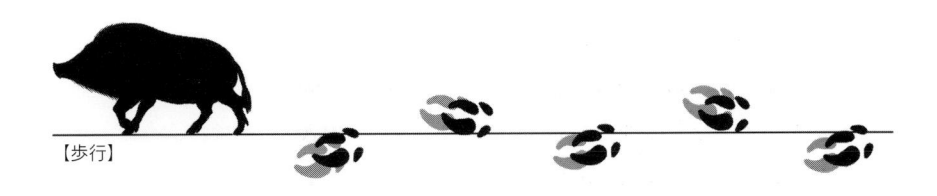

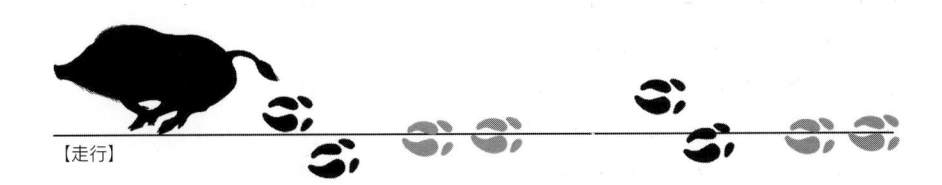

【歩行】

【走行】

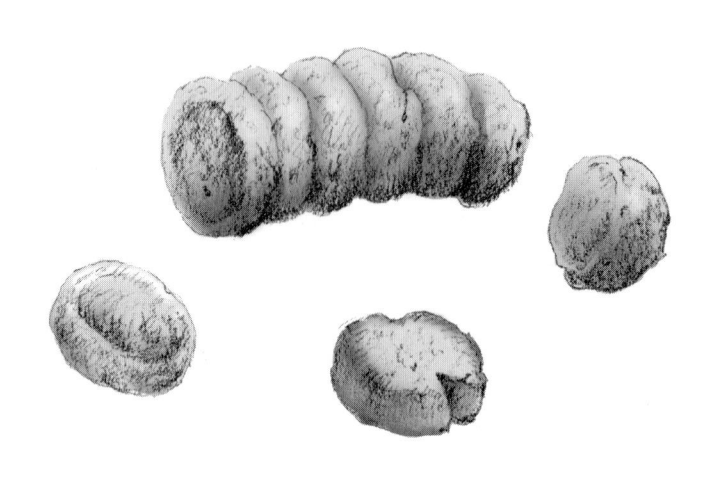

イノシシの糞

▲イノシシの行動──ヌタ打ちと牙かけ
　平地から低山帯の常緑広葉樹林、落葉広葉樹林、里山の二次林、水田、農耕地にかけて広く棲息する。ふつう、オスとメスは別々に活動し、オスは単独、母親が中心となり母系的な20頭以下、平均4.5頭の群れを作る。子でもオスは1〜2歳で母親の元を離れ、小さな群を作るか、単独生活を行う。日中はカヤやササの茂みに寝屋(ねや)をつくって休息し、夕方から行動する。しかし安全な山奥では日中から行動することも稀ではない。食物はキノコ、タケノコ、ユリの根、ヤマイモ、クリ、カシ、シイの実などの植物質のものから、ミミズ、カニ、貝、カエル、ヘビ、鳥の卵などの動物質のものまであるが、大形動物の死肉を食べたり、イネ、ムギ、サツマイモなどの作物も好んで食べる。彼らの食事の跡は、あたり一面の土が掘り返され、そこに蹄(ひづめ)の跡が残されている。
　行動圏は一晩に4〜8km、ときには30km以上も歩き回る。よく利用する通り道は〈シシ道〉とよばれ、山と山の間にある小さくくぼんだ湿地などでよく"ヌタを打つ"。ジワジワと水が湧き出るところ、それが流れとなって下ってよどんだところなどで転げまわるのだ。体に泥をぬったくり、冷やすと同時に寄生虫を落とす。それと自分の匂(にお)いをつけまくるのにも役立っていると思われる。
　夏はもちろん真冬も、ヌタ打ちを行うが、秋が多い。それに人間も山を歩きや

第2部　フィールドの痕跡　　171

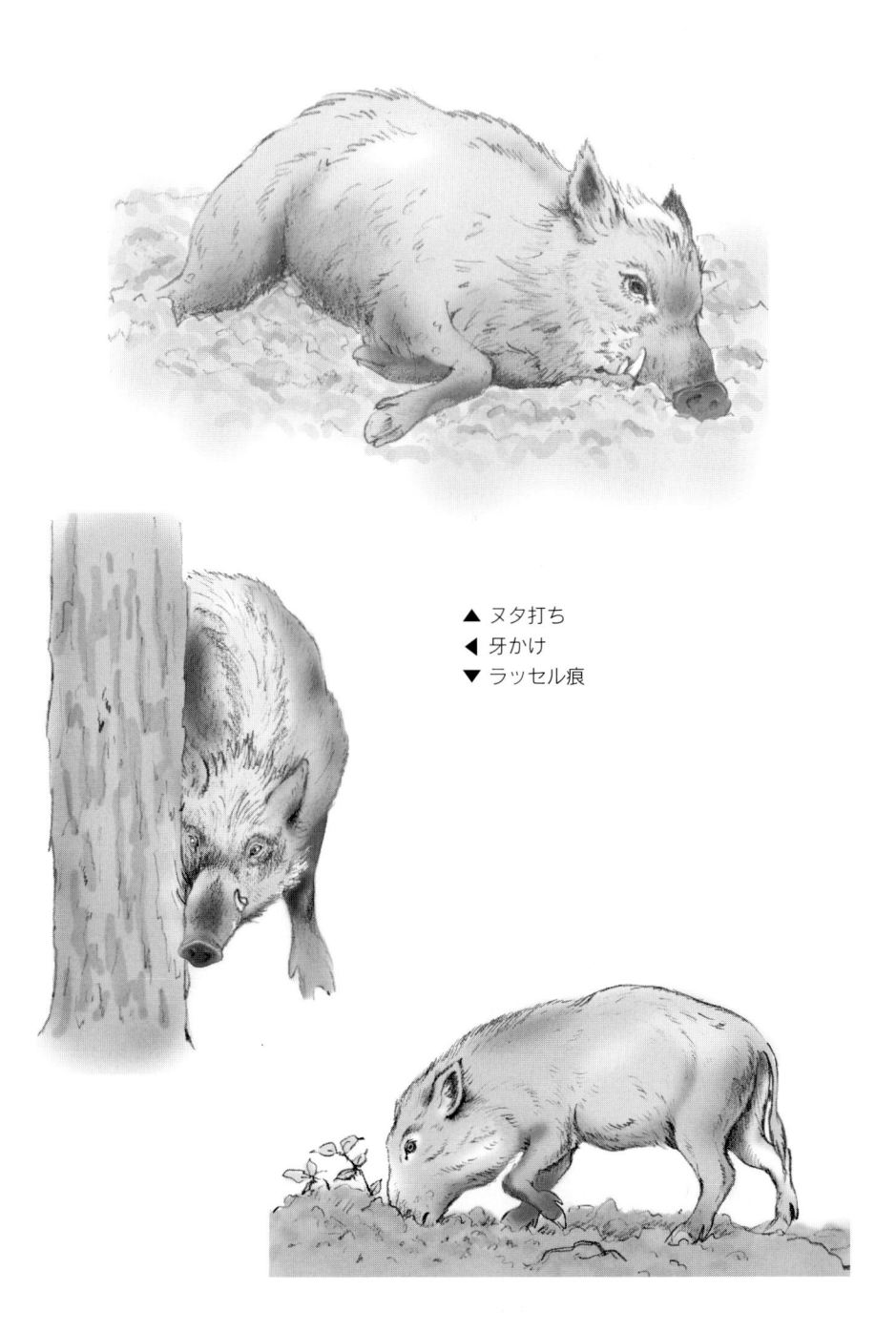

▲ ヌタ打ち
◀ 牙かけ
▼ ラッセル痕

すく、観察にはもってこいなのである。イノシシが秋にヌタ打ちが増加する意味は、秋の終わりが交尾期だからだと思う。ニホンイノシシは一般に繁殖期が年1回、交尾はふつう11〜1月にかけて行われる。妊娠期間112〜130日だから、ウリンボはちょうど3月から5月ころに出現するというわけだ。

秋のイノシシは活発で、ヌタを打つと斜面を駆け上がるなどしてよく乾いたところに生えているマツの木の根元などに行く。幹は、根元から30〜40cmから上の部分の表皮が、大きく楕円形（長径50cmほども）に削られている。〈牙かけ跡〉である。代々のイノシシが使っていたものだ。イノシシの唇の周辺からの匂いのある分泌物をつけているのである。

イノシシは、そこへ行くと、マツの木の幹を新たに牙でひっかく。ガリガリとやるとやがて流れ出てくる松脂がお目当てだ。体をゴシゴシとこすり付けて泥を落とすのと同時に松脂を体に塗るのである。昔の猟師は、松脂で固められたイノシシには弾が通らない……と言った。それほどに堅くなるのである。

牙かけ跡を注意して観察するとイノシシの体毛が何本もくっついている。体毛でも刺毛は、イノシシに特有で、先端のほうが二又に分かれたものである。また幹の真下の泥にはいろいろなダニが落ちているといわれる。イノシシは牙かけをなわばりの印などにすると同時に、からだをダニなどから守っているのである。

コラム リュウキュウイノシシ (RYUKIU WILD PIG)

リュウキュウイノシシは南西諸島特産の原始的なイノシシで、本州、四国、九州に分布するニホンイノシシよりも原始的であり、体格も小さく、南西諸島特産の他の動物同様、島嶼に隔離繁殖した遺存種である。主としてシイ、タブ、カシの森林に棲息するが、開発などにより森林が減少したためサトウキビやパイナップルの畑、水田にも出没するようになった。雑食性だが動物の捕食は少なく、主としてシイなどの木の実やいもなどを鼻で掘り出して食べる。出産は春と秋の年2回で、2〜8子を産む。出産期には、木の枝や草で出産用の寝屋を作る。寿命は10年前後。

西表島のススキの草原で出産用の寝屋を観察したことがある。イノシシは、ススキを直径およそ5mのほぼ円形にきれいに刈り取り、刈り取ったススキを、円の中央に高さ40cmほどに積み上げていた。おそらく母イノシシはススキの小山

学　名：*Sus riukiuanus*
分　類：偶蹄目イノシシ科
行　性：主として夜行性
分　布：奄美大島、徳之島、沖縄本島、石垣島、西表島
大きさ：体長80〜110cm、尾長約25cm、体高40〜50cm、体重40〜50Kg

上：リュウキュウイノシシの親子。
中：寝　屋。
下：頭を交互にし、体を寄せあって眠る。

　の脇からもぐりこみ、小山の中央に産室を設け、そこで出産したようである。
　それと知らぬ調査員が小山を踏みつけて歩いたため、小山の中からウリンボ3頭が飛び出した。それで小山がイノシシの寝屋であることに気づいたのだが、ウリンボは生後およそ1週間ほどらしく、猛スピードで周囲の林内に逃亡した。
　小山のススキを取り除いたところ、そこに母親の死骸があった。おそらく何らかの病気で死亡したらしく、母親の様子とウリンボたちの元気さから見て、発見の直前に死亡したものらしい。なおイリオモテヤマネコはウリンボを獲物とすることが分かっている。

シカ類
DEER

学　名：*Cervus*

ニホンジカ
エゾシカ
ツシマジカ

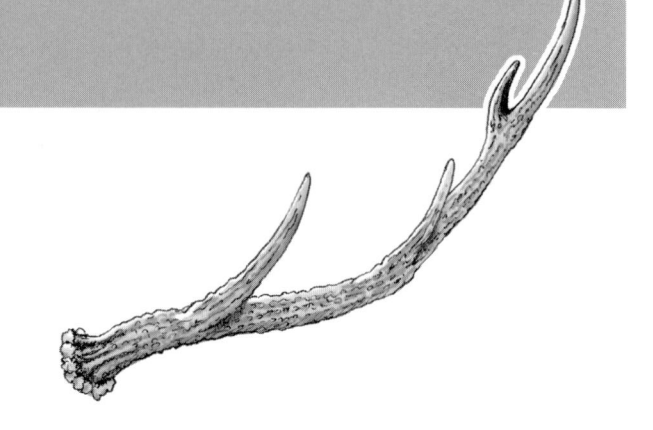

　日本には3種のシカ類が棲息する。北海道のタイリクジカの1亜種エゾシカ、本州、四国、九州と南西諸島の一部のニホンジカ、対馬のツシマジカである。これらの3種は外形的には体の大きさ、体色、角の形状、耳の大きさなどによって区別される。いずれも蹄が細く、走ることに適応し、多くは小群をなし、〈ヌタ打ち〉、〈角研ぎ〉などの習性を持つなど、よく似ている。なお、ニホンジカは、本州に分布するホンシュウジカ、九州・四国・五島列島に分布するキュウシュウジカ、屋久島・種子島（絶滅）に分布するヤクシカ、馬毛島のマゲシマジカ、沖縄の慶良間諸島に分布するケラマジカの6亜種に分けることが多い。

ニホンジカ
SIKA DEER

- 学　名：*Cervus nippon*
- 分　類：偶蹄目シカ科
- 行　性：薄明性
- 分　布：本州、四国、九州、屋久島、†種子島、馬毛島、慶良間諸島
- 大きさ：肩高58〜99cm、体重25〜80kg

　平地から標高2500mくらいまでの森林に棲み、冬は雪のあまり積もらない場所に集まる。昼間は深い茂みの中に潜み、夜になると出てきて、草地・湿原・林などでおもに草、木や低木の葉、ブナやカシの実などを食べる。冬には草や木の葉がなければ、樹皮や小枝も食べる。食事後は、行動圏の中で見通しの利く風通しの良いところにある休み場で、反芻（はんすう）と睡眠して過ごす。10〜12月の交尾期には1頭のオスと5〜6頭のメスからなる小群を作り、その他の季節は数頭の小群か単独で暮らす。出産は5〜6月で、ふつう1産1子。メスは茂みに隠れて子を産む。子ジカは生後数時間で歩けるようになり、2日もすると走れるようになって、8〜10ヶ月で離乳する。

前足

後足

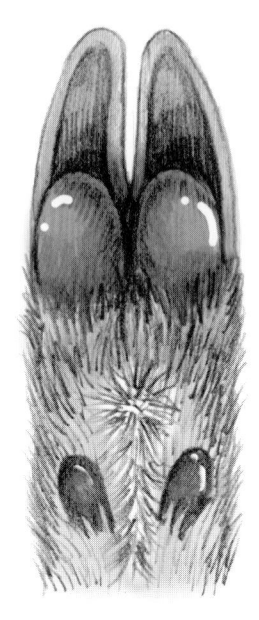

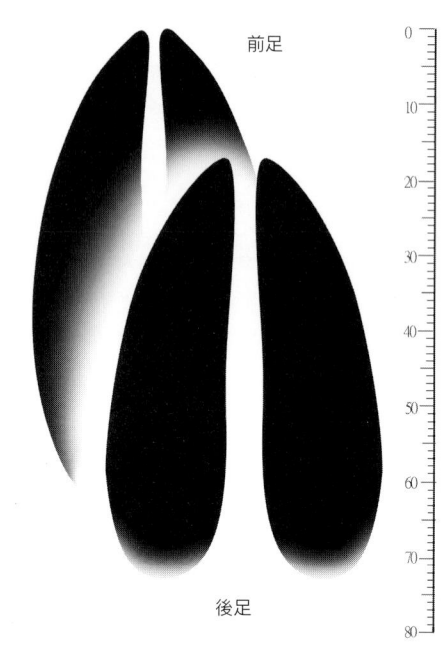

【シカの蹄の特徴①】
　全体的に華奢なつくりをしている。主蹄が細く、先端が尖る。走ることによく適応しており、側蹄は小さい。深い雪に弱いのは、小さな蹄であるのが一因。

斜面を降るときの足跡

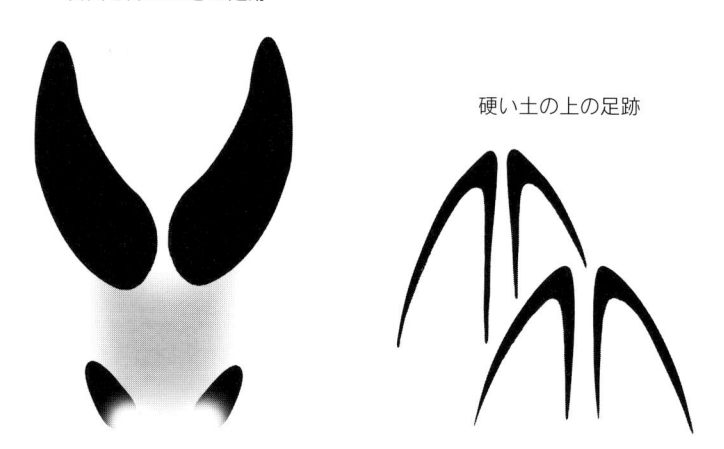

硬い土の上の足跡

【シカの蹄の特徴②】
　シカの蹄は人間の指のように開いたり閉じたりする。柔らかい地盤、滑りやすい場所では、蹄を大きく開いて安定をとろうとする。また、硬い土の上などでは、つく足跡も右図のようなものになる。

【歩行】

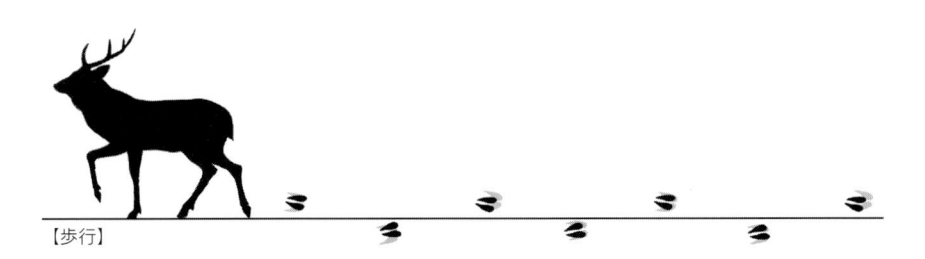

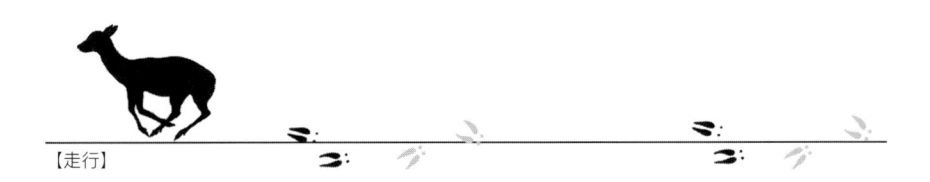

【走行】

【糞はパラパラと散らばる】
　糞は粒状で、あたり一面に散らばる。1粒の形状はニホンカモシカのものによく似ているが、ニホンカモシカは1ヶ所に溜糞をする。

【食　痕】
　夏は草や木の葉を食べているが、緑の葉のなくなる秋から冬にかけて、とくに雪に地表が覆われると小枝や樹皮などを食べる。ササなどは露出しているがほとんど食べておらず、あまり好みではないようである。

ヌタ打ち

マーキング

角とぎ跡

▲毎年生え替わる角

　数本の枝のあるシカの角は、オスの頭にあって風格を備えているが、この角は毎年生え替わるもので、角の枝の数は年齢とある程度関係がある。平均すると2歳は無枝、3歳が2枝、4歳が3枝、5歳が4枝である。しかし、3歳でまだ無枝のものも4枝のものもあるし、前年に4枝であった個体が次の年に3枝に減ることもあるので、枝の数で年齢を推定するのは危険である。また、ときには5〜

シカの角の成長

2歳　　　　3歳　　　　4歳　　　　5歳

6枝のものも見られる。

　シカの角は、4〜6月に根元から落ちる。山歩きをしていて角を拾うことがあるが、たいていは片方で、同時に左右の角が落ちることは珍しい。角は落ちると、残った角座(かくざ)から柔らかい毛が密生した袋角(ふくろづの)が新しく伸び始める。袋角の内部は初めは血管だけでぶよぶよしており、赤く透き通って見え、いかにも軟らかそうであるが、血液が石灰分を運んでどんどん沈着させ、次第に骨質の角を形成していく。この袋角を、中国では〈鹿茸(ろくじょう)〉と呼んで古くから強精剤として珍重してきたが、その効果はともかく、栄養に富んでいることは確かであろう。やがて内部から硬い骨質に変わり、8月下旬から10月上旬には、皮が剥(は)がれて角ができあがる。この頃、シカは角を木の幹に擦り付けて皮を剥(す)ぎ取り、角を磨くのである。角に縦に走る不規則な溝は、血管の跡である。

　角は硬くて丈夫であり、先端は尖っていて、いかにも強力な武器になりそうに見える。しかし、イヌやオオカミなどの外敵からの防衛がもっとも必要だと思われる春から夏にかけての出産期と育児期は、まだ袋角であり、軟らかく鋭敏なために、とても武器にはならない。オスも気が弱くなってメスからも追い回され、群れを離れて孤独で暮らすものが多い。まったく"腫(は)れ物"にさわるのを恐れているようである。完成した角は、秋の交尾期を迎えてメスを奪い合うオス同士の角の付き合いのときに、その威力を発揮するのである。互いに枝を絡み合わせ、押し合いねじ伏せようとする。しかし、相手を傷つけることはほとんど偶然の出来事で、武器としては働かない。🐾

エゾシカ
Yezo Sika Deer

学　名：*Cervus hortulorum yesoensis*
分　類：偶蹄目シカ科
行　性：薄明性
分　布：北海道だけに分布
大きさ：肩高85〜102cm、体重80〜130kg

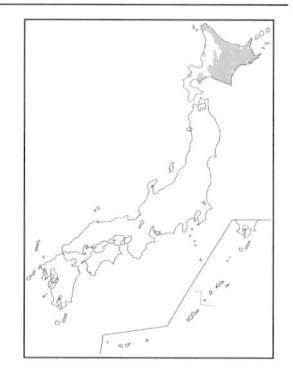

　ウスリー、満州、朝鮮、中国などに分布するタイリクジカの亜種である。ニホンジカによく似ているが、寒冷な地に棲息するにもかかわらず、耳が大きく尾が長い。角は72〜82cmに達し、第1節が短く、第1枝が長く、角は左右に広く開いている。ふつう4枝をもつが、5枝のものもときにある。冬毛は灰褐色（はいかっしょく）か黄褐色で、背に黒っぽい線があるところはツシマジカによく似ているが、尾は長く、ふつうその先端は褐色か黒色である。中足腺は黄褐色で目立たない。平地の草原などに好んで棲み、草や木の葉を食べ、小群をなすなど、生態や習性などはニホンジカと似たものと思われる。

【足跡の特徴】
　エゾシカはニホンジカに比べて大型で、足の大きさ、足跡もニホンジカのそれを大型にしたかたちである。

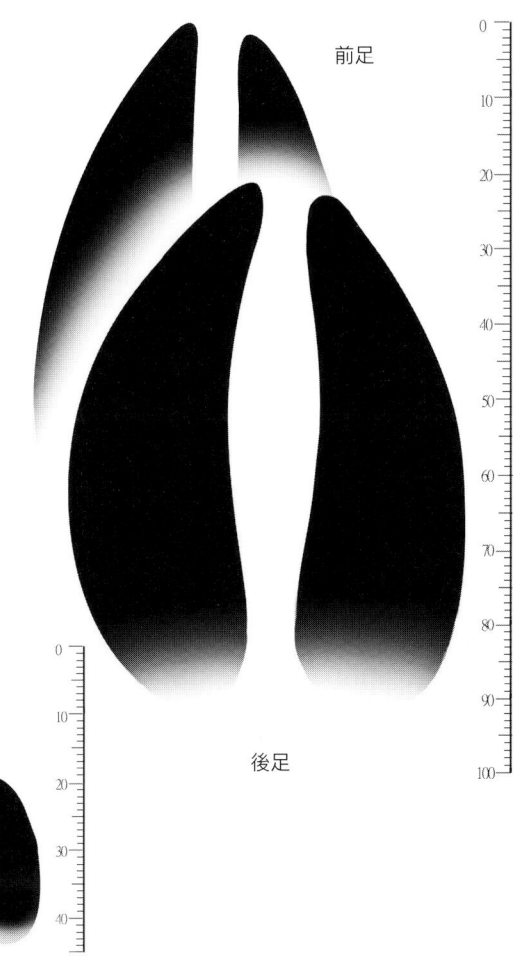

前足

後足

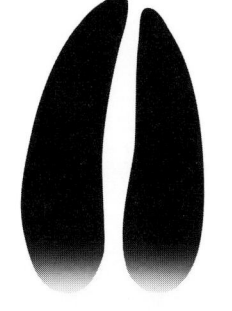

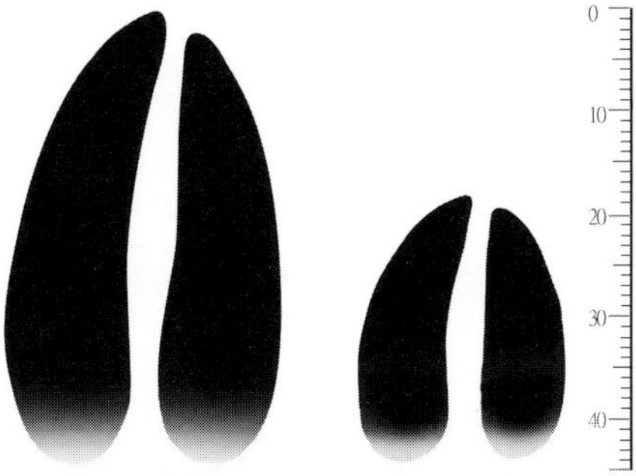

若い個体　　　子ども

【エゾシカの糞】
　シカ類の糞は"黒豆"状で、ふつうはあたり一面にばら撒いたように散在している。この点はエゾシカもニホンジカも同じである。決してこんもりとした小山状にはならない。北海道にはニホンカモシカは分布しないから、このような糞をするものは本種以外に棲息しない。

▲季節的移動を繰り返していたエゾシカ

　1879（明治12）年の1月から2月にかけて、北海道は全域が未曾有の大雪に見舞われ、北海道のエゾシカは壊滅的な打撃を受けた。大雪で動きがとれなくなったのである。その冬、札幌ですら例年の2倍以上、3mあまりの積雪をみたという。山沿い地方でははるかに大量の降雪があったろう。日高地方の鵡川地区だけで7万5000頭のシカの死体が数えられた。十勝川支流の利別川流域では、春になって上流地帯で大量死したシカの死体の腐敗が起こり、川の水を飲用に供することができなくなったと伝えられている。

　この大雪以来、エゾシカは非常に数が少なくなってしまった。1900年頃にエゾオオカミが絶滅したとされるが、その原因の一つにエゾシカの大量死があったといわれる。主要な獲物がほとんどいなくなってしまったからである。

　明治12年の大雪で激減する前までは、エゾシカは毎年季節的に移動していた。夏の間、天塩・石狩・後志地方で生活していたエゾシカは、秋になると各地の群が集まって大群となり、大挙して胆振・日高・十勝・根室など、北海道を横断するように雪の少ない道東地方へ移動した記録がある。🐾

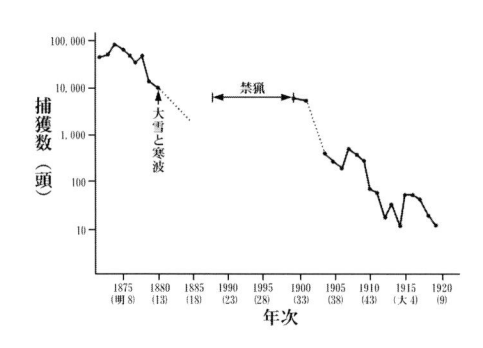

【エゾシカの減少】
　縦軸を対数で示していることに注意。北海道のエゾシカが1870（明治3）～1920（大正9）年の50年の間に激減し、絶滅の危機に瀕していたことがわかる。（出典：宮下喜和著『絶滅の生態学』思索社、1976年）

コラム エゾシカ・ウォッチング

　　　北海道の山奥の林道で足跡を見つけたことがある。車を降りてよく見ると、足跡の主は二つに分かれた蹄をもっていることがわかる。前足の跡に後足が少しずれて重なるように乗るから、蹄の跡が三つになっている。長さはおよそ6cmあ

る。これはエゾシカの、おそらく単独でいたオスの足跡だと推定できる。エゾシカだと断定できるのは、本州、四国、九州の場合だとイノシシ、シカ、ニホンカモシカの3種がいるから、もう少し詳しく測ったり、観察する必要があるのだが、北海道には蹄を持った野生動物はエゾシカだけしかいないのだから簡単だ。

蹄の長さが7cmもある大きな足跡はオス、5cmくらいだとメス、3～4cmならば若い個体か幼獣だ。初夏にはメスはたいてい群をなしていて、子どもを連れているのが混ざっている。したがって、足跡の主はおそらくオスであり、単独で林道に出てきたらしい。動物も歩きやすい人間の道を利用するのである。そして、道の脇にいってササの新しい葉を少し食べていた。ササの葉や茎(くき)を丹念に見ると、ちょっと摘んだ程度で、好みの部分をあっちこっちと食べた痕がある。葉は切られた縁が黄色く変色しておらず、鮮やかな緑のままで、茎などはスパッとナイフで切ったようになっているから、動物に食べられたものと決めつけてよい。足跡があっちこっちと乱れてついているのは、シカが好みの部分を探しながら歩いたことを示している。

山に入ったら、ともかく車を降りてみよう。何か発見があるはずなのである。🐾

コラム ツシマジカ (TSUSHIMA SIKA DEER)

学　名：*Cervus pulchellus*
分　類：偶蹄目シカ科
行　性：薄明性
分　布：長崎県の対馬にだけ分布
大きさ：肩高が76～85cm、体重約60～75kg

本種は現生のものでは本州、四国、九州などに分布するニホンジカに近縁な1種だが大形で、1万年ほど前に絶滅したニホンムカシジカにごく近いと考えられている。対馬にのみ生息し、ニホンジカと外観がもっとも異なるのはオスの角で、ニホンジカでは頭頂部に一番近い枝が、頭からすぐ上で分かれているが、ツシマジカでは数センチ上方に伸びてから枝分かれする点である。また角の先端部の2本の枝が広く開く。角長(かくちょう)約50cm。冬毛は黄褐色で白点はほとんどなく、背の黒っぽい線は明らかで、尾の先は白い。対馬では低山の森林に生息し、しばしば海岸にも現れる。1966年には長崎県の天然記念物に指定され保護されたが、1983年にはシカの保護と農林業の両立を図るため、一部地域に限定して保護されるようになった。🐾

ニホンカモシカ
Japanese Serow

学　名：*Capricornis crispus*
分　類：偶蹄目ウシ科
行　性：薄明性
分　布：本州、四国、九州
大きさ：体長100〜120cm、肩高68〜72cm、体重30〜45kg

　低山帯から亜高山帯にかけての、ブナ、ミズナラなどが優先する落葉広葉樹林、混交林に多く棲息し、近くに急な岩場がある地域を好む。ふつう単独で、季節によってはペアあるいは母子でいるが、4頭を超すことはほとんどない。朝夕に活発に動き、各種の木の葉や草を食べる。日中は茂みに入ったり、風通しと見晴らしの良い崖の上などで反芻しながら休息していることが多い。溜糞をする習性がある。積雪に強く、オス・メスともなわばりを形成する。交尾期は10〜11月、妊娠期間は215日、5〜6月に出産する。通常1子で、子の体重は3.5〜4kg、メスは2歳、オスは3歳で性的に成熟する。野生での平均寿命は5歳ほど、飼育下では20歳を超える。🐾

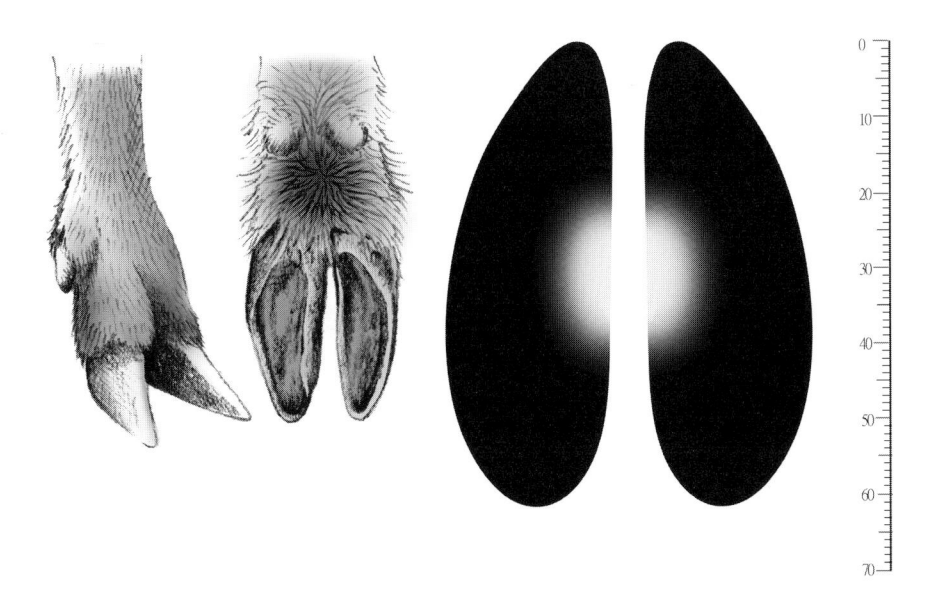

【足跡の特徴】
　カモシカの足は、ウシ科の中では原始的な形態をもっており、四肢は太くて短く、側蹄が発達している。足跡はシカ類と似ているが、カモシカの方が全体に丸みを帯び、蹄の先端も丸い。また、歩行時の足跡は前足跡の上に後足が乗るのでダブったものになっている。

【歩行】

【走行】

断面図

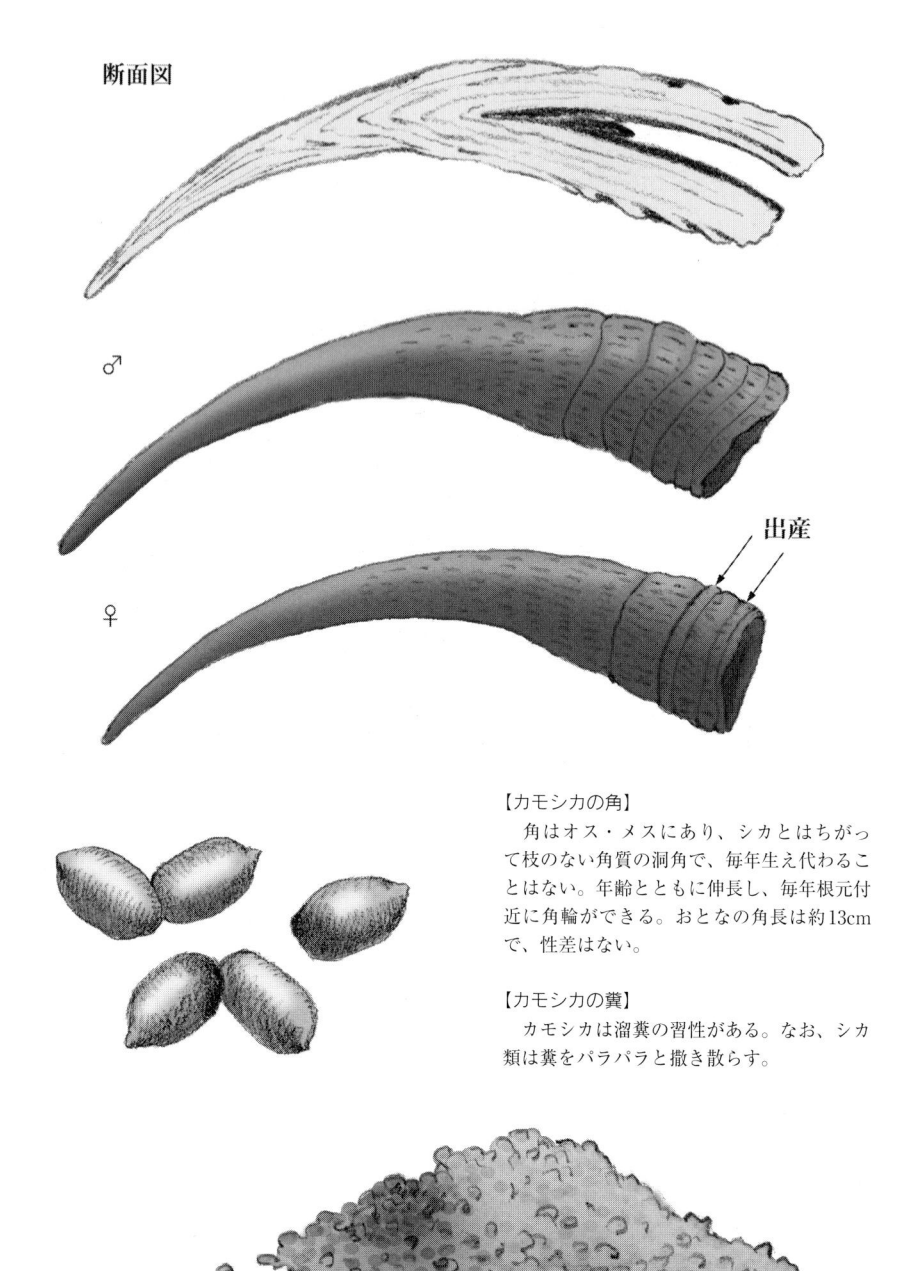

♂

♀

出産

【カモシカの角】
　角はオス・メスにあり、シカとはちがって枝のない角質の洞角で、毎年生え代わることはない。年齢とともに伸長し、毎年根元付近に角輪ができる。おとなの角長は約13cmで、性差はない。

【カモシカの糞】
　カモシカは溜糞の習性がある。なお、シカ類は糞をパラパラと撒き散らす。

【眼下腺とマーキング】
　カモシカは、目の下の眼下腺（右図）と蹄の間の蹄間腺が発達しており、ここから匂いを分泌している。眼下腺を灌木や枝先などにこすりつけ、マークしたりする。下図はマーキングしているところとその跡。

眼下腺

【休息所】
　カモシカは、周囲の見晴らしが良いところで休息をとる。

タヌキ
Raccoon Dog

- 学　名：*Nyctereutes procyonoides*
- 分　類：食肉目イヌ科
- 行　性：夜行性
- 分　布：北海道、本州、四国、九州、佐渡、隠岐、壱岐、天草など。
- 大きさ：体長50〜60cm、尾長18cm、体重4〜8kg

　平地から山地帯までに多く、亜高山帯以上に棲息することはごく稀。単独、あるいはペアで暮らし、夕方からおもに甲虫の幼虫やミミズを探し、他に種々の果実、ドングリなどの堅果、穀類、トウモロコシ、カエル、ヘビ、魚、サワガニ、鳥、ネズミなどを食べる。このような食物を探し求めてタヌキは、うつむきつつジグザグに歩く。また排泄物を特定の場所に集中する溜糞を行う。この溜糞は個体あるいは家族集団間のなわばり識別の役割があると考えられている。交尾期は1〜3月、妊娠期間は約60日、春に3〜5頭を出産する。子は60〜90g、黒い毛に覆われている。2〜3ヶ月で離乳する。秋には成体に近くなり独立するが、性成熟には生後1年ほどを要する。

第2部　フィールドの痕跡　189

後足　　　　　　　前足

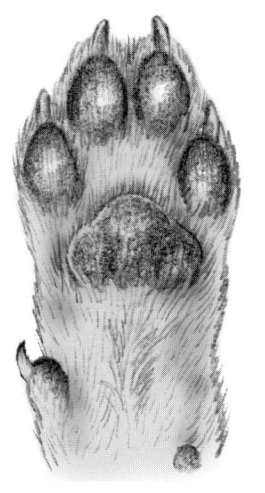

【足跡の特徴】
　足跡はキツネやネコに似ているが、タヌキの場合は第3指（人間でいう中指）が最も長い。歩行は左右に乱れがあり、ジグザグな跡になる。

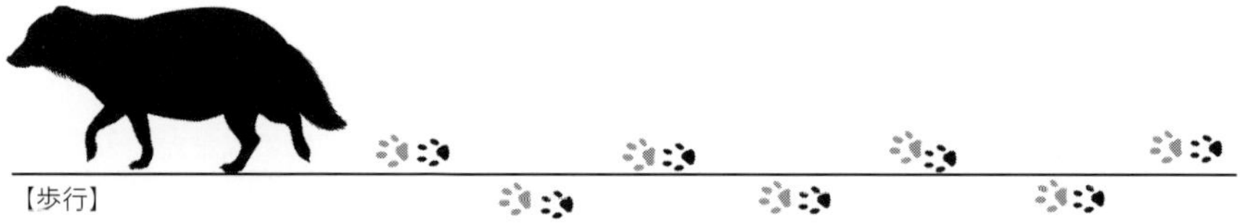

【歩行】

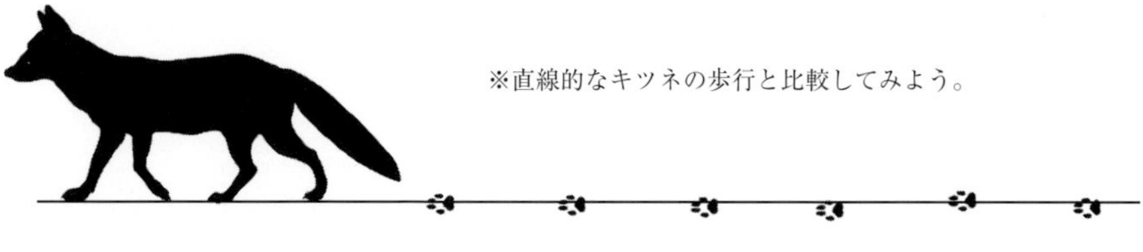

※直線的なキツネの歩行と比較してみよう。

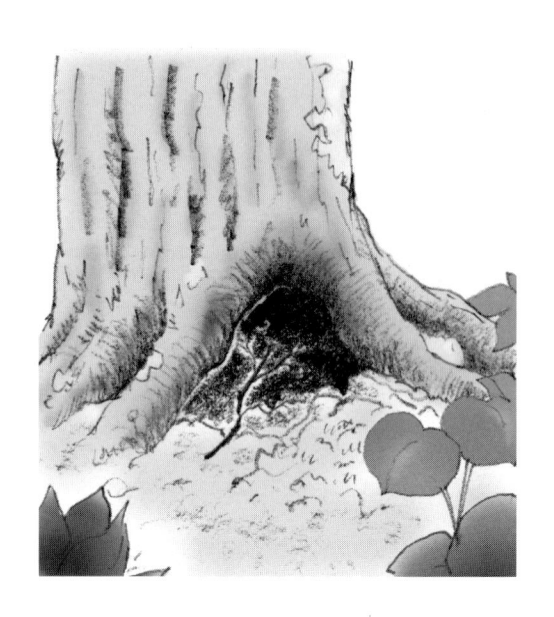

【タヌキの巣穴】
繁殖用の巣は岩の下や穴を選んだり、林の中の軟らかな土を掘ったトンネルの奥にある。ふだんは岩陰などで休んでいる。

コラム タヌキの溜糞

　タヌキはいわゆる「タヌキの溜糞（ためふん）」といって、自分が寝ぐらとしている穴などの中では決して用便をせず、巣外の一定の場所にする習性がある。飼育下でもこの溜糞の習性は抜けない。ケージの隅にこんもりとした糞の山を築くのである。もちろん、多数一度に飼う場合、必ずしも一ヶ所と決まったわけではなく、東京の多摩動物公園のように便所の数を適当に増やして要領よくやっている集団もある。しかし、この場合でも数ヶ所の便所は決まっている。
　広島の安佐動物公園での観察によれば、肌寒いまだ朝霧の残るタヌキの放飼場の前へ行くと、驚いたことに、タヌキが一列縦隊に並んで朝の脱糞の順番を待っていたという。先頭の奴は悠々と用を足している。それをもどかしそうに2番目の奴が鼻で尻を小突いている。そうして先の奴が済むと次がチョコチョコと前に出て、やっと安心したような顔をして用を始める。5、6番あたりになるとソワソワ、キョロキョロ、中には待ちきれなくなって、列外に飛び出し放飼場内を駆けずり回り、また舞い戻って列の後ろに並ぶ奴もいるといった案配だそうだ。
　タヌキにとって、溜糞はたいへん重要だということが分かる。タヌキのフィールド調査を行い、タヌキの通路、いわゆる＜うじ道＞をたどると、やたら溜糞が見つかる。溜糞をまだ見たことがなかった頃は、こんもりと小山のように糞が積まれているものだとばかり思っていたが、実際は違う。糞は風雨にさらされ、

【溜　糞】
　溜糞の習性があり、そこは情報交換の場である。

　古い糞はどんどん消失していくため、40〜50cmから1m四方が黒っぽくなり、その中央辺りに比較的新しい糞がすこしだけ山になっているというのが溜糞である。
　とくに限られた地域を利用するしかない島では、そんな溜糞がヘクタール当たりで大体2ヵ所ある。この数字を見る限り、そう多いとは思えないだろうが、タヌキは草地や砂浜にはめったに溜糞をせず、ササ原やマツ林などに集中するからで、タヌキが分散して土地を利用している環境ではヘクタール当たり7〜17ヵ所の溜糞があるのがふつうだ。
　溜糞のある場所や数は数年にわたって使用されるので、新旧さまざまな糞がある。溜糞は谷合いや茂みの深いところにはほとんどなく、尾根筋の鞍部や頂など、ある程度風通しや見晴らしの良い場所に多い。秋の溜糞には柿の種子など、果実の種子が多い。
　溜糞は単なる共同便所ではない。溜糞の利用状況は、利用個体数の季節変化に対応している。タヌキの家族構成は、交尾、出産、育児、子の分散といったタヌキの1年の生活によって変化するが、タヌキは家族内のつながりがかなり長く続くから、溜糞の共同利用はペアか家族が一つの共同体としての情報を出したり、得たりしていると考えられるのである。🐾

キツネ
Red Fox

- 学　名：*Vulpes vulpes*
- 分　類：食肉目イヌ科
- 行　性：主に夜行性
- 分　布：北海道、本州、四国、九州、五島など
- 大きさ：体長45〜90cm、尾長30〜55.5cm、肩高35〜45cm、体重2.5〜5.4kg

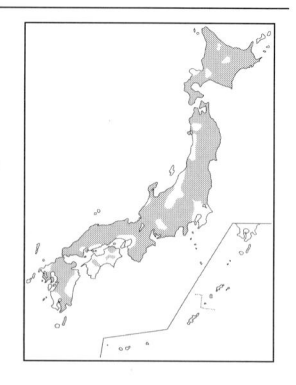

　平地から標高3000m以上の高山帯まで、さまざまな環境で生活しているが、樹木の多い草原を好む。神経質だが安全な地域では、早朝や夕刻、あるいは日中に見かけることも少なくない。主食はノネズミ類、ノウサギ、鳥、昆虫などで、漿果などの植物質のものもよく食べる。行動圏はふつう5〜12km²、一晩に平均8kmを歩き、隣のものとの重複はほとんどなく、境界は尿や糞などによってマークされている。ふだん単独でいて、ふつう12〜4月にペアをつくり、妊娠期間は51〜53日で、メスは巣穴で出産する。3〜5月に1〜13子が生まれる。子は体重100gほどで、黒っぽく、1ヶ月ほど地下の巣穴で過ごす。8〜10週で離乳し、ふつう5ヶ月で独立する。

第2部　フィールドの痕跡　　193

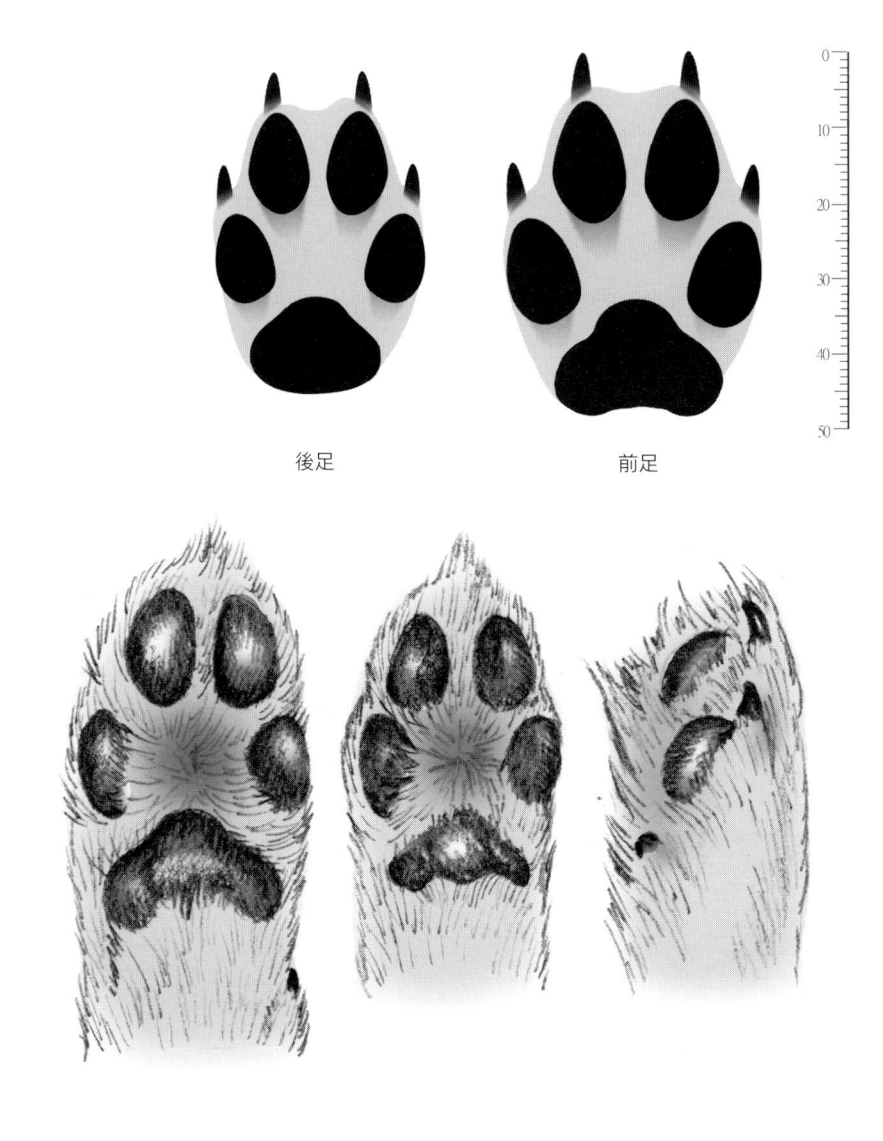

後足　　　　　　　　　　前足

【キツネの糞】
　糞の大きさ、形状は、やや細く小さい点を除けば、イヌによく似ている。野犬の多いところではその主がキツネなのかイヌなのか、慎重に判定しなければならない。キツネの場合、内容物にネズミ類の体毛や白歯、小鳥類の羽毛などが含まれていることが多い。

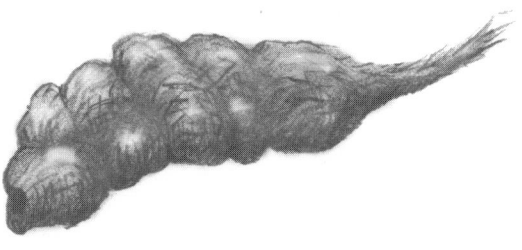

キツネ

【歩行】

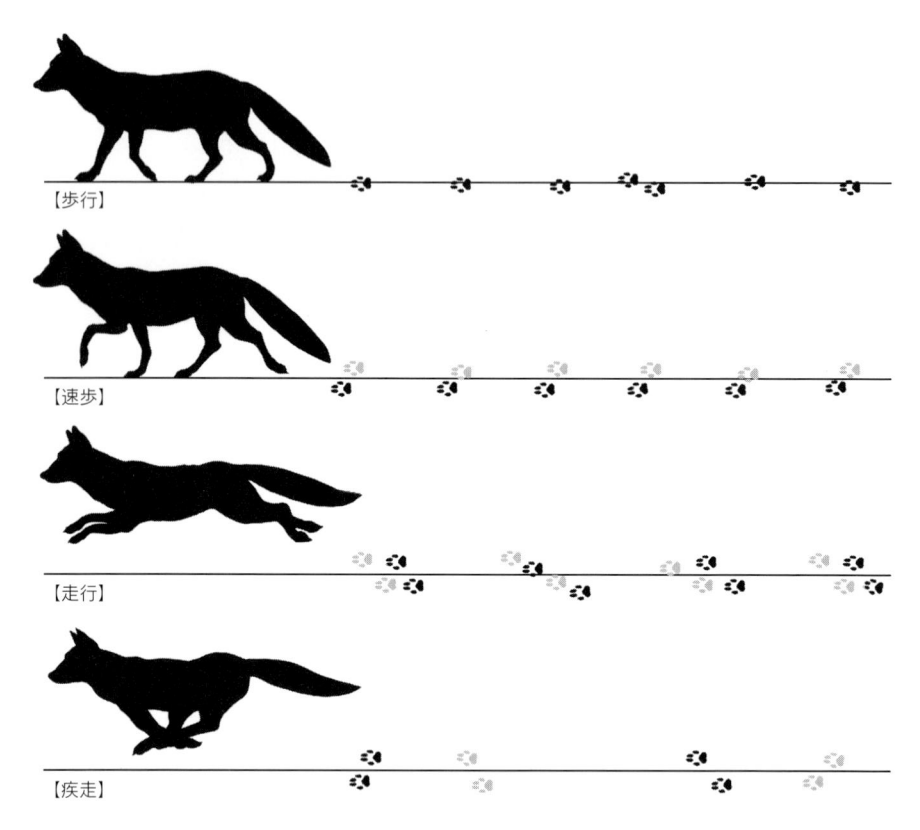

【速歩】

【走行】

【疾走】

【足跡の特徴】

　歩行時のキツネの足跡は、点々とつき直線状に残る。前足の跡の上にほぼ正確に後足を乗せるために、点々とつく。また、胸幅が薄く、深いために左右の足跡が左右にぶれず、直線状となる。

　走行時はまとまって残され、そこから1～2m離れてまた四つの足跡の一まとまりがある。

◀胸幅が薄く深いため左右の足がそろった状態で歩行する。

コラム 狩りのジャンプ

　キツネの狩りの得意技は、ハイ・ジャンプ、すなわち「飛び上がり・急降下攻撃」である。ふだん、キツネは動作が軽快で高さ２ｍのフェンスを飛び越し、時速48kmのスピードで走ることができる。泳ぎも巧みで、視覚、聴覚、嗅覚といった感覚も鋭敏である。特に聴覚はすばらしい。そんな能力をもつキツネのこの狩猟法は、小形でチョロチョロと素早いノネズミを捕獲する方法としては、もっとも洗練されたものである。

　まず、辺りの物音に注意しながらパトロールしてきたキツネは、ノネズミのたてる微かな物音を聞きつける。音をたてるようなノネズミは、たいてい草株の根元辺りで草の実、あるいは草の根などを食べるのに夢中になっているものだ。キツネの耳は、3.5キロヘルツ前後の比較的低めの音をきわめて鋭敏に感知することができるが、実はその周波数の音というのは、ノネズミが草むらで立てる音なのだ。集音効果の高い大きな耳介を、パラボラ・アンテナのように巡らせて、音の発生源を探知する。キツネは５ｍ離れていても、１度以内の正確さで音源を知ることができる（ちなみに風の日の草原では、葉音に邪魔され、狩りの成功率が落ちることが知られている）。

　そして、キツネは高くジャンプして、獲物の真上に舞い上がる。ジャンプの角度は平均40度。見ていると垂直に飛び上がったかのごとき印象があるが、カナダの動物学者D.ヘンリーの詳細な調査報告によれば、理論的にもっとも遠くへ

【キツネの狩りのジャンプ】

跳べる角度である45度に近い40度だというのだ。

　しかも、キツネはその角度を状況に応じて調節している。つまり、獲物がすこししか離れていない草むらにいるときは低い角度で跳び、エネルギーを節約する。また、たとえば表面が固まった雪の下にノネズミの存在を認めた場合には、それを突き破る力を出すためにほぼ垂直の80度くらいの角度で高く跳ぶのだそうだ。

　ジャンプする高さはおよそ2m。キツネは後脚が長く、体が細く体重が軽い。同じくらいの体長がある飼い犬やコヨーテはキツネの2倍もの体重がある。しかも、胃が小さいので、どんなに食べ物を詰め込んでも体重の10％にしかならない。これは体重の20％も詰め込んでいるオオカミとはずいぶん違う値だ。それでキツネは空中に留まっている時間が長い。その間も耳は草むらの音源をサーチし続け、攻撃すべきピン・ポイントを補正する必要があれば、尾を微妙に振って向きを修正する。

　最後に上から着地しざま一気に前足と牙で獲物を押さえつける。獲物はもちろん即死だ。この「飛び上がり・急降下攻撃」は、＜誘導ミサイルのような＞と形容される。この攻撃法はキツネに独特のように思われるが、そうではない。キツネよりも体のつくりが頑丈で体重が重いコヨーテなども、小さなノネズミという獲物に対しては、この方法で狩りをする。チョロチョロ逃げるノネズミを追い回していたら、得るエネルギーよりも失うエネルギーのほうが大きくなってしまうことを知っているのだ。

コラム　キツネのくさい生活

　肉食動物の多くは尿以外にも、肛門腺、尾下腺、頬腺などの分泌腺が、それぞれの動物に発達していて、社会生活に必要なマーキング行動に用いている。キツネも匂いでコミュニケーションし、匂いを頼りに狩りをする。いわゆる「キツネ臭」は、キツネの尿の匂いである。食物の貯蔵庫が空になると、そこに排尿し、後で探し回る時間を節約するための目印にしているという。

　キツネは尿以外にもいくつかの匂いを発している。もっとも有名なのは「スミレ腺（尾腺）」からの匂いである。その名の通りスミレの花の匂いを思い起こさせる。尾の上面、付け根から7cmほどのところにあって、外見的には楕円形の暗色の毛の模様のように見える。ここの毛をかき分けて見ると、長さ3cm、幅1cmほどの腺が見つかる。そこからしみ出た分泌物はそこに疎らに生えている剛毛を伝って空中に匂いとして飛んでいく。剛毛は黄色くなっている。

スミレ腺の役割はよく分かっていない。雄ではその大きさが異なり、繁殖期になると発達する。ほかの個体と出会うと、尾をアーチ型に曲げて振るから、腺からの匂いを振りまいているのだろうと考えられている。つまり、スミレの香りは親愛の匂いらしいというわけだ。もっとも、尾を上げると肛門腺も露出され、そこからも匂いが出されているはずだから、相乗効果もあるのかもしれない。このスミレ腺は子ギツネでは柔らかな灰色の毛皮の中にあって、黒い楕円形の斑紋のようになっているので、とてもよく目立つ。

　肛門腺は肛門の両わきに対になって開口（直径約2mm）している。内部は球根形の小さな袋となっており、容量は約0.5mlある。袋の壁面には腺細胞が並び、そこで匂い物質を生産している。袋には強烈な臭気のミルク状の匂い物質が貯蔵されている。袋内には細菌類が棲み着いており、匂い物質と剥がれ落ちる上皮組織が発酵され、二次的に酷い匂いになっているのだともいわれる。

　糞もキツネの匂いの元の一つである。肛門腺からの分泌物が糞に少量塗られることがふつうだ。また、肛門腺からの分泌物だけを物に擦り付けることもある。球根状の袋を筋肉が包み込んでいるので、意識的にも匂い物質を出すことができる。驚いたときや争いのときにも出ることがある。スカンクと同じである。

　下顎の周辺や上顎にも腺がある。これらの腺の機能については分かっていない。

　つま先と足の裏の肉球（掌球）の間のピンク色をした皮膚にも臭腺がある。この腺からの匂いは甘い香りで、よい匂いの部類である。この油状の匂い物質の役割も分かっていないが、キツネが歩いた跡は、この匂いが残されている。猟犬がキツネの後を追うことができるのは、この匂いのおかげなのだが、本来はキツネたちが接触するための匂いだったに違いない。一説によれば、妊娠している雌はほとんど匂いを残さないといわれるが、人間ですら妊娠した途端に匂いに対する嗜好が大きく変わるのだから、無臭の妊娠ギツネの話は案外真実に近いと思われる。🐾

【キツネの巣穴】
　キツネはまだ雪深い2月ころ、すでに巣穴に入っているものがいる。出入口周辺には多数の足跡があり、キツネが中にいることを教えてくれる。

イヌ
Dog

- 学　名：*Canis familiaris*
- 分　類：食肉目イヌ科
- 分　布：世界中。近年までタスマニア島とアンダマン諸島には棲息しなかったといわれる。
- 大きさ：肩高14〜105cm、体重0.5〜156kg

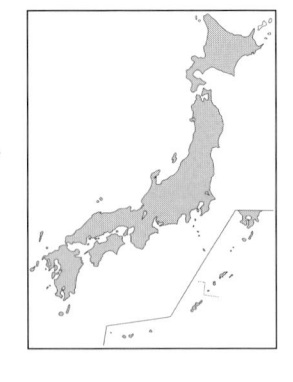

▲路上の足跡

　街の中でしばしば見られるのがイヌの足跡である。小さな公園でも見られるが、コンクリートの上に意外に多い。道路はふつうアスファルトで覆われているが、脇のほうにある各種の標識、電柱の根元は、アスファルトでなくコンクリートで固めてある。アスファルトをうってから、標識などを立てたりするからだ。

　そのようなコンクリートの上を注意して観察すると、イヌの足跡がある。散歩に連れ出されたイヌは、匂いを嗅ぐために標識などの根元に行くが、そんなときコンクリートが半乾きだったりすると、くっきりと足跡が残ることになる。肉球の跡、爪の跡、全体の形状を記憶することは、アニマル・トラッキングに出かけたときに同じイヌ科のキツネの足跡と比較できる。🐾

後足　　　　　　　　　前足

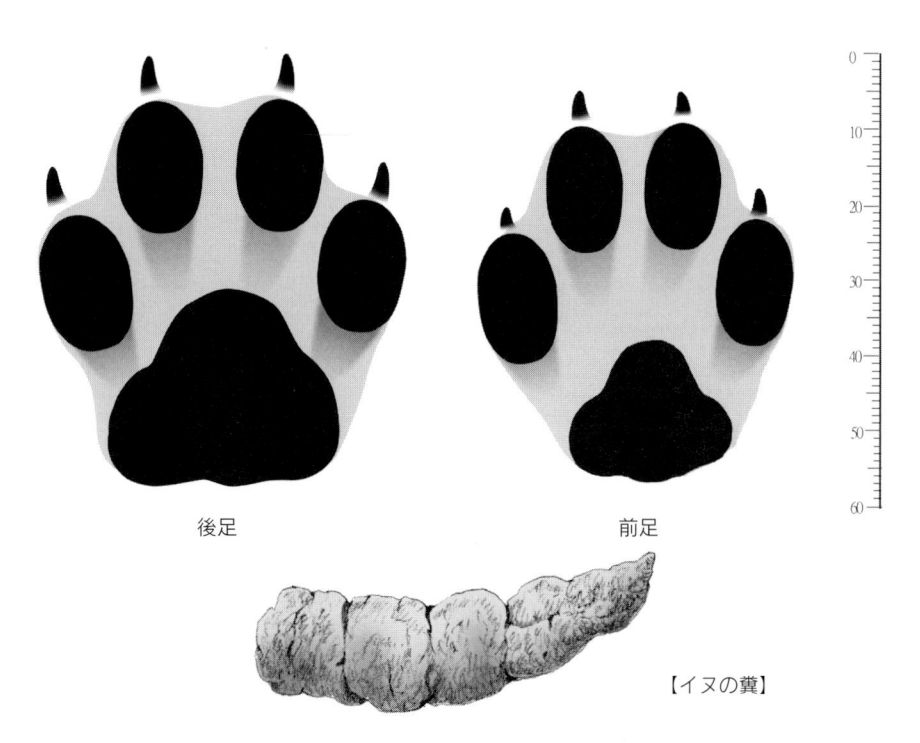

【イヌの糞】

【足跡の特徴】
　一連の足跡は、イヌとキツネでははっきりと異なる。イヌのものは胸幅が厚く、浅いために左右の足跡が離れてついている。またキツネは前足の跡の上に後足を乗せるが、イヌはピッタリ乗せるのではなく、前後にかなりずれる。これは家畜化されたために警戒心が乏しいからだ……と、動物文学者であり博物学者でもあるシートンが述べている。なお、ここであげた足跡は平均的な中型犬のものである。

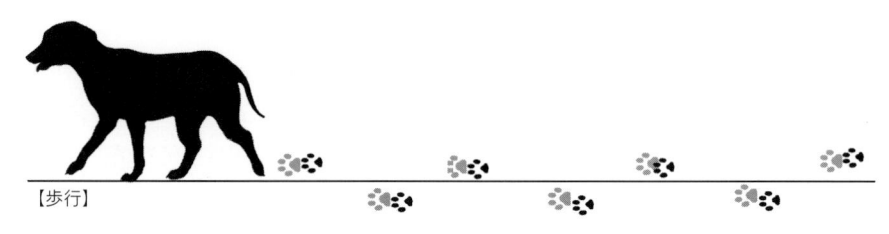

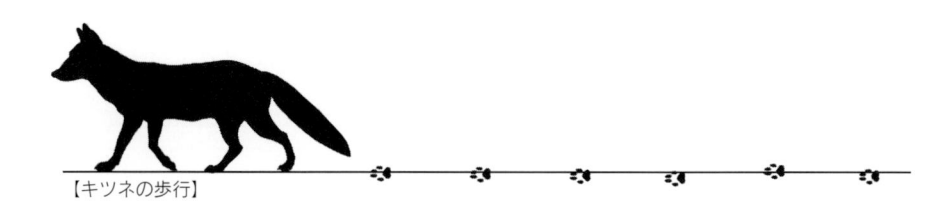

【歩行】

【キツネの歩行】

オコジョ
STOAT OR ERMINE

- 学　名：*Mustela erminea*
- 分　類：食肉目イタチ科
- 行　性：数時間おきに終日
- 分　布：日本では北海道、本州（神奈川、静岡、岐阜、石川各県以北の山地）
- 大きさ：体長14〜33cm、尾長4〜12cm、体重42〜258g

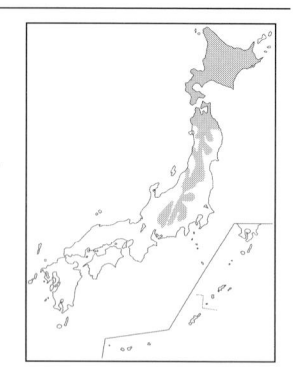

　低山帯から高山帯の岩場や森林に棲み、岩の割れ目、木の根などの穴に巣を作る。本州中部では標高1000m以上の低山帯上部、亜高山帯および高山帯にしかいないが、北海道では低地にも棲む。活発に動き回り、小形のネズミ類、小鳥、鳥の卵、カエル、昆虫などを食べる。ネズミを襲うとき、体をくねらせてダンスをして催眠術をかけるといわれる。また非常に気が強く、ノウサギを襲うこともあるらしい。一晩に10〜15kmも移動することが知られている。繁殖は年1回で、着床遅延（P111参照）が9〜10ヶ月あり、春に4〜9頭の子を出産する。子は生後6週を過ぎると眼が開き、その後の成育は早く、とくにメスは4ヶ月で交尾可能となる。

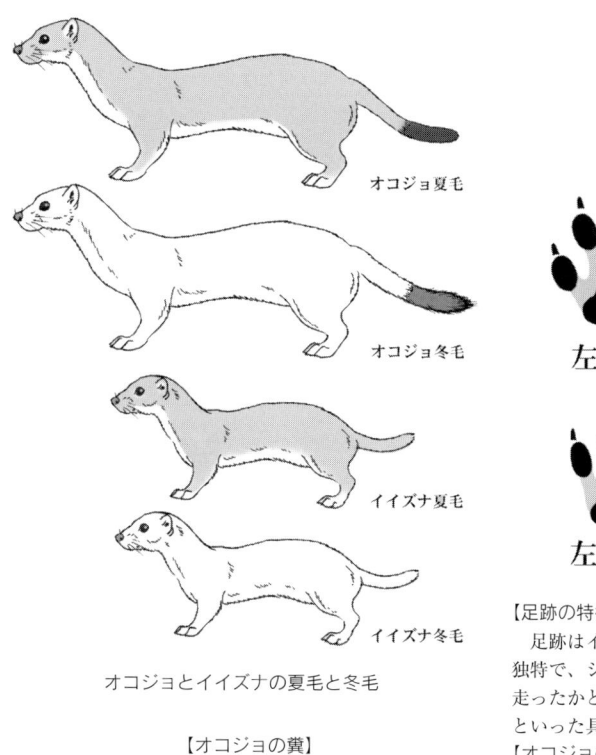

第2部　フィールドの痕跡　201

オコジョ夏毛

オコジョ冬毛

イイズナ夏毛

イイズナ冬毛

オコジョとイイズナの夏毛と冬毛

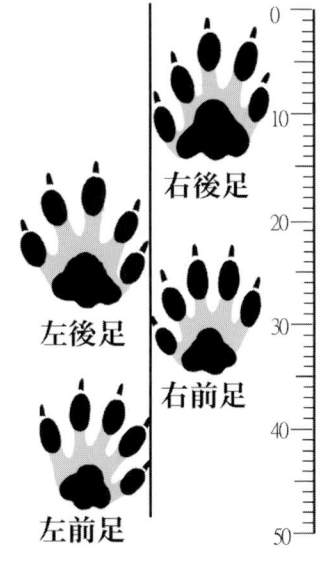

右後足

左後足

右前足

左前足

【オコジョの糞】

【歩行】

【跳躍】

【足跡の特徴】
　足跡はイイズナとよく似ている。走行は独特で、シャクトリムシのようにゆっくり走ったかと思えば、普通の走り方をする。といった具合で、足跡も変化に富む。

【オコジョの換毛】
　腹面は白色、尾の先端3分の1から2分の1が黒色で、夏毛は体の上面は褐色、冬毛は全体が白色である。飼育下では11月19日から12月18日で白くなり、2月17日から3月17日の1ヶ月で茶色になった記録がある。

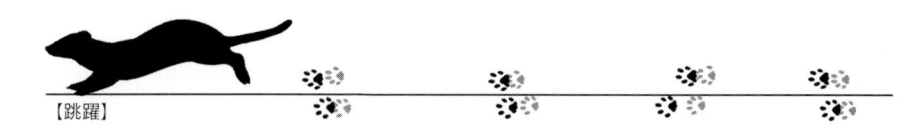

イイズナ
LEAST WEASEL

学　名：*Mustela nivalis*
分　類：食肉目イタチ科
行　性：数時間おきに終日
分　布：日本では北海道と本州北部（青森、岩手、山形）
大きさ：体長15～18cm、尾長2cm、体重50～100g

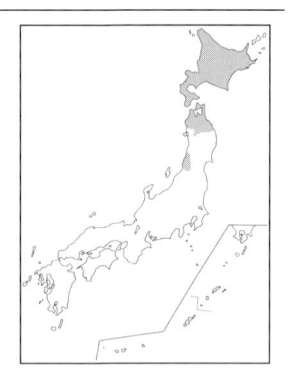

　最小の肉食類である。北海道では、平地の牧草地周辺から原野、山地の森林まで広く棲息する。単独で暮らし、ノネズミを追ってしばしば牧場のサイロなどに入り込む。ノネズミの巣穴を巣とし、ノネズミの通路、トンネルを通って昼夜の別なく活動し、1日当たり体重の25～60％のノネズミ類を中心とした多量の小動物を捕食する。体が小形で細長く、ノネズミ類の巣穴に入り込み捕食することに適している。また自分よりもはるかに大きなノウサギやカモなどを殺すことがあり、捕殺能力が優れている。発情期は3～4月で妊娠期間は7週間とされ、メスはふつう春と夏の2回ほど出産し、1回に4～8子が生まれる。産子数は3～7子。9月上旬までに子は独立するらしい。

【足跡の特徴】
　足跡は非常に小さく、ノネズミと見まちがえるほどだが、後足跡が前足と同形をしている。体が小さく軽いので、足跡を見つけるのも難しい。

【イイズナの換毛】　＊201頁図参照
　夏毛は背側が濃い褐色で、腹側は白く、冬毛は全身白色となる。この換毛はノウサギと異なり、秋、10月に入ると下腹部以外は褐色であった体毛に白いさし毛が現れる。さし毛は徐々にその数を増やし、ごま塩状となり、下旬には半分以上が白い毛に換わる。冬毛から夏毛への変化は3月半ば過ぎに始まる。頭上から背部を通って尾部まで1本線の褐色帯が現れ、それが徐々に下腹部へと広がり、5月上旬には完全な夏毛になる。

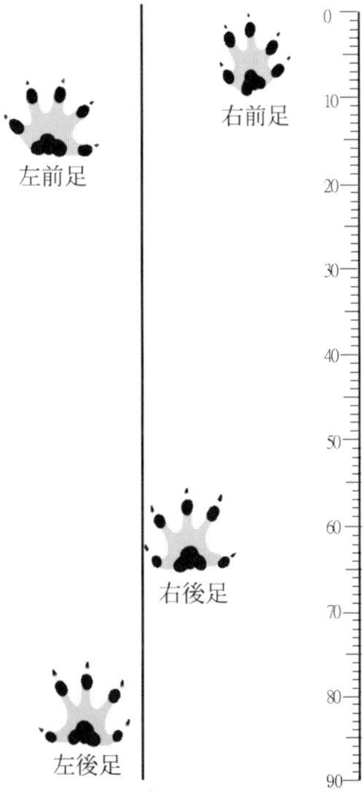

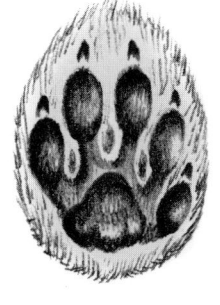

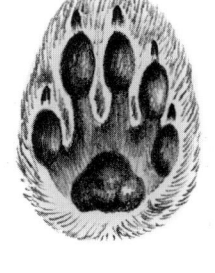

右前足
左前足
右後足
左後足

後足　　　前足

【イイズナの糞】

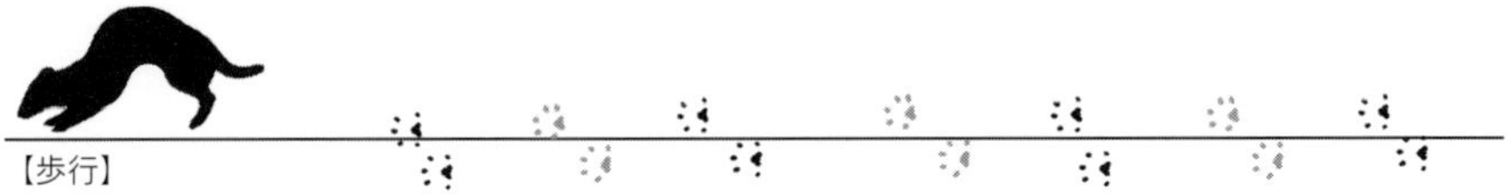

【歩行】

【跳躍】

ニホンイタチ
JAPANESE WEASEL

学　名：*Mustela itatsi* ／分類：食肉目イタチ科
行　性：主として夜行性
分　布：本州、四国、九州、佐渡、隠岐、壱岐、伊豆大島、屋久島など。なお北海道、八丈島、奄美大島、沖縄、西表島、波照間島に移入された。
大きさ：体長16～37cm、尾長7～16cm、体重115～650g。オスの体長はメスのおよそ2倍。

　平地から低山帯の水田、河川流域などの水辺に好んで棲息しているが、標高2000mの地域でも観察されることがある。単独で行動し、石垣、樹木の根元の穴などを巣として利用し、巣は地下0.6～1mの深さにある。オスは1～数kmも出歩くが、メスは半径100～200mの範囲で行動する。泳ぎ、潜水は巧みで、木にも登る。主にネズミ、カエルなどの両生類を捕え、昆虫、魚、小鳥なども食べる。3～5月が交尾期で、妊娠期間は35～38日、1産1～8子、平均3～5子である。生まれたての子どもには毛が生えていない。出産には巣に枯れ草や獣毛を敷く。生後70～80日で成獣と同じ大きさになり、10～11ヶ月で独立する。

【特　徴】

　イヌやネコと異なり、前後の足に5指がある。水辺での狩りが得意で、真冬でも川に入ってザリガニなど甲殻類や魚を捕食することも多い。首をかまれて血だらけで死んでいるたくさんのニワトリを鶏小屋で見て、イタチが血を吸うと信じている人も多い。しかし、イタチが血を吸うことはなく、鶏小屋に入ったイタチが興奮状態におちいり、首筋をかんで多くのニワトリを殺したあと、持ち帰れないニワトリを放置したものである。

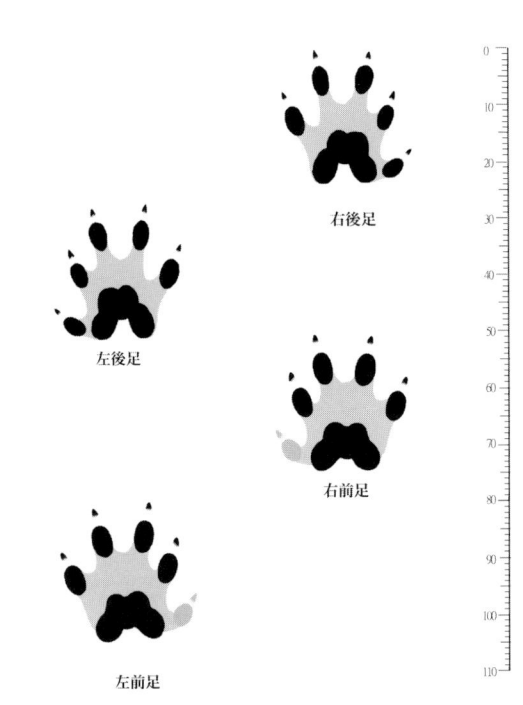

右後足

左後足

右前足

左前足

【ニホンイタチの糞】

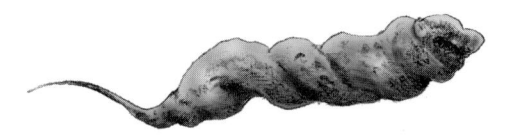

【歩行と走行】

　イタチは神経質なせいかゆっくりと四肢を動かして歩行することは少ない。たいていの場合、ピョンピョンと跳ぶように歩行する。また、全速力での走行時、イタチはシャクトリムシのように背を丸めては伸ばす。それはきわめてすばやくおこなわれるので目にはとまらない。

【歩行】

【走行】

【ニホンイタチのオスとメス】
オスとメスとでは体の大きさに非常な差がある。

オス

メス

コラム チョウセンイタチ (SIBERIAN WEASEL)

学　名：*Mustela sibirica coreana*
分　類：食肉目イタチ科
行　性：薄明性

　チョウセンイタチはシベリアや中国などに広く分布するタイリクイタチの1亜種で、日本では対馬のみに分布しており、近年、九州、四国、本州（富山―長野―愛知以西）に侵入した。1930年ごろ、阪神地方に毛皮養殖のために持ち込まれたものが、逃げだしたものである。西日本の都市部で見つかるイタチはほとんどチョウセンイタチであり、大阪などの大都市のビル街にも棲息している。チョウセンイタチは、ネズミ、昆虫からパン、砂糖菓子まで、食物を大きく変えることができ、人間と同じ場所でくらせる"図太さ"を持っているので、大都市でも生活できるらしい。
　体はニホンイタチよりずっと大きく、オスは体長32〜44cm、メスでも28〜33cmもある。ニホンイタチはチョウセンイタチに駆逐され、山間部に分布を縮小しているといわれている。

【チョウセンイタチとニホンイタチ】

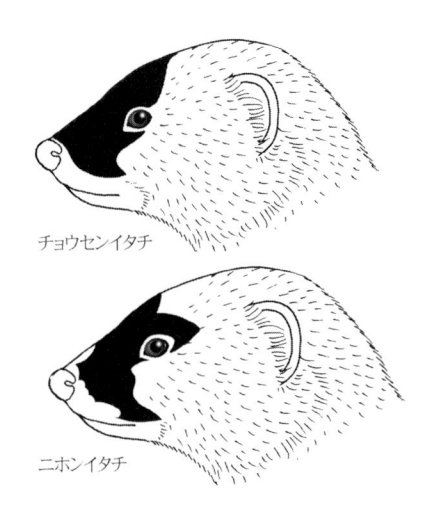

　チョウセンイタチとニホンイタチのちがいは、チョウセンイタチの方が尾が長いなどの大きさをのぞけば、顔の斑紋と体色にある。チョウセンイタチの顔面の黒斑は大きく、下顎の口角からくちびるにあたる部分が白く、よく目立つ。体色は黄色味が強く、毛皮はコリンスキーなどと呼ばれ、ミンクの代用品などにされた。

　ニホンイタチとチョウセンイタチの獲物は、おもにネズミや昆虫などの小動物である。河川沿いに棲息するニホンイタチには、魚も重要な食物となる。しかし、チョウセンイタチはあまり魚を捕食することはないといわれる。チョウセンイタチは、スーパーマーケットから肉を盗んだり、家庭の台所から唐揚げを持っていったり、パン、マヨネーズまで食べる。さらには、トウモロコシの実を畑で食べていたり、巣に運んで子どもにも与えていたりする。イチゴの温室ではイチゴも食べる。このような食物の種類の多さがチョウセンイタチの強さの秘密なのであろう。

　最近までチョウセンイタチの分布はあまり変化がなかったが、紀伊半島への進出が目立っているようである。1995年ころからの調査によれば、大阪方面から南下していったチョウセンイタチが、紀の川、有田川、日高川を越え、日置川流域まで進出し、1998年にはすさみ町で捕獲されている。

テ ン
Japanese Marten

学　名：*Martes melampus*
分　類：食肉目イタチ科
行　性：主として夜行性
大きさ：体長45〜50cm、尾長17〜23cm、体重1.1〜1.5kg

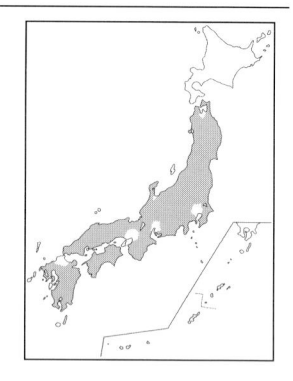

　本州、四国、九州、対馬などと、朝鮮半島南部からという記録がある。佐渡には導入されたものが棲息し、近年、北海道でも分布を広げているといわれる。
　平地から亜高山帯にかけての森林に棲む。木登りは非常に巧みである。単独性で、日中は樹洞などに潜み、夜出て、昆虫、カエル、トカゲ、小鳥、ネズミ、リス、ムササビなどの動物のほか、果実も食べ、とくに秋にはノブドウやアケビ、ヤマグワ、オオカメノキの実などをよくとる。交尾は春から夏にみられるが、受精卵の着床遅延があるため、出産は翌年春になる。早春に擬似交尾といわれる行動がみられる。4〜5月に2〜4頭の子を樹洞やリスやカラスなどの古巣で出産する。子の成長については正確には知られていないが、6〜7週間で離乳し、巣から出るようになり、まもなく親から離れ、1年で成熟すると思われる。

【足跡の特徴】

　テンは樹上棲であるが、しばしば地上をもよく歩くので足跡を見ることができる。また、速歩するときはイタチのようにシャクトリムシ状に体をよくしならせて進む。走るときの足跡のつき方はリス類のそれに似ることがある。

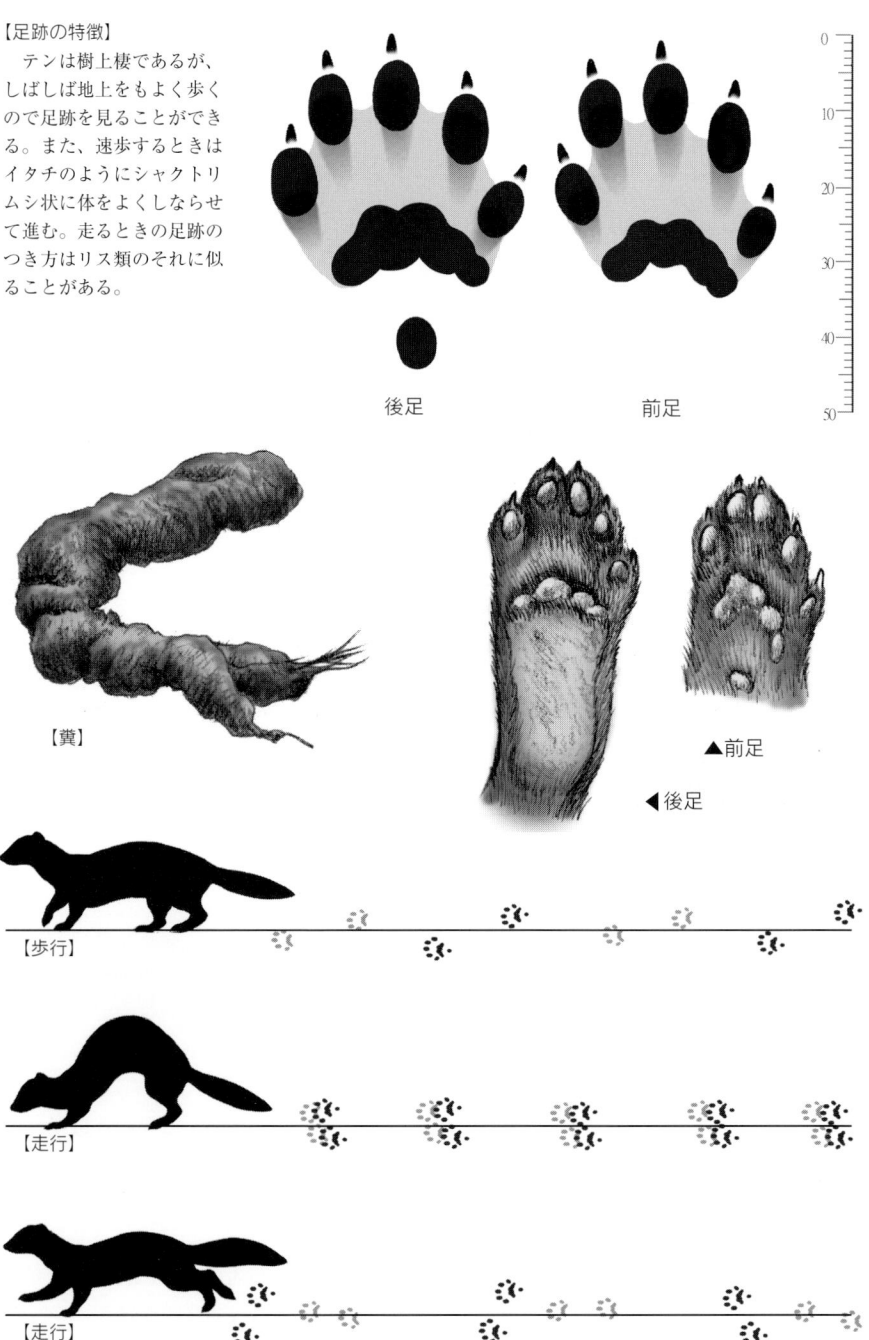

後足　　　前足

【糞】

▲前足

◀後足

【歩行】

【走行】

【走行】

夏　　　　　冬

【夏毛と冬毛】

　テンの体色には大きくは2つの型がある。キテンとスステンである。キテンの夏毛は橙色で、頭と顔が黒い。冬毛は、全体に美しい黄色で、頭と顔が白い。スステンの夏毛は全体に褐色で、耳からのどにかけて黄色、顔と四肢は黒い。冬毛は変異が大きく、キテンのように全体に美しい黄色で、頭と顔が白いものから、スステンのように地色は夏毛とほとんど変わらず、頭、顔、のどが淡い褐色となるものまで、およびその中間型もあり、色相によって区別される別型と考えられている。対馬産の亜種ツシマテン M. m. tuensis の冬毛はスステンに似るが、頭、顔、のどは白い。テンの各型および亜種とも、四肢、とくにその先端はつねに黒い。

コラム テン・ウォッチング

　森でなく、山道でよく出会うのがテンの糞だ。秋の景色を楽しみながらふと足元を見ると、岩の上などに黒い糞が見つかる。色は黒いが細くて長さが3cmほど。先尖りのチョロッとした糞である。落ちている枝先でほぐしてみると、小さな果実がびっしり入っている。それがテンの糞である。

　見上げれば、赤い実が目に入る。大きな丸い葉が特徴のオオカメノキ。錆びたように紅葉した枝先に、赤い実がびっしりついているように見える。立ち上がり、枝を引っ張って小さな木の実を眺める。遠くから見ると、びっしりついているように見えた実も、ここかしこが欠けている。そう、テンはその実を食べたのである。テンにとってオオカメノキの実は冬越しのための重要な栄養源なのだ。

　テンはイタチ科の動物の習性として、自分のなわばり内の目立つ場所に印を残していく。登山道にちょっと出っ張った岩の上などは、絶好のサイン・ポストである。何日かごとになわばりを回って匂いをつけていく。そうしないと留守だと思われて、たちまち隣のテンがなわばりを拡大してきて衝突し、無益な争いに発展するのである。

　南アルプスの麓で地上から3mほどの高さの台の上に張ったブラインドでイノシシを観察していたとき、テンが現れた。森の中は真っ暗で、目の前に指をもってきても見えないほどの暗闇だった。ふつうそのようなときは暗視装置、つまり赤外線を発射して、その反射を見るノクトビジョンを使って観察するのだが、テ

【糞】
岩の上に残された糞と木の実を食べた秋の糞。

ンは昼間と同じ歩調で現れたのである。彼らの目がどうなっているのかはよく分からないが、ともかく、昼間のように見えているのだろう。テンは台の下から現れると、ブラインドから10mほど離れた潅木に吊るしておいた肉片の方へ歩いていった。テンはその肉片を一口で持ち去るのだと思ったが、テンはその下を通り過ぎて視界から消えそうになったのである。そして15mほどのところでUターンしたのだ。同じ歩調で肉の下まで戻ってくると、今度は右手方向へ向かった。そこにはやぶがあったが、テンがそこを回り込んで止まった。そして肉の方をのぞくようにしてじっと見ると、また肉に向かって歩き出した。肉の下につくと、今度も素通りして、こちらから左手方向へ進んだのである。そこにやはり茂みがあったが、テンはぐるりと茂みを一周してまた肉の方へ向かった。

つまりテンは吊り下がっていた肉片を中心に十字を描いて歩き、ワナかどうかを確かめていたのである。そして肉片の近くにあった潅木にひらりと飛びつくと、2～3秒、肉片を調べた。潅木から降りると今度は慎重に歩いた。ゆっくりと肉片に接近していった。そして肉片をつるした木にポンと飛びついた、かと思ったら一瞬で地上に降りた。まだ疑っていて、足場を確かめたのである。

それからは早かった。3mほど離れたところから一気に肉片へ接近し、首を伸ばして肉片を引きちぎると、さっさと視界から消えていった。警戒すること20分、肉片をちぎること2秒ほどであった。テンは行動圏の中の様子をよく記憶しており、あるはずもない肉片に警戒したのである。この警戒心こそが生き残るための知恵のように思えるのである。

クロテン
SABLE

- 学　名：*Martes zibellina brachyura*
- 分　類：食肉目イタチ科
- 行　性：主に夜行性
- 分　布：ユーラシア北部に分布し、日本では北海道
- 大きさ：体長35〜56cm、尾長11〜19cm、体重700〜1800g

　平地から亜高山帯までの針葉樹林および落葉樹林に多く、時に高山地帯にも現れる。単独性、地上棲で、川の近くを好み、樹上で敏捷に活動する。なわばり内の岩や丸太、木の根の間に巣をいくつか作る。ふつう夜出て、ネズミ類のほか、ナキウサギ、鳥類、魚類、ハチミツ、漿果などを食べる。交尾期は6〜7月だが、着床遅延により、翌年の4〜5月ころ出産する。実際の胚の発達は25〜40日であると考えられる。数mもある深い巣穴の奥に、乾した草や体毛を敷きつめ、子を産む。1産1〜5子で、子の体重は30〜35g、30〜36日で目が開き、じきに巣穴から出る。約7週で離乳し、15〜16ヶ月齢で性成熟に達する。🐾

【特徴】

冬期、足の裏には硬い毛が密生し、尾は房状で先端が丸くとがらない。体毛は、冬毛では長く、艶があり、美しい。毛色は変異し、薄く灰色がかった茶色から濃い焦茶色で、顎の下面には常に淡色斑が見られる。夏毛は短く粗く、黒っぽく地味な色をしている。

後足　　　前足

夏場、泥の上についた足跡

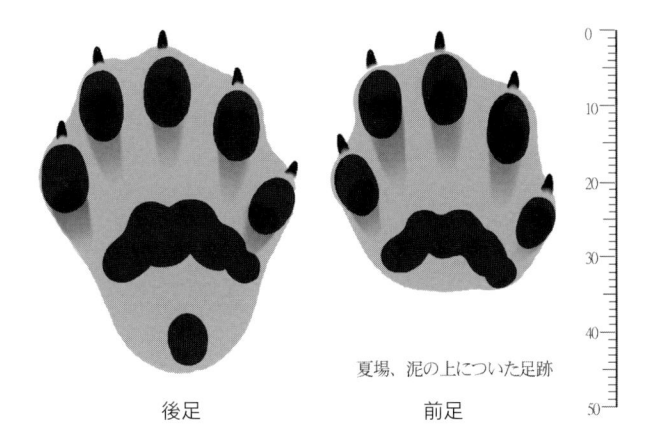

【歩行・速歩・走行】

クロテンはテンよりも樹上棲の度合いが高いが、しばしば地上をも歩く。またテンと同様に、シャクトリムシ状に体をよくしならせて速歩きする。身が軽く、北海道の雪質だと走行時の足跡はかすかに残ることが多い。

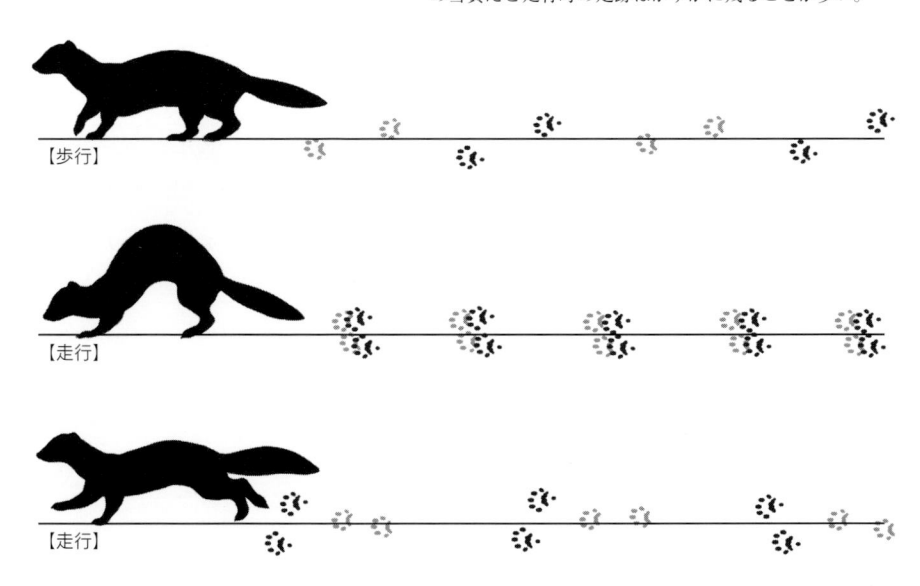

【歩行】

【走行】

【走行】

アナグマ
JAPANESE BADGER

- 学　名：*Meles anakuma*
- 分　類：食肉目イタチ科
- 行　性：夜行性
- 分　布：本州、四国、九州、小豆島
- 大きさ：体長52〜68cm、尾長12〜18cm、体重5.2〜13.8kg

　平地の丘陵地帯から低山帯の森林や灌木林に多く棲息する。地中に深いトンネルを掘って巣穴とし、数頭で生活する。巣穴の出入口は斜面や大岩の下、木の根元にあり、内部にはいくつかの部屋がある。夜に出て、主にミミズのほか昆虫、軟体動物などの小動物を食べ、カエル、ミミズ、ヒミズ、果実などさまざまなものを食べる。行動圏は10〜200haで1頭の行動圏内に、数ヶ所の採食場、巣穴、糞場がある。交尾期は4〜7月で、着床遅延があり、子どもは翌年の3〜5月に生まれる。1産2〜4子で、1ヶ月半〜2ヶ月で歩行を始め、3ヶ月になると母親といっしょに出歩くようになる。気温が10℃以下の晩秋になると活動が低下する。

第2部　フィールドの痕跡　215

前足

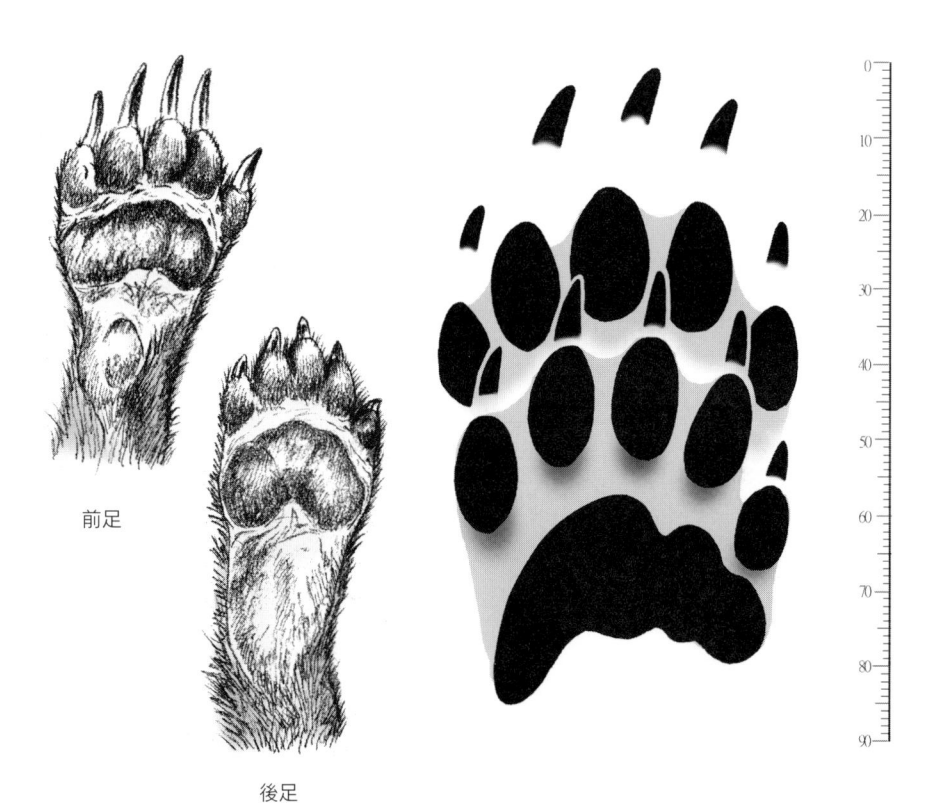

後足

【足跡の特徴】
　アナグマは強大な爪跡を残すことで知られる。爪は穴掘り用で、前足のものの方が大きく長い。歩くとき、アナグマは前足をのせた部分に後足をのせる。よく目立つ爪跡のおかげで、はっきりと残された足跡は、複雑な様相を示す。

【糞】

【歩行】

ニホンカワウソ
JAPANESE OTTER

- 学　名：*Lutra nippon*
- 分　類：食肉目イタチ科
- 行　性：おもに夜行性
- 分　布：かつては本州、四国、九州に広く分布していたが、現在では高知県南部のみ。
- 大きさ：体長54〜80cm、尾長35〜56cm、体重5〜11.5kg

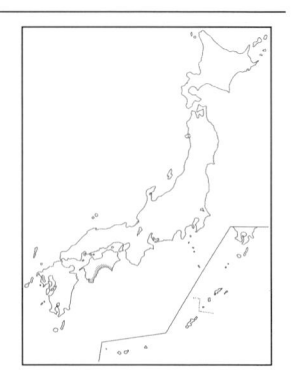

　平地から低山帯の水辺、河川の流れ込む海岸沿いに単独で棲み、岸辺の大きな木の根元に掘った土穴や岩の割れ目などを巣（休み場）とする。行動圏は直径10kmほどと思われ、そこに何箇所かの巣がある。夜出て、魚や甲殻類、カエルなどを食べる。行動圏内を定期的に歩き回って草むら、大きな岩の上などの目立つ場所に糞をしてサインポストにする。繁殖習性はよく知られていないが、交尾は水中で行われ、春から初夏が盛んらしい。妊娠期間は61〜63日ほどで、ふつう2〜5子が生まれると考えられる。子は巣の中に8週間ほどいて、母親に次の年の繁殖期が訪れるまでは親の元を離れない、と思われる。

前足

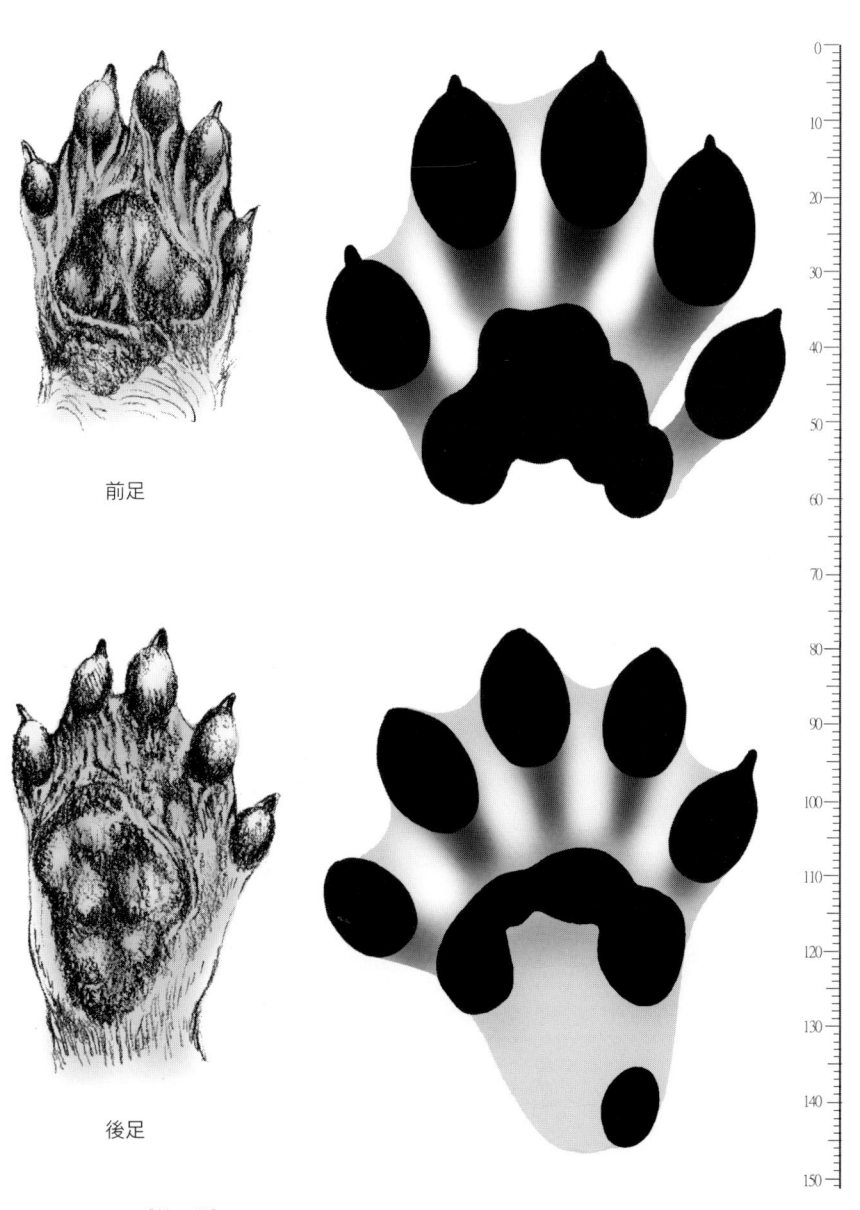

後足

【特　徴】
　游泳に適応し、みずかきのある5本指の丸い足跡が特徴である。体はイタチを巨大にしたようなものだが、尾は太くて胴との境界は不明瞭で房になるような長い毛は生えていない。耳介は小さく、水中では耳の穴を閉じることができる。

ニホンカワウソ

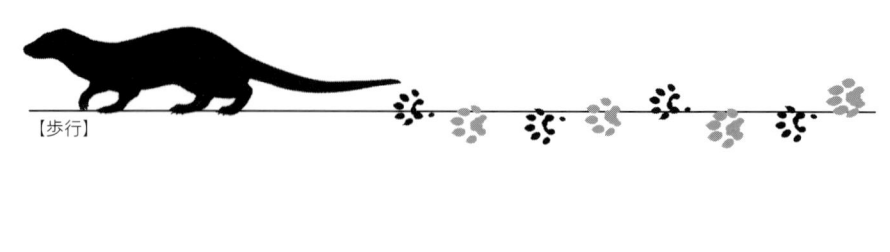

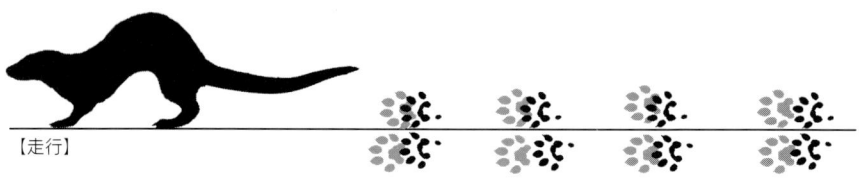

【歩行】

【走行】

【水辺の生活圏】
　岩の上に目立つ糞。その脇に通路がある。向かって左の草の荒れた辺りにカワウソのヌタ場。草で体をふいた跡。

第2部　フィールドの痕跡　219

【ニホンカワウソの糞】
新しい糞。軟らかなタール状の糞のこともある。

コラム ニホンカワウソ・ウォッチング

　1970年初め、四国南西部で当時すでに"幻"といわれていたニホンカワウソの調査を行った。棲息しているのかどうかもよく分かっていなかった動物の存在を知る主要な手がかりはただ一つ、糞であった。調査は連日カワウソの痕跡探しに終始した。糞を求めて四万十川沿いから、足摺岬、宿毛から宇和島までの河川沿いと海岸を歩き回るのだ。
　カワウソの糞は大きさはさまざまだが、新鮮ならば真っ黒で、中に魚の鱗や背骨、エビなどの甲殻の破片、触角などが含まれている。古くなるとほとんど粘液質の部分は雨に流されて、真っ白な魚の骨だけが十数個残っているという状態になる。この糞を川岸あるいは海岸沿いに歩きながら探すのである。目を皿のようにして、岩の上やくぼみを見ていく。
　運がいいとカワウソ独特の大きな足跡も発見できるが、どこででも見つけられるというものではなく"濡れた細かい砂の上"に限定される。前足のは、長さ・幅とも約6 cm、後足のは長さ約7 cm、幅約6 cmで、指の数は5本だ。指の間にみずかきの跡がみられることもあり、イヌの足跡（前足は4本）とは明瞭に区別できるのだが、よっぽどの好運でないと典型的な形が残っていないので、これだけを目的に調査するわけにはいかない。
　さらに幸運だと、〈ヌタ場〉や休み場も見つかる。カワウソは水から上がるとイ草などの茂みで転げ回って体の水分を落とし、それから休み場へ行くというのである。
　いずれにしても痕跡を確認したら、次は姿の確認である。糞の様子、あたりの

地形、飲み水である真水の有無などから判断して、ここぞと思う地点に張り込むしかない。カワウソは主に夜行性であるから、張り込みは当然、徹夜となる。昼と夜の生活を逆にして、何日も何日も予定が許す限り待ち続けるのである。

　河川や海岸を調査して回りながら、「自分がカワウソならばこんなところに棲みたい」というポイントをチェックしていった。野犬などの外敵が来なくて、静かで、鬱蒼と繁った大木を含む森があり、そこそこ日当たりが良い空間が開けている。近くに水量の豊富なきれいな川があり、その川は見た目にも魚影が濃い。川と森の間に渓流や草むらなどがある。こんな場所が理想的だろう。

　それと撮影となると、こちらの場所の具合も問題となる。まず一晩過ごしても安全かつ快適であること、人などが来なくて邪魔が入らないこと、静かで見通しが利くこと、ブラインドを張っても荷物や器材を置いてもなおかつ足を伸ばしたりするスペースがあることなどが条件である。

　そんなカワウソと人の両方に都合の良い場所があるとは思えないが、最初からガマン状態では長期戦は無理だ。とは言いながら、結局、選んだ地点は海岸の崖の下だった。渓流が流れ、奥には暗い森があり、カワウソには快適そうだったが、人間側の快適条件はまったく満たしていなかった。ともかく、張り込んで撮影しなければとの思いはあったから、少々のことはガマンしなくてはならない。

　ところで、撮影ポイントは海岸と述べた。海にカワウソがいるなんて変だと思う人もあるかもしれないが、実は川で獲物がとれなくなったカワウソは海で生活するようになるのだ。もちろんラッコと違って真水を飲むからいつもは川のそばで暮らし、夕方になっておなかがすくと海に行く。そして朝になるとまた川をのぼって奥にある休み場へ帰る。

　観察地点は、海岸でも海岸段丘の下だったが、渓流の脇に小さな砂浜があり、そこにカワウソの足跡がくっきりと残されていた。浜の岩の上には糞があった。これらのポイントを見渡せる場所として崖下を選んだのだが、いつ岩が落ちてきても不思議はない。落石があったならあったで、それも運命とばかり、ブラインドを張って豪雨でもかなりの時間頑張れるように固定したのである。

　こうして観察を続けた結果、足掛け4年、延べ180日ほどの間に、4回、ニホンカワウソの姿を観察することができた。その姿を撮影し、証拠写真とした。1974年8月のことであるが、それ以降、ニホンカワウソに関する記録はきわめて減っていった。私の知る限りニホンカワウソ最後の写真は、1977年6月に高知新聞に掲載された室戸岬付近で撮られたものである。1979年6月に新庄川で撮影されたものはボルネオカワウソと同定されている。数年前、高知県幡多郡の山村の中を流れる川の中州で撮ったという足跡の写真を見せてもらったことがあるが、確かにカワウソのものであった。みずあきのある巨大な足跡である。これから見て、現在でもニホンカワウソは、ごく少数が生き残っている可能性はあると思われる。🐾

四国南・西部に残ったニホンカワウソの記録（時期と場所と状況）

1965/5/12	ニホンカワウソ、国の特別天然記念物指定される。
1965/11/1	高知県大正町轟崎。川蟹獲りの籠に入って死亡。性別不明。
1966/8/1	高知県佐賀町佐賀の海岸。磯建網にかかって水死。土佐清水市の標本。
1967/4/1	土佐清水市布。磯建網にかかり死亡。市公民館の標本。
1967/1/1	土佐清水市浜益町。死体見つかる。性別不明。
1968/4/1	中村市森沢。メスの死体、市教育委員会の標本。
1968/8/1	高知県大方町田の口。メス、イヌに殺される。万行保育園の標本。
1969/3/24	土佐清水市布。オスが建網にかかり死亡、市教育委員会の標本。
1969/11/14	土佐清水市以布利。オスが建網にかかり死亡、市教育委員会の標本。
1970/3/8	土佐清水市大岐。メスの死体、中村高校の標本。
1970/3/13	土佐清水市見残。磯建網にかかり死亡。性別不明。出合小学校の標本。
1970/10/16	宿毛市松田川。メスの死体、宿毛中学校の標本とされる。
1971/1/1	土佐清水市長笹。メスの死体、下の加江小学校の標本とされる。
1971/4/1	愛媛県北宇和郡由良海域。漁網にかかり死亡。
1971/8/1	愛媛県宇和島市九島。乳房の張るメスが捕獲されるも衰弱死。
1971/10/1	土佐清水市下の加江。メスの死体。下の加江小学校の標本。
1972/3/29	中村市道崎。メス、撲殺される。国立科学博物館の標本とされる。
1972/5/24	中村市で国立科学博物館などによる生息状況調査。糞、足跡、食痕、休み場、そして1頭を確認。
1973/2/4	土佐清水市布。オス、撲殺される。
1973/5/10	愛媛県城辺町の防波堤付近。メス、生け捕られ、5時間後に死亡。
1973/6/1	愛媛県北宇和郡津島町。オスの幼獣捕獲。
1974/8/31	土佐清水市布付近の海岸で写真、撮影される。同じ地点で前々年より数回、目撃。翌年、隣の入り江で1頭の死体が上がる。
1975/3/4	高知県佐賀町。伊予木川河口から7km上流、車に轢かれて死亡。
1975/9/5	須崎市押岡の大阪セメント高知工場の食堂に入り込む。近くの川へ放す。
1976/7/1	須崎市新庄川。1頭が生け捕られる。
1977/5/20	室戸岬突端部付近。76年夏ころから釣り人がしばしば目撃。真新しい糞。
1977/8/5	室戸岬突端部西側から約2km沖で遊泳するのを目撃し、岩場で休息。この姿は撮影され、高知新聞に掲載される。
1979/1/1	須崎市、新庄川河口の海岸。死体が発見される。
1983/4/4	高知県仁淀村の岩屋川上流。幼獣の死体見つかる。
1990/10/24	須崎市内の河川。下郷・中町付近。水辺の泥地に15～20個の足跡。
1992/3/10	高知県佐賀町の海岸。カワウソの糞？見つかる。内容物は魚の骨や鱗。
1996/7/14	高知県葉山村の新庄川。カワウソの死体らしきもの川底で見つかるも遺棄。

クマ類
BEAR

学　名：*Selenarctos & Ursus*

ニホンツキノワグマ
エゾヒグマ

　日本には2種のクマ類が棲息する。北海道のヒグマと本州、四国、九州のツキノワグマである。体の色と大きさを除けばどちらも似ているように思うが、暮らしぶりなどはだいぶちがう。食べ物は、ヒグマは肉食の傾向が強く、牧場のウマを襲ったりするほどである。ツキノワグマはドングリなどの木の実が好物で、植物食の傾向が強く、木によく登る。体の重いヒグマの成獣はほとんど木には登らない。また、冬ごもりの穴もちがう。ヒグマは山の斜面に土穴を掘ったり、岩穴で冬を過ごすが、ツキノワグマは大木の根元にある洞に入ることが多い。

ニホンツキノワグマ
Japanese Black Bear

- 学　名：*Selenarctos thibetanus japonicus*
- 分　類：食肉目クマ科
- 行　性：主に夜行性
- 分　布：日本では本州、四国、九州。九州では2001年5月に絶滅宣言が出された。
- 大きさ：体長110〜130cm、尾長約8cm、体高50〜60cm、体重40〜130kg

　平地から亜高山帯の森林に単独で棲息し、落葉樹林地帯や低木地帯に多い。ふだんは茂みや岩の下などで休んでおり、夕方から活動する。なわばりはもたず、広い範囲を歩き回り、年間の行動圏は平均で40〜70平方kmである。主に植物食で、春から夏は草本類や、ブナの新芽、コブシの花、タケノコ、アリ、地バチなどの昆虫類、サワガニ、などを食べる。秋にはドングリや果実や種子を大量に食べて脂肪を貯える。交尾期は5〜7月だが、受精卵は着床しない。11月下旬から12月にかけて樹洞、木の根元にできた穴、木の根元の割れ目、倒木の下などにもぐりこみ、冬眠に入る。メスの成獣は、冬ごもり中に1〜3頭の子を出産する。🐾

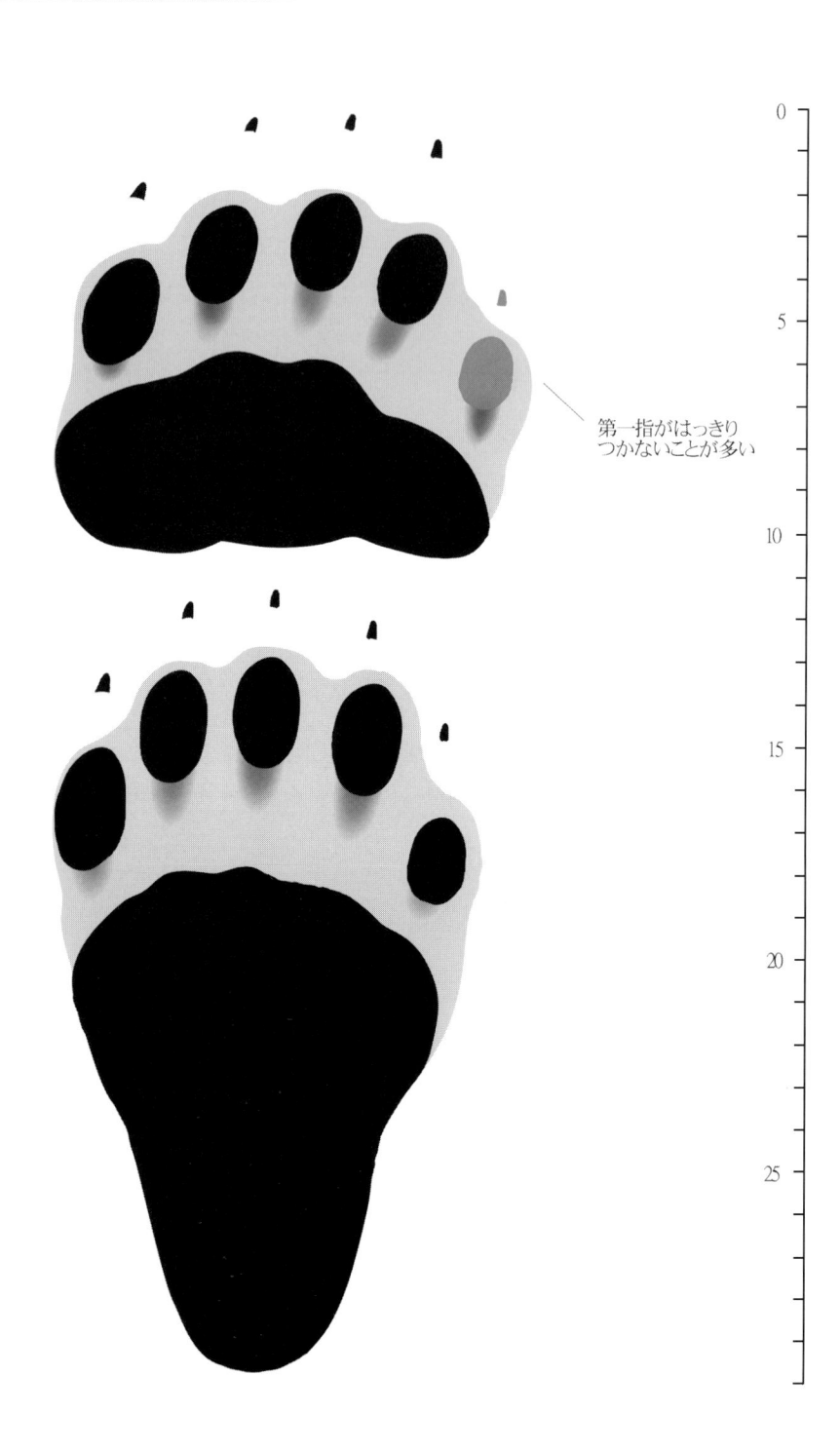

第一指がはっきり
つかないことが多い

第2部　フィールドの痕跡　225

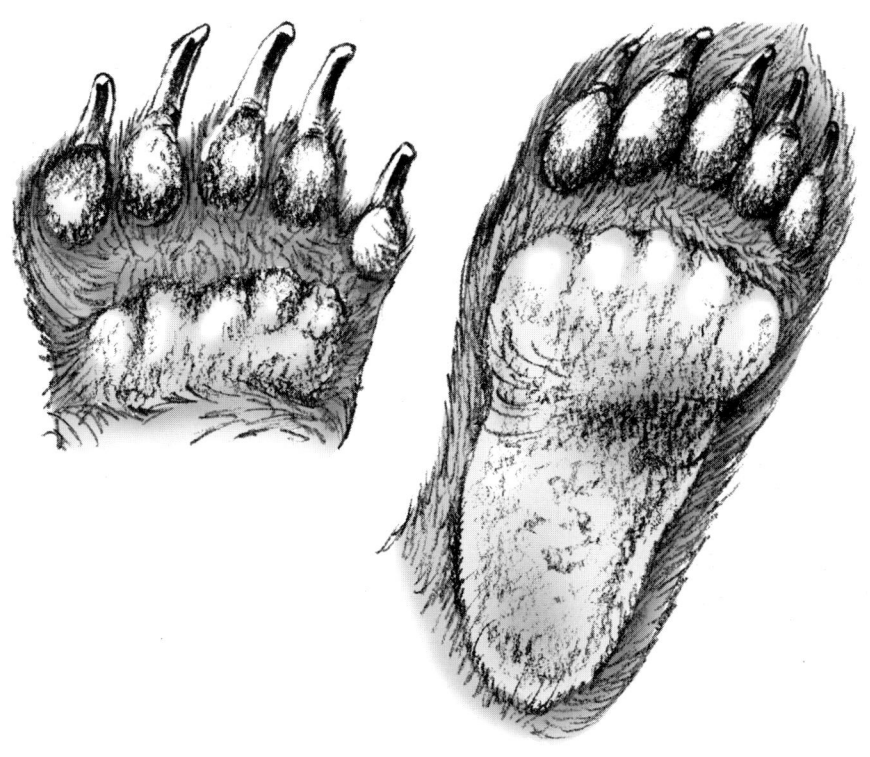

【足跡の特徴】
　わが国最大の食肉類。歩き方は人間のようにつま先からかかとまでを地面につける蹠行性。前後足の指先には強大な鉤爪5本がある。

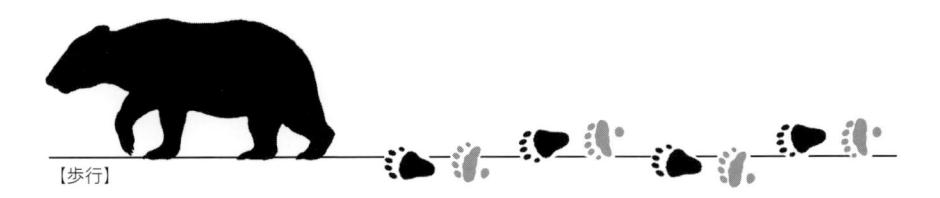

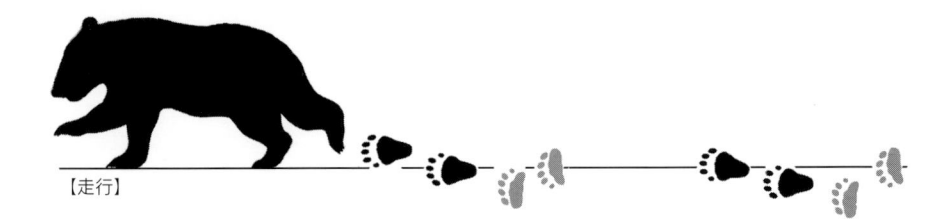

【歩行】

【走行】

226　クマ類：ニホンツキノワグマ

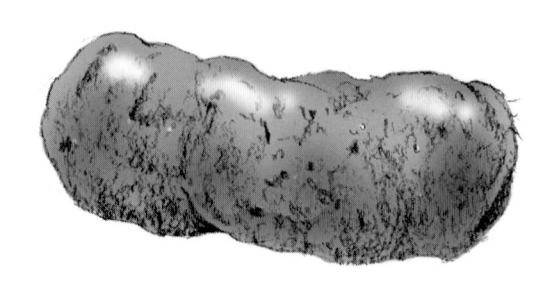

上）ニホンツキノワグマの糞

下）ツキノワグマの痕跡
　　ツキノワグマのクマ棚（左）、折った枝（下）と、冬越し穴（右）。

コラム　節分の夜明けに出産

　真冬。山は厚い雪に覆われ、木々はひっそりと寒さに耐えている。だが、暦の上ではじきに節分。雪深い森の奥でも、動物たちはすでに春の到来を予感している。そんな動物の一つがツキノワグマだ。彼らは秋にドングリや野ブドウをタップリと食べて太り、どこかの大木の根元の穴で眠りながら、冬をやり過ごそうというわけだが、メスは「節分の夜明け」に出産するといわれるのである。

　もちろんこれは猟師の言い伝えで、厳密な意味ではないが、当たらずとも遠からず。実際、ツキノワグマのメスは1月下旬から2月中旬に、冬ごもりの穴でウトウトしながらふつうは2頭の子どもを出産する。

　クマの出産については長い間、謎に包まれていた。というのは、交尾は6月ころに確かに行われるのに、秋に捕獲したメスグマで胎児を持っていたものが、ついぞ見つかった例がなかったからである。秋には当然、かなり大きな胎児が入っていなければならないはずなのだが、それが見つからなかったのである。

　それは、ふつうの動物では卵が成熟すると、ただちに分裂をはじめて胎児が形成され、どんどん大きくなるものであるが、クマでは受精した卵が一向に発育せず、秋の終わりまで休眠し続ける。クマの卵も大きさではほかの獣と違いがなく、針の先でつついたほどの大きさであるから、猟師がメスグマの腹を開いたところで見つかるはずがない。また、卵は胎児にさえもなっていないし、もちろん胎盤もできていないのだから、妊娠しているとも言えないわけである。交尾しても4ヶ月以上も妊娠しないでいたくせに、晩秋になると突然妊娠するというのは、いかにも不思議なことである。クマだから良いが、人間だったらいろいろな悲喜劇が起こるにちがいない。

　ともかく、クマは冬ごもりをしながら出産と育児を行うのだが、クマの体温はふだんの37℃くらいから数度しか下がらない。そのおかげで赤ちゃんグマは暖かなミルクを飲むことができる。もし多くの冬眠動物のように0℃近くにまで下がったら、冷たいミルクを飲まざるを得ず、凍死する赤ちゃんも出るはずである。母グマはたいそう赤ちゃんを可愛がり、体中をなめ回して育てる。それで、クマはなめて目鼻をつける、ともいわれる。

　雪に覆われた森の奥で、何万年もひっそりと営まれてきたクマの生活だが、近ごろの日本列島は林道が山奥まで延び、冬ごもりのための大木がなくなり、雪山も騒々しくなり、おちおち子育てもできないという状態であるらしい。

エゾヒグマ
YEZO BROWN BEAR

- 学　名：*Ursus arctos yesoensis*
- 分　類：食肉目クマ科
- 行　性：主に夜行性
- 分　布：日本では北海道、国後島、択捉島
- 大きさ：体長170～230cm、尾長6～21cm、体高90～150cm、体重150～250kg

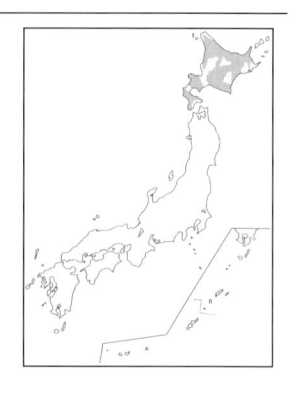

　平地から亜高山帯の森林・原野に単独で棲息し、夏から秋には高山帯にも現れる。食べ物となる動植物はフキ、ササの芽など植物の茎、根、ノイチゴ類、コクワ、ミズナラの実などのほか、アリ、ハチ類、サケ・マス、シカなど150種類以上に達する。なわばりはもたず、行動圏はオスで数100km²、メスは数km²から40km²ほどである。交尾期は5月上旬～7月上旬で、着床遅延がみられる。12月中旬から4月末まで、土中の穴や樹洞などで冬眠する。メスの成獣は冬眠中に1～2頭、稀に3頭の子を出産する。母と子は生後1年4ケ月～2年4ケ月まで行動をともにする。オスは満2～5歳、メスでは満3～4歳で性的に成熟する。

第2部　フィールドの痕跡　229

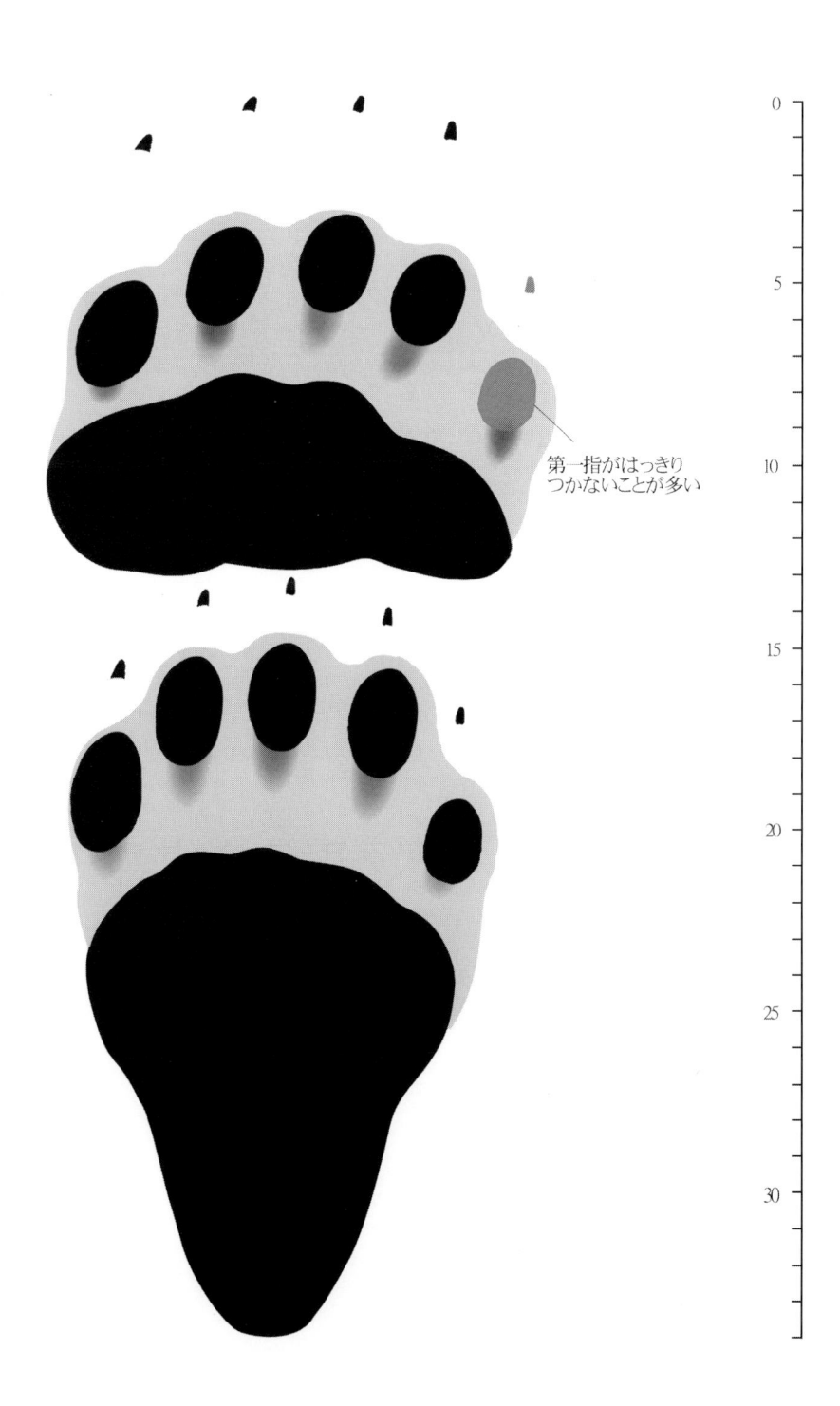

第一指がはっきり
つかないことが多い

クマ類：エゾヒグマ

【エゾヒグマの糞】
　木の実などを食べたときの糞（左）。右はハイマツが消化されずに残った糞。薄い褐色。

【エゾヒグマの冬ごもり穴】
　エゾヒグマは斜面に自分で土穴を掘ったり、岩穴などを「冬ごもり穴」とすることが多い。冬ごもり用の穴は深く、奥行きが3mに達するものもある。しかし、入口は想像以上に小さい。根雪が降るころ、本格的な冬ごもりに入る。

コラム　クマにささやきかける冬ごもりの合図

　北アメリカには何種かのヒグマが分布しているが、1965年に、そのうちの1種ハイイログマ（グリズリーベア）の冬ごもりに関する興味深い調査が行われた。

　調査はイエローストーン国立公園で行われ、野生のクマに電波発信器を組み込んだ首輪をつけて、刻々と送られてくる電波から、クマがどこで何をしているのかを突き止めたのである。

　「イエローストーンの夏は短く、9月にはすでに秋が訪れる。9月15日の突然の寒気がクマたちに冬ごもりの準備を告げた。10月に入ると冬の兆しが見えてくる。首輪をつけた4頭のクマたちは、空を初雪が舞った日、いっせいに巣穴に向かって移動を開始した。しかし、その雪は根雪にならず、クマたちはポツポツと、夏をすごした地域の方向に戻り始めた。その後も何回かの降雪や吹雪があったが、そのたびにクマたちは巣穴に向かって移動を繰り返したが、なかなか冬ごもりには入らなかった。

　10月15日、穏やかな晴天だったが、午前11時半、受信機はどのクマも巣穴目指して、また移動していることを知らせていた。気圧計の針はグングン下がっていた。午後4時になって、雪が降り始め、夜半にはイエローストーン一帯は吹雪に包まれた。しかし、クマは巣穴まで行ったものの穴には入らず、冬ごもりはしなかった。2日間荒れ狂った吹雪はやみ、翌日からは天気が回復し、雪はすっかり消えてしまった。

　11月11日、雪がチラチラ舞い始めると、クマは1頭残らず巣穴にもぐりこんだ。送信器の発する信号が極く弱くなったのだ。雪はやがて吹雪となり、クマの足跡も巣穴の入り口も、すべてを覆い隠した。ハイイログマは春までの長い眠りについたのである」

　その後の調査でハイイログマは、早い年で10月21日、遅い年で11月26日に冬ごもりに入ることが分かったが、それは決まって春まで解けることのない根雪となる大雪が降った日だったという。

　1970年代に入ってこの調査は、NASAの協力のもと、人工衛星を利用して行われた。冬ごもり中のクマのデータを衛星が中継したのである。

　また、クマの冬ごもりに入る順序が年齢などによって違うという研究もある。これは、アメリカクロクマに発信装置を取り付けて、調査されたものだ。それによると、一般的に、成獣のメスが一番早く穴に入ってしまい、それから、若いクマが続き、一番最後となるのは、大きな成獣のオスだというものである。

春が来て、日照時間が延びたことや、雪溶け水が穴に入ることが原因となってクマは穴を出るが、このとき、一番早く出るのは若いクマ、続いて成獣のオス、最後にメス、というように入るときと逆になるそうである。成獣のメスは、穴の中で子を産むので、育児のために長く穴に入っている、とのことである。おそらく日本産のクマも似たような習性をもっていると思われる。🐾

コラム 本州にヒグマがいないわけ

およそ2万年前の最終氷期には、化石から、ヒグマも本州まで南下したといわれる。ではなぜ、強大なヒグマは本州からいなくなったのだろうか。ツキノワグマは棲息するのに。

地上で生活するヒグマが本州に残れなかったのは、氷期が終わって暖かくなるにつれ、現在、亜高山帯に見られるような明るい針葉樹林が少なくなり、食物に窮したためではないかと思われる。そのような林にはおいしい実を結ぶ灌木が茂っている。ヒグマは秋になるとこれを好んで食べたのだ。

南方系で、木登りの巧みなツキノワグマは、広葉樹林が本拠である。そして木に登ってドングなどの実を食べる。それだけでなく、当然、ヒグマの好きな灌木の実も食い荒らしたにちがいない。しかもツキノワグマの棲息に適した温暖な森林は時とともに広がり、このクマの個体数も増加したから、ヒグマの食べ物はいよいよ少なくなり、再び寒くなる前に絶滅してしまったのだろう。

暖かくなって北海道の北端までドングリがたわわに実るようになって、ツキノワグマは北海道にも分布域を広げたに違いない。縄文人がサロベツ原野あたりまで住みついた頃である。だから北方系のヒグマは、大雪山の高所やサハリンあたりまで北上せざるをえなかったかもしれない。だが、気候がやや寒冷化したとき、再びヒグマが南下したために、比較的温暖でドングリなども多い道南からもツキノワグマは駆逐されてしまったのだろう。

こうして現在の分布、つまり北海道にヒグマ、本州、四国、九州（近年、絶滅したとされる）にツキノワグマという分布図が出来上がったのである。🐾

ツキノワグマ

ヒグマ

【ツキノワグマとヒグマの違い】
　ツキノワグマとヒグマのちがいは、まずは体の大きさである。ツキノワグマの名の由来となった胸の"三日月模様"は、ヒグマにもあるから、識別点にはならない。重要なのは眼の位置である。ツキノワグマでは吻端と耳介の中間部よりはるかに前に位置するが、ヒグマではそれがほぼ中間にある。

ハクビシン
MASKED PALM CIVET

- 学　名：*Paguma larvata*
- 分　類：食肉目ジャコウネコ科
- 行　性：夜行性
- 分　布：日本では、山形、福島、神奈川、静岡、長野、山梨、愛媛、奥尻島など。
- 大きさ：体長51〜76cm、尾長40〜60cm、体重3.6〜6kg

　平地から低山帯の森林、集落周辺の森に棲息する。ふつう単独で生活し、木登りが得意で樹上をよく利用する。ねぐらは岩穴や樹洞にあり、夜暗くなってからねぐらを出て、鳥類とその卵、昆虫、その他の小動物から果実類などを食べる。果実（イチジク、マンゴー、バナナ、ミカン、カキ、ビワ、ナシなど）、トウモロコシなどの野菜を食害する動物として果樹栽培地などでは嫌われている。繁殖はふつう5月から10月で、妊娠期間は2ヶ月弱、1〜4頭の子を産む。しかし、3月に4頭の大きな個体とやや小さい8頭が入っていた記録がある。出産は樹洞、地中の穴、岩穴などで行う。子の目は生後9日で開き、3ヶ月で親とほとんど同じ大きさになる。

第2部　フィールドの痕跡　235

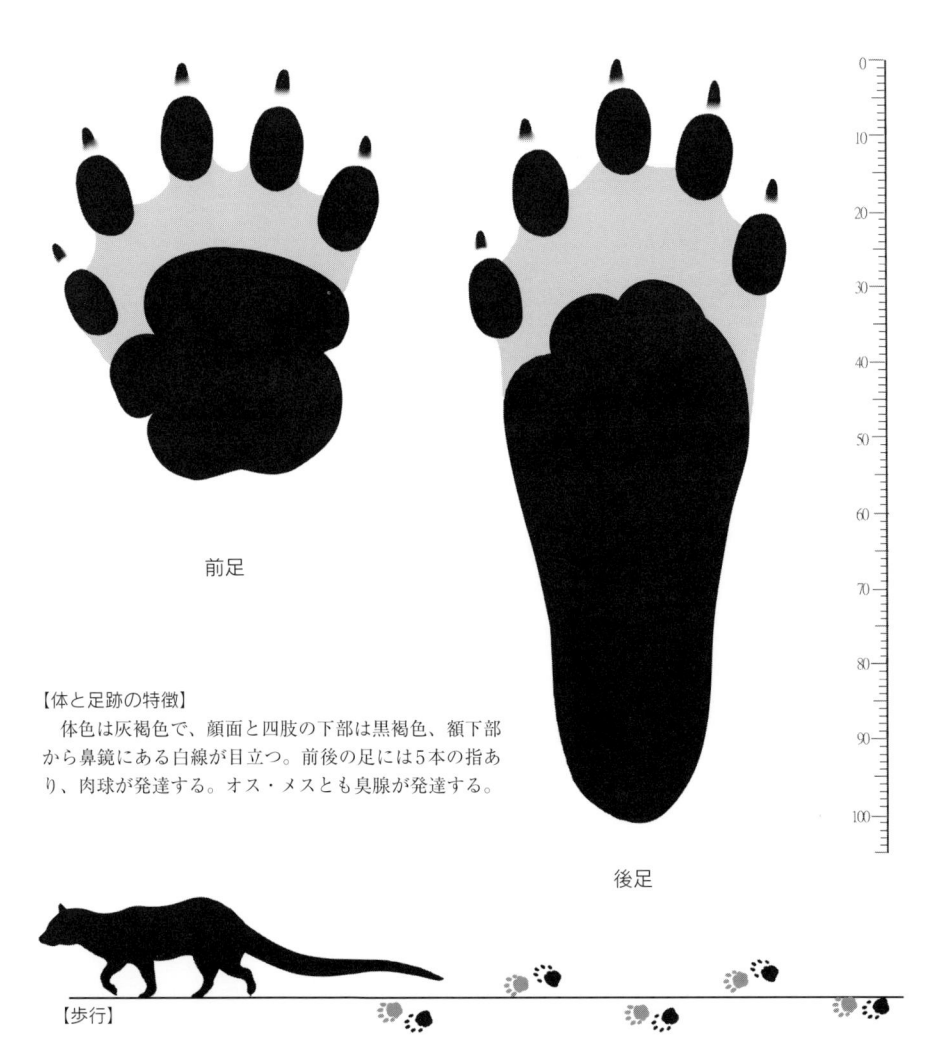

前足

後足

【体と足跡の特徴】
　体色は灰褐色で、顔面と四肢の下部は黒褐色、額下部から鼻鏡にある白線が目立つ。前後の足には5本の指あり、肉球が発達する。オス・メスとも臭腺が発達する。

【歩行】

【糞】

ヤマネコ類
WILD CAT

学　名：*Felis & Mayailurus*

ツシマヤマネコ
イリオモテヤマネコ

　日本には2種のヤマネコが棲息している。1種は古くから知られていた極東に分布するアムールヤマネコの1亜種、対馬のツシマヤマネコである。もう1種は、1967年に初めて記載された沖縄の西表島のイリオモテヤマネコである。外形をイエネコと比べると、耳先が丸く、虎耳状斑（耳の後ろの白斑）があり、尾が先まで太い。足は大きく、肉球が大きい。🐾

ツシマヤマネコ
TSUSHIMA LEOPARD CAT

学　名：*Felis bengalensis euptilurus manchurica*
分　類：食肉目ネコ科
行　性：主に夜行性
分　布：日本では対馬だけに分布
大きさ：体長60〜83cm、尾長25〜44cm、体重3〜6.8kg

対馬

　島の全域に棲息するとされるが、近年では南側の下県（しもあがた）からはほとんど報告がない。海岸線から標高80mほどまでの海岸近くのコナラ林やススキ原を好み、樹洞や廃屋などを休み場とする。ふつう夕方から活動し、おもにアカネズミやヒメネズミなどの森林性のネズミ類を食べ、他にカモ類、カエル、ヘビ、魚類、昆虫などを捕える。行動圏はオスは広くおよそ2km²で、メスはずっと小さい。繁殖期の冬から早春には日中の活動が増す。2ヶ月の妊娠期間を経て5月上〜中旬に出産する。樹洞などでふつう1〜3子、平均2頭を産む。詳細は知られていないが、子どもはおよそ2ヶ月で巣から出て遊ぶようになり、1年ほど母親と共に行動すると思われる。🐾

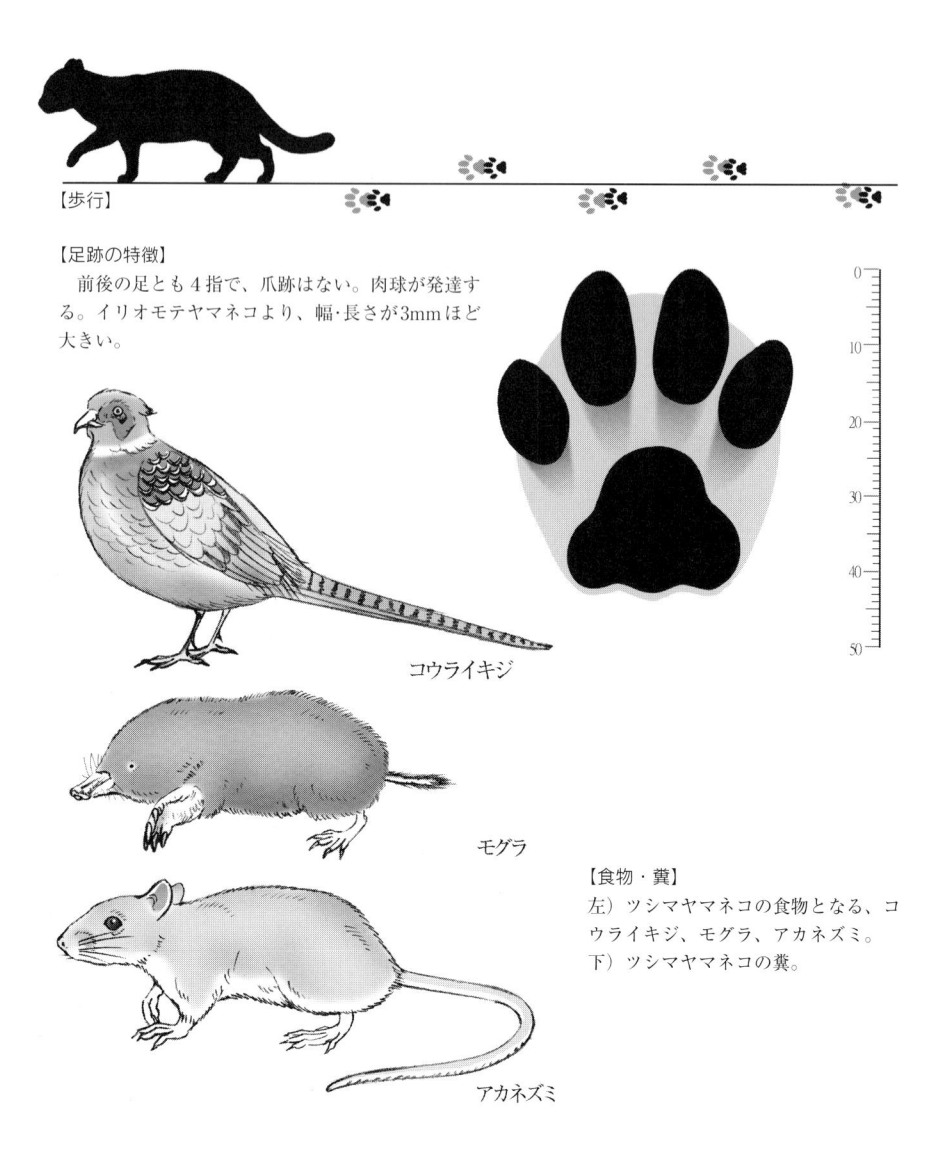

238　ヤマネコ類：ツシマヤマネコ

【歩行】

【足跡の特徴】
　前後の足とも4指で、爪跡はない。肉球が発達する。イリオモテヤマネコより、幅・長さが3mmほど大きい。

コウライキジ

モグラ

アカネズミ

【食物・糞】
左）ツシマヤマネコの食物となる、コウライキジ、モグラ、アカネズミ。
下）ツシマヤマネコの糞。

コラム　ツシマヤマネコの絶滅の危機

　ツシマヤマネコの棲む長崎県の対馬は、古くから開発され、自然林はごくわずかしか残っていない。そのような島にヤマネコのたぐいが少数ながらも棲息していること自体が驚きだが、近年は交通事故の増加、野イヌや野ネコの存在でますます個体数を減らしている。現在の一番の問題は、人間が飼育していたイエネコの野生化が進み、2種のネコ類が混生していることである。

　対馬でツシマヤマネコの痕跡を探すのは容易でない。野ネコがいるために、足跡や糞を見つけても、それがツシマヤマネコのものかどうかを判定するのが難しいのである。足跡は大きさで、糞は中に混ざっている体毛で判定するのがよいが、これも簡単ではない。対馬に棲息している野ネコには、トラ毛のものがおり、その体毛はツシマヤマネコのそれときわめてよく似ているからである。

　2種を区別するとき、参考になるのが「匂い」である。ツシマヤマネコには麝香臭を含んだ独特の匂いがある。それに似た匂いは糞からも感じる。ツシマヤマネコの匂いは、それを飼育している福岡の市立動植物園で体験できる。ここでは2003年1月から一般に公開している。また対馬にある環境省の野生生物保護センターで飼育中も2003年12月から公開される。

　対馬における野ネコの存在が重要視される原因は、同じ生態的地位にある動物同士ということだけでなく、ネコ類に流行するいわゆるネコ・エイズ、猫免疫不全ウイルスをツシマヤマネコに感染させるからである。実際、福岡市で飼育されているツシマヤマネコは陽生であるし、保護センターで公開される個体も感染している。今、ツシマヤマネコはその存続の危機の真っ最中にあるとみてよいだろう。

イリオモテヤマネコ
IRIOMOTE CAT

- 学　名：*Mayailurus iriomotensis*
- 分　類：食肉目ネコ科
- 行　性：おもに夜行性
- 分　布：沖縄県の西表島
- 大きさ：体長60cm、尾長20cm、体重4〜5kgほど

　島の全域のシイ・タブの森林に棲息するが、山麓の湿地や河川の周辺で活動することが多い。休息場は樹洞や岩穴で、夕方出て、ネズミ、オオコウモリ、イノシシの子などの哺乳類、カルガモ、オオクイナ、コノハズクといった鳥類を主に捕食する。カモなどは水に入って狩ることもする。行動圏はオスで平均3.2km²、メスで平均1.8km²であり、複数のメスの行動圏が1頭のオスの行動圏の中に含まれる。繁殖期は12月ころから始まるが、交尾のピークは3月である。ふつう5月ころ、樹洞で2頭の子を出産する。子どもはおよそ2ヶ月で巣穴を出て、母親と狩りに出るようになる。母親の行動圏の中に自分の行動圏をもち、そこで1歳くらいまで暮らす。🐾

【歩行】

【足跡の特徴】
　オスの足跡はやや大形で、幅37〜40mm、長さ36〜39mmであるが、メスのものは小形で、幅約34mm、長さ約33mmである。繁殖期の3月ころには、農道などに大きな足跡と小さな足跡が、近寄ったり少し離れたりしながら数100mにわたって残されることがある。

【糞】
　イリオモテヤマネコの糞は、特に夏は、新旧の判別が難しい。亜熱帯性の直射を浴びた糞は、たちまち乾燥して固まる。こうなると豪雨でも溶けることはない。しかし、排泄時が豪雨だとじきに溶け、雨がやんだときにはあたかもごく古い糞のように見えるのである。

コラム イリオモテヤマネコ・ウォッチング

　昼間の原生林がいくつもの濃度と色彩をもった主として緑色の植物の世界なら、夜の原生林はさまざまな音階と音色をもった動物の世界である。

　ヤマネコを待つ間、カエルやコノハズク、クイナの合唱に聞きほれていると、いつしか催眠状態に陥ってしまう。ヒトは暗闇で視界が利かないと、脳まで働かなくなる。目の前、およそ7mにセットしてある囮のニワトリは、うずくまり、死んだように動かない。眠っているのだ。

　息を殺して夜目にも白いニワトリを見つめていると、頭の中で勝手にヤマネコが現れ、黒い影となってニワトリに忍び寄ってくる。錯覚が作り出す幻想だ。

　と、突然、絶叫に近いニワトリの声と羽音が聞こえた。電流が走ったかのように背筋が伸び、全身が緊張した。だが、囮のニワトリはまったく静かなままである。これも幻想だったか……と思ったとき、「バサバサバサ……」と羽ばたきと足音が聞こえたかと思うと、目の前を白い塊が走り去った。湿地の奥にセットしたニワトリが逃亡してきたのだ。ヤマネコの追跡はなかった。すぐに原生林はもとの音の世界に戻ってしまった。

　逃亡してきたニワトリは、ヤマネコの攻撃を逃れた、つまりヤマネコは眠っているニワトリを獲りそこなったのである。ネコ類は食肉類きっての洗練された"殺し屋"であるにも関わらず、"鳥目"のニワトリの狩りに失敗するとは、その名がすたるというものである。

　ほとんどいつもこの調子だから、脚をほとんど固定してあるニワトリですら、1回目の攻撃には失敗する。しかし、1度攻撃されたニワトリは、驚いて首を伸ばしてあたりを警戒するため、この伸ばした首がヤマネコの2回目の攻撃の目標となってしまう。脚が自由にならないためにニワトリは倒されるが、このときもまたイリオモテヤマネコはスマートさを欠いている。大きな獲物を殺す場合、ほとんどのネコ類は首に咬みつく。瞬時にして頚椎の隙間に牙を差込み、脊髄を切断する。これは獲物に致命傷を与える。角や牙のある危険な獲物であっても、咬んですぐに獲物から離れて反撃を避けても、逃げられないのである。ドイツのマックスプランク研究所のネコ科動物行動研究所のライハウゼン博士も驚いていたように、まるでトラのように力まかせに獲物を引っ張り、首を引きちぎってしまうのである。

　さらに殺し屋らしからぬところは、食事のマナーである。南アメリカのヤマネコなどは、食べる前に捕えた鳥の羽毛をきれいにむしりとり、ヨーロッパやアジアのヤマネコなどは、捕えた鳥がツグミよりも大形だと羽毛をむしり、小形だとそ

【イリオモテヤマネコの外観の特徴】
　イリオモテヤマネコの外観上の特徴の一つは、耳の背面にある白色部、つまり「虎耳状斑（こじじょうはん）」である。この模様はイエネコには決して存在しない。この白斑は、暗いところでの同類に対する標識として役立つと考えられる。また尾が先端まで太いことも目をひく。イエネコの尾は、先端にいくに連れて細くなっている。

　のまま食べてしまうという。この"羽むしり"の行動は、鳥類を主食とするヤマネコ類にとって重要なもので、この行動のちがいを系統と結びつけ、新世界のヤマネコと旧世界のヤマネコの区別点の一つとされてきたものである。イリオモテヤマネコは、旧世界のヤマネコの一員であるはずだが、ツグミよりもはるかに大きなニワトリを、羽毛ごと食べてしまった。

　その知恵さえ発達していない原始的なヤマネコなのだろうか。あるいはイリオモテヤマネコは鳥類が主食ではなく、リュウキュウイノシシの幼獣なのだろうか。これはさらなる研究が必要なのだが、食事のマナーはともかく、イリオモテヤマネコは、殺し屋としての特性に劣るということが、原始的なヤマネコであるということの一つの表れであることは間違いないようである。

　いつの間にかカエルやコノハズクの合唱がやみ、一瞬の静寂の時が流れる。これが夜と昼の境だ。じきにヒヨドリのけたたましい叫び声があたりに響きわたり、昼の世界が始まる。そしてヤマネコは音もなくその日のねぐらへと帰っていくのである。🐾

# ネ コ

ネコ
Cat

学　名：*Felis catus*　／分類：食肉目ネコ科
行　性：主として夜行性
分　布：世界中。日本では北海道の天売島、対馬、西表島などにも棲息する。
大きさ：体長約50cm、尾長約25cm、体重2.5〜6kg
　　　　家畜化により尾のないもの、体重が13.5kgもあるものなどもいる。

　本来は狩りをする肉食動物で、野生の小形鳥獣には脅威の存在である。ゴミをあさる野ネコなどは食性の幅がかなり広い。基本的に夜行性であるが、人間の活動によってかなり影響され、また季節的な変化もある。食物の量によって単独性かグループかが決まるようである。グループの構成員同士は「集会」を開くなど、共存する。他のグループのネコは近づかない。出産回数は基本的に年1回、栄養状態が良い場合などは、年に3回も出産する。1回の産子数はふつう4〜5子であるが14子の例もある。野良ネコの場合、ふつう発情期は1〜3月である。妊娠期間は61〜70日。子育てなど仲間がヘルパーになることが知られる。🐾

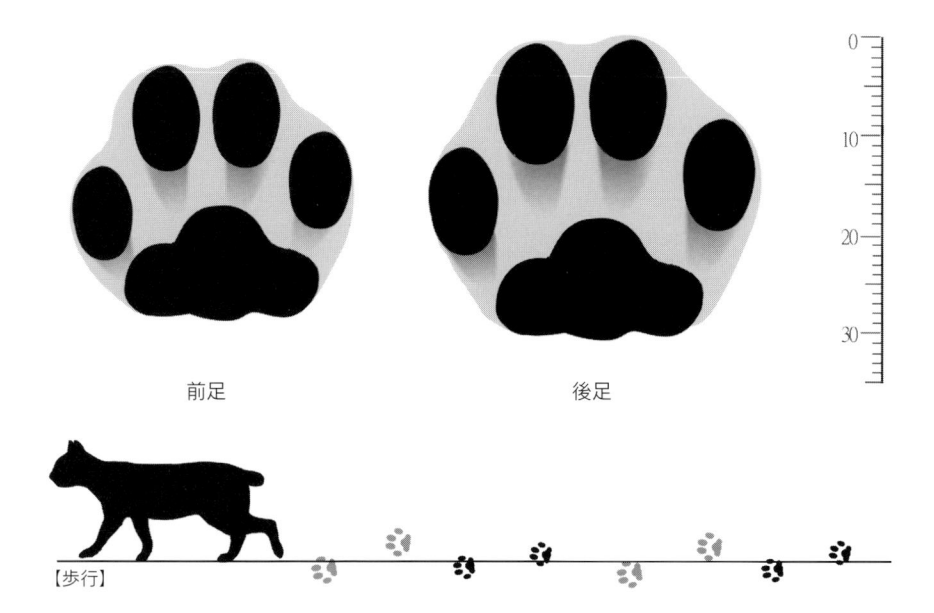

前足　　　　　　　　後足

【歩行】

【足跡の特徴】
　爪の有無でイヌ類と区別できるが、タヌキの足跡によく似ている。タヌキはイヌ科だが、ときとして爪跡が残らないからである。しかしタヌキの足跡は第2指の跡が第3指の跡よりも前についているので、ネコと区別できる。

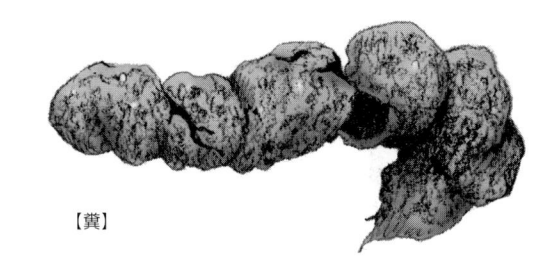

【糞】

【鼻の形で見分ける】
　ネコ類などの鼻づらには毛が生えてなく、皮膚が裸出している。これを特に「鼻鏡」と呼んでいる。イリオモテヤマネコは体はイエネコと大差ないが、鼻鏡が大きい。また、鼻鏡は大形ネコ類では、またちがう形態をしている。その形のちがいは、小形ネコ類（ヤマネコ類）と大形ネコ類とでは明らかなちがいがある。

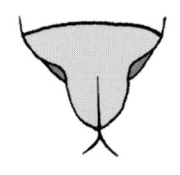

イエネコ 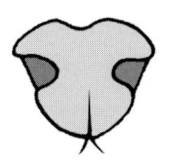　　　　　イリオモテヤマネコ 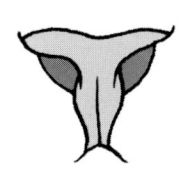　　　　ライオンなどのビッグキャット

ニホンザル
JAPANESE MONKEY

- 学　名：*Macaca fuscata*
- 分　類：霊長目オナガザル科
- 行　性：昼行性
- 分　布：本州、四国、九州、金華山、淡路島、小豆島、幸島、屋久島など
- 大きさ：体長47〜60cm、尾長7〜12cm、体重8〜18kg

　海岸線から低山帯の照葉樹林、暖帯・温帯落葉樹林帯に棲息するが、冷温帯林に生息するものもある。群れをつくって生活し、3〜15km²の遊動域をもつ。何カ所かの泊り場があり、朝、そこを出ると食事に向かう。果実、若芽、種子などの植物性食物を中心に、昆虫、クモ、カニ、鳥の卵のほか、海岸にすむものは貝も食べる。午後にも食事時間があり、夕方にはその日の泊まり場にいき、夜間は樹上で眠る。交尾期は、ふつう秋から冬にかけての4ヶ月間で、妊娠期間約6ヶ月の後、初夏から盛夏に出産期を迎える。ふつう1産1子で、メスは1年おきに出産する。子は体重約500gで、3〜5歳で性的に成熟する。🐾

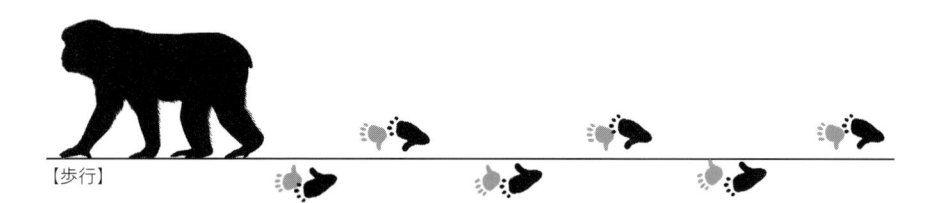

【歩行】

【ニホンザルの糞】
　おもに植物質を食べるが雑食性である。果実、種子、葉、芽、昆虫その他の小動物を採食するために、糞の内容物、大きさなどは変化が多い。とくに昆虫が多い夏、木の実や果実の多い秋には、糞にも季節感があらわれる。

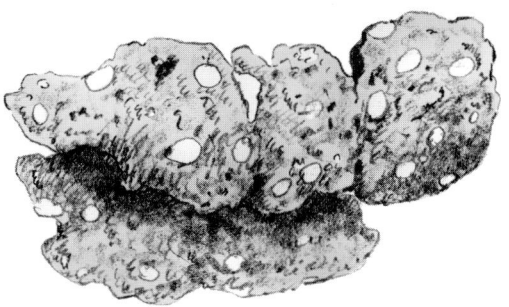

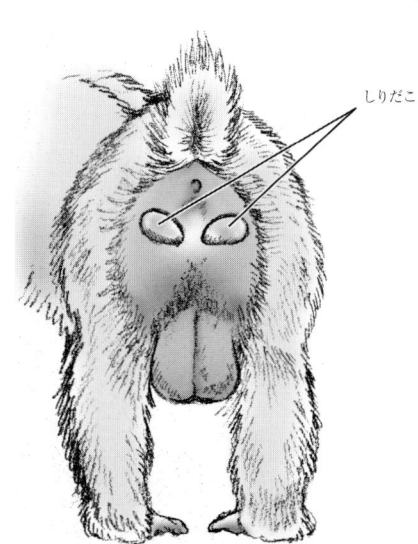

しりだこ

【しりだこ】
　「しりだこ」は「ぺんだこ」「座りだこ」とはちがって、生まれつきのものである。丈夫な結合組織でできており、骨盤下部の坐骨結節にくっついている。坐骨結節は、われわれが椅子に腰掛けたときに座面にあたる部分である。しりだこは木の枝に座るとき、体を安定させる。長時間でも尻が痛くならないようである。

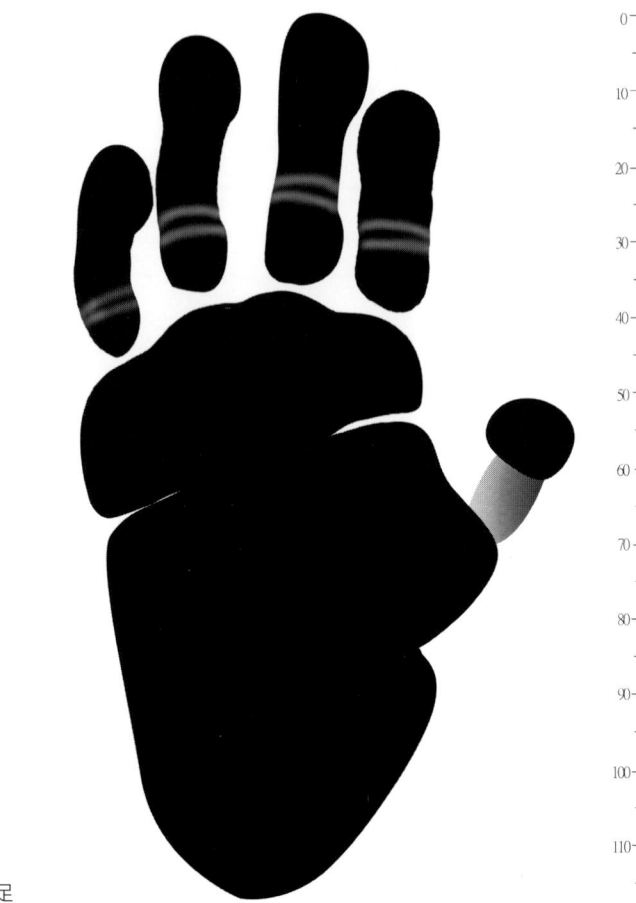

前足

【足跡の特徴】
　サルの手足はヒトの手足によく似ている。親指が小さく、人差し指などと合わせることができ、ものを摘むことができる。爪はヒトと同じ"扁爪"で比較的大きいが、指先の補強する役をにない足跡には残らない。また木に登ったときなどに滑り止めとして働く指紋も発達している。短距離ならば二足歩行もできるが、ふつうは四足で歩行する。

第2部 フィールドの痕跡　249

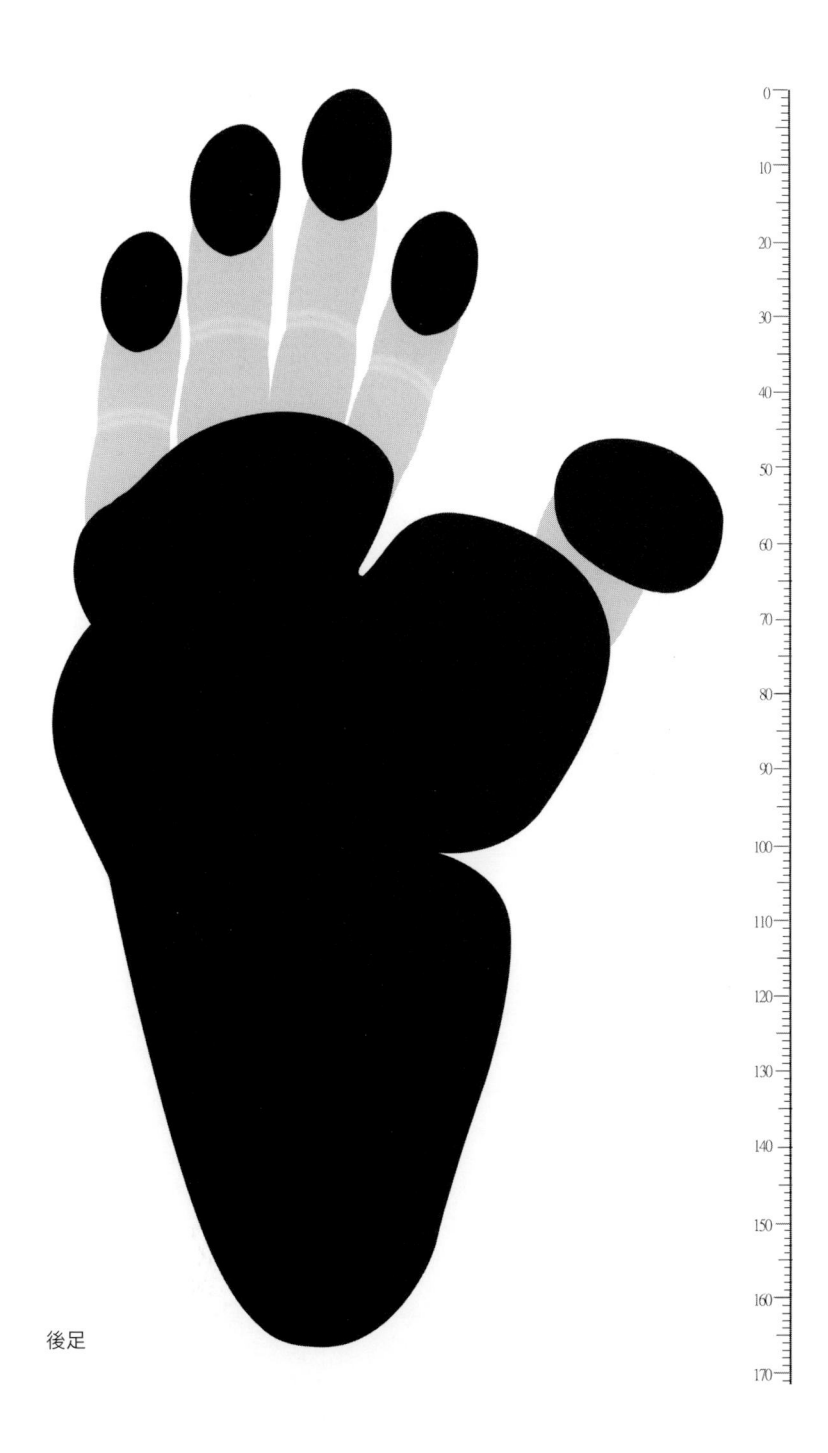

後足

コラム 外来種 タイワンザル (Formosan Rock Monkey)

学名：*Macaca cyclopis*

　ニホンザルに似るが、顔の赤みは淡く、頬は暗く、尾が長い。体長は40〜50cm、尾長35〜45cm、体重は8〜15kgである。台湾にのみ分布し、平地から2100〜3000mまでの亜熱帯や温帯の常緑広葉樹林を中心に、20頭ほどの群れで生活している。木の上と地上の両方で活動し、森林内の岩場を好み、海岸沿いでもみられる。昼間活動し、遊動域は0.6〜2km²で、果実、芽、サツマイモ、昆虫、甲殻類、貝などを食べる。かつては個体数が多く、果樹園やサトウキビ畑を荒らしたりしたが、森林の伐採や狩猟によりここ10年ほどで20%以上少なくなったと推定され、近い将来、野生での絶滅の危険性が高まると考えられている。

　だが、日本では伊豆大島や下北半島などで野生化したものは増加し、和歌山などでは農作物への被害が出ており、捕獲駆除が進められている。食害も問題だが、さらに重大なのは雑種化である。固有種であるニホンザルが棲息している本州でタイワンザルが野生しつつある。青森県の下北半島、和歌山県北部（大池地

区)、それと千葉県の房総半島南部(ただし、当地のはアカゲザルとの説もある)が問題の地域である。これらの地域のタイワンザルは、観光施設の飼育個体が逃亡したもの、あるいは意識的に放獣されたものである。

　下北半島では、1975年に観光牧場が閉鎖された後、敷地からの出入りが自由になり、広がった。これら個体への餌付けが個人によって今も継続されているというから、驚く。母群から離れた混血のオスザルは、「世界最北限のサル」として天然記念物に指定されるニホンザルの棲息地周辺まで進出しているらしい。もはや雑種化は避けられないのかもしれない。

　和歌山県では、1949年ころに閉鎖した動物園の飼育個体約30頭が周辺の大池地域で野生化した。他の地域からニホンザルのオス個体も侵入してタイワンザルとの交雑個体が生じた。1999年の棲息数は、交雑個体も含めて2群約200頭とされている。2001年9月、和歌山県ではサルを特定鳥獣に指定し、ニホンザルとの交雑を避けるためにタイワンザル及びニホンザルとの交雑個体を全頭捕獲して安楽死することを決定した。2002年の調査では、和歌山県内では、タイワンザルとニホンザルの混血種の群れが、和歌山市と海南市境界の山林など7ヶ所で確認され、紀南地域でも、大塔村の鮎川温泉付近と、龍神村柳瀬付近、本宮町と奈良県十津川村境界付近の3ヶ所で目撃された、との報告があった。

　混血ザルは推定200頭、彼らの棲息域は着実に拡大していると思われる。タイワンザルの遺伝子は、薄まっても確実にニホンザルに浸透するのである。外来種による生態系の乱れは世界的な問題だ。国連の「生物の多様性に関する条約」もその制御、撲滅を定めている。環境省も外来種駆除に乗り出した。ニホンザルの重要性は、サル類の進化を考えればはっきりする。簡単に言うならば、ニホンザルの祖先は、大陸と陸続きだったころ日本列島に入り込み、その後、島化したために取り残された。おそらくタイワンザルの祖先は少し遅れて現れ、同じような運命をたどって台湾に棲み着いたと考えられる。おそらく数十万年、ひょっとすると100万年以上も前のことかもしれない。島化した日本列島と台湾にそれぞれ隔離されていた間に、大陸にいた祖先種たちは新たに現れたアカゲザルなどとの競合に敗れ、絶滅してしまったのにちがいない。種の分化や生物地理の観点から見て、ニホンザルもタイワンザルも重要なのである。🐾

ウサギ類
Rabbit & Hare

学　名：*LAGOMRPHA*

エゾナキウサギ
アマミノクロウサギ
ニホンノウサギ
エゾユキウサギ

　日本には4種のウサギ類が棲息する。北海道のキタナキウサギの亜種エゾナキウサギ、奄美大島・徳之島のアマミノクロウサギ、本州、四国、九州のニホンノウサギ、北海道のユキウサギの亜種エゾユキウサギである。エゾナキウサギはウサギと名づけられているが、尾のないネズミ、あるいは小さなモルモットに似ており、耳は小さくて丸く、ナキウサギ科を構成している。その名のとおりよく鳴く。また、ニホンノウサギは4亜種に分けられ、東北地方から山陰地方に冬に白化するトウホクノウサギ、東海地方から九州にかけて冬でも白化しないキュウシュウノウサギ、佐渡に冬に白化するサドノウサギ、隠岐に冬でも白化しないオキノウサギが分布する。

エゾナキウサギ
Northern Pika

- 学　名：*Ochotona hyperborea yesoensis*
- 分　類：兎目ナキウサギ科
- 行　性：昼行性
- 分　布：日本では北海道
- 大きさ：体長11〜17cm、尾長0.5cm、体重115〜164g

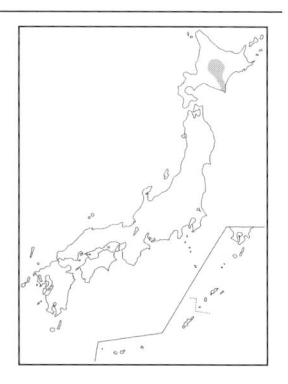

　標高400〜2200mのガレ場や溶岩流の岩の隙間で生活している。おす1頭とめす1頭のペアでなわばりを共有する。「キョッ、キョッ」と鳴くことからナキウサギの名がついたが、この声は自分の存在を他の個体に知らせるものである。岩の隙間の出入口などに直径3〜4mmの丸い糞を山積みにする。早朝から活動し、植物の葉、茎、花などを食べている。夏から秋にかけて食べ物の少ない冬にむけて大量の植物を集め、乾燥させ、岩の下に貯える。岩の上で毛づくろいや顔洗いをしたり、軟便を食べたりする。交尾期は早春で、春から夏にかけて、岩の隙間の奥の巣で1〜5頭の子を産む。子は8月末までに親のなわばりから出て行く。

ウサギ類：エゾナキウサギ

後足

前足

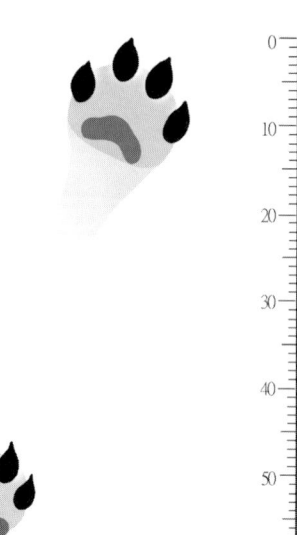

▲後足後はかかとを上げて歩くため残らないこともある。

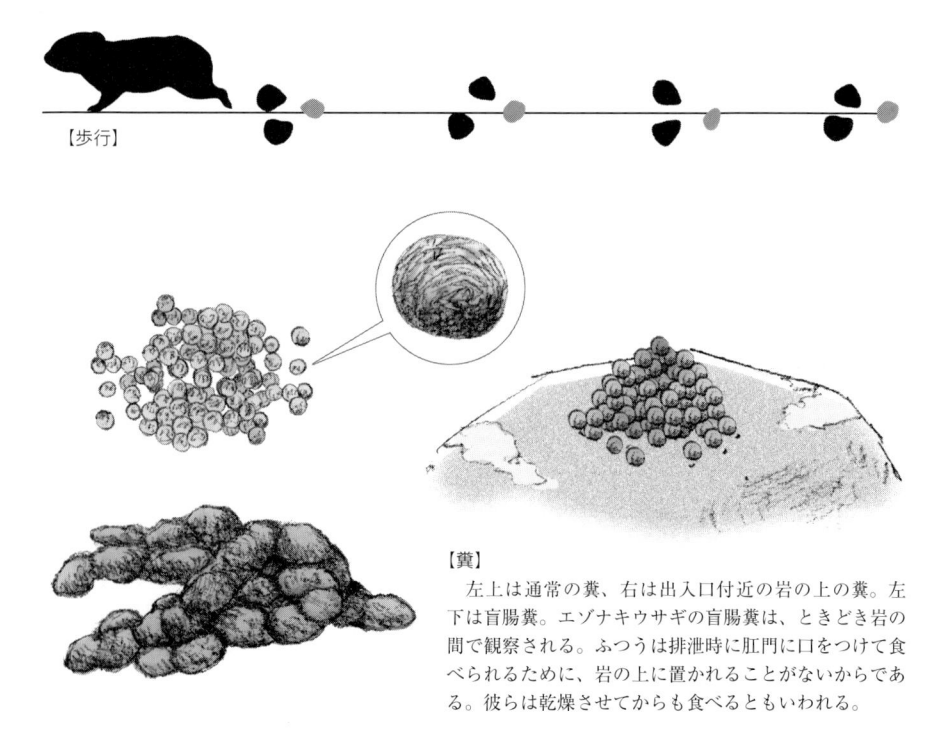

【歩行】

【糞】
左上は通常の糞、右は出入口付近の岩の上の糞。左下は盲腸糞。エゾナキウサギの盲腸糞は、ときどき岩の間で観察される。ふつうは排泄時に肛門に口をつけて食べられるために、岩の上に置かれることがないからである。彼らは乾燥させてからも食べるともいわれる。

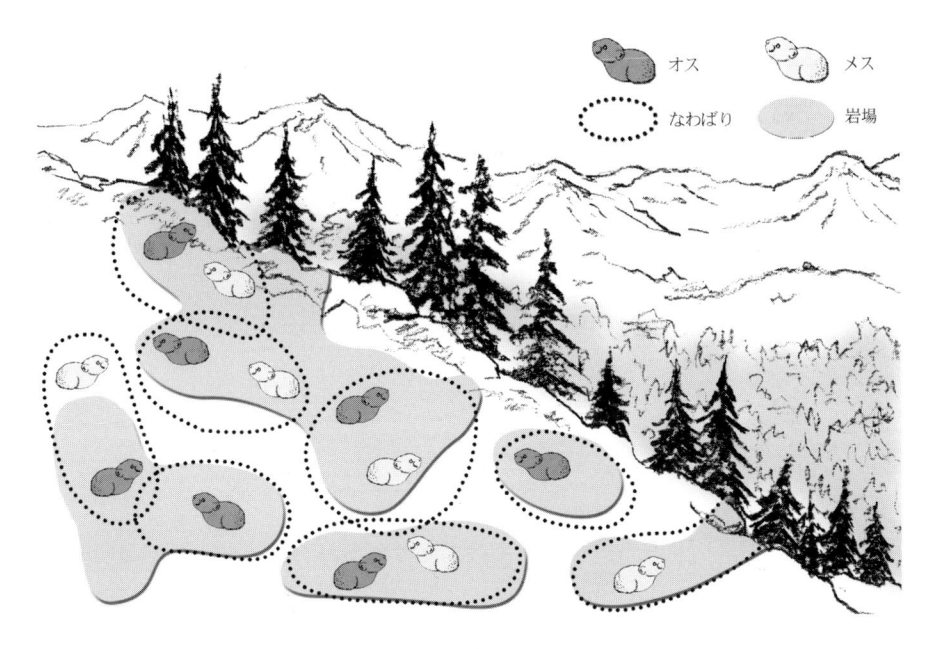

エゾナキウサギのなわばり

コラム ナキウサギ、北海道で発見される

　ナキウサギ類は、北アメリカとアジアに1属14種ほどだけが現存する学術上貴重な仲間で、そのうちの1種キタナキウサギはシベリア、アムール、ウスリ、サハリン、朝鮮などに分布し、日本には1亜種エゾナキウサギが棲む。
　このナキウサギが日本にも棲んでいたことがわかったのは比較的近年のことで、意外な感がする。たいていの動物は明治になってまもなく知られた。しかし本種が北海道から発見されたのは1928（昭和3）年のことなのである。
　北見の置戸で、カラマツの植林の際に、毎回稚樹が地上部を噛み切られて持ち去られる奇妙な現象が続いていた。稚樹の咬み切り跡が調べられたが、どうにもよく分からなかった。植林地の害獣として名高いヤチネズミにしては大胆な咬み取り方をしていたのだ。そうこうするうちに、稚樹をあまりに食われてしまったため、植林がほとんど不可能になってしまった。営林署では、この現象を解明する目的でネズミ捕りを設置した。その結果、当時までは誰も見たこともなかった本種が捕獲されたのである。初めてナキウサギを見た人は、相当に驚いたことと思う。ネズミのようでネズミでなかったからである。🐾

アマミノクロウサギ
A㎜ami Rabbit

学　名：*Pentalagus furnessi*
分　類：兎目ウサギ科
活動時間：夜行性
分　布：奄美大島と徳之島
大きさ：体長42～51cm、尾長1～2cm、体重2kg前後

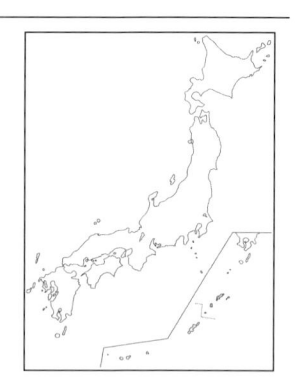

シイ、カシ、タブノキが繁る自然林に単独で棲む。日中は樹洞、土穴、岩の隙間などの休み場にいて、夜になると活動する。周辺の二次林、伐採跡地、ススキ草原に出て、ススキをはじめとする草本、木の根、樹皮、葉、ワラビなどを採食する。また秋にはシイの実なども食べる。コミュニケーションの手段として「ピッ、ピッ」と鳴き声を発する。出産・育児用には土穴を別に掘る。交尾期はおもに4～5月と10～12月の年2回とされ、1回に1頭の子を産む。出産すると母親は巣から出て入り口を土でふさぐ。母親は1日に1回、授乳に訪れるが、そのたびに巣穴を開き、数分後に去るときにふさぐ。子はおよそ2ヶ月後に穴の外に出てくる。

第2部　フィールドの痕跡　257

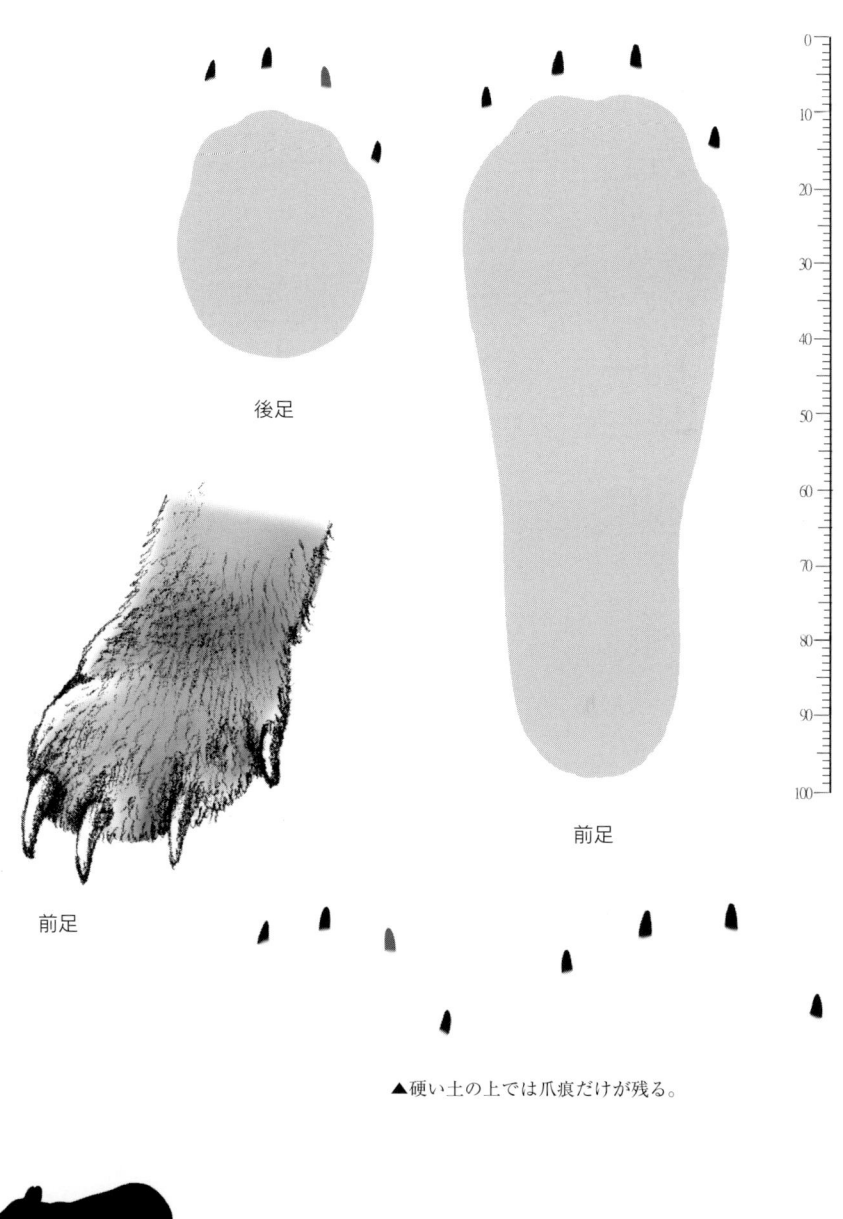

後足

前足

前足

▲硬い土の上では爪痕だけが残る。

【歩行】

ウサギ類：アマミノクロウサギ

【特徴】

体は小さく、耳が短く、黒く、あまりウサギらしくない。夜間観察では彼らの鳴き声が印象的である。またアスファルト舗装された林道にもしばしば現れ、糞（中）をし、ススキなどをかじる（上＝食痕）。こうした道路では痕跡を見つけやすい。下は斜面などに作られた巣穴。

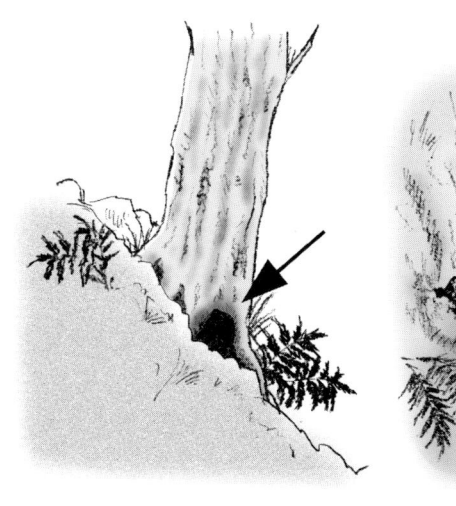

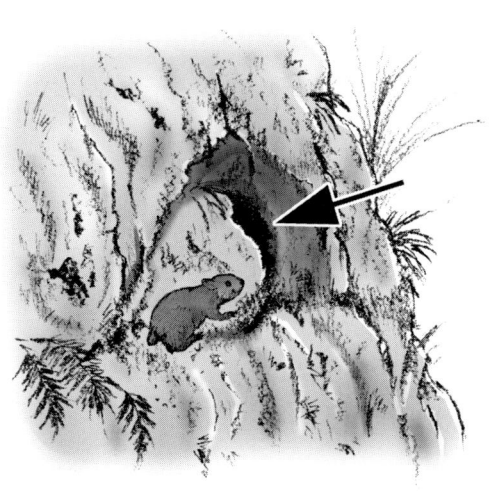

ニホンノウサギ
Japanese Hare

- 学　名：*Lepus brachyurus*
- 分　類：兎目ウサギ科
- 行　性：おもに夜行性
- 分　布：本州、四国、九州、佐渡、隠岐諸島、淡路島、小豆島、五島列島など。
- 大きさ：体長43〜54cm、尾長2〜5cm、体重1.3〜2.5kg

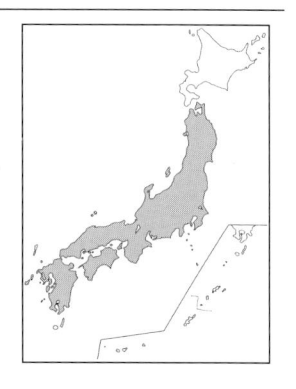

　平地から亜高山帯までの森林や草原など種々の環境に見られるが、低山帯に多い。単独で生活し、巣は作らない。日中は茂みや大木の根元のくぼみなどで休んでおり、夕方から活動する。この休み場を「フォーム」と呼ぶ。行動圏は直径およそ400mほどで、イネ科、カヤツリグサ科、草本類を中心に木本類の葉や若枝も食べ、冬季には木本類の葉や若枝、樹皮を食べる。繁殖期は地方によって異なるが、年に1〜3回出産し、妊娠期間は42〜44日。東北地方では4〜8月にメスは1回に1〜4子、平均約2子を産む。新生子は体毛が生えそろい、目があき、すぐ走ることができる。子の成長は早く、次の春には繁殖可能となる。

ウサギ類：ニホンノウサギ

後足　　　　　　　前足

【特　徴】
　足跡は後足跡が前足跡に比べて極端に長い。なお、体色は腹が白色である以外ほぼ全身茶褐色で、耳の先端が黒い。本州の東北部や日本海側の積雪地帯および佐渡のものは、冬には耳の先端が黒いのを除き全身白色になる。

後足の裏　　　　　【糞】

第2部　フィールドの痕跡　261

【歩行】

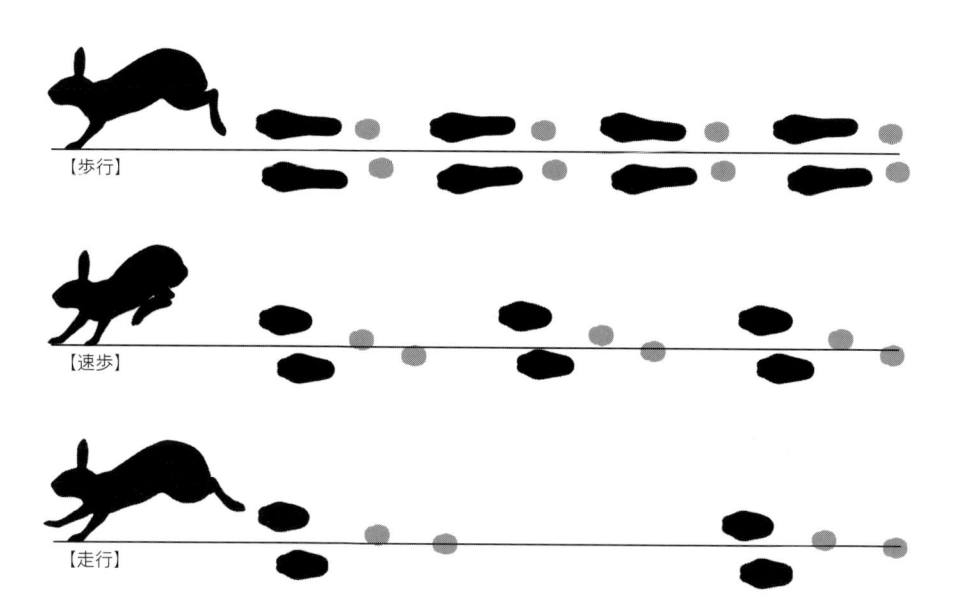

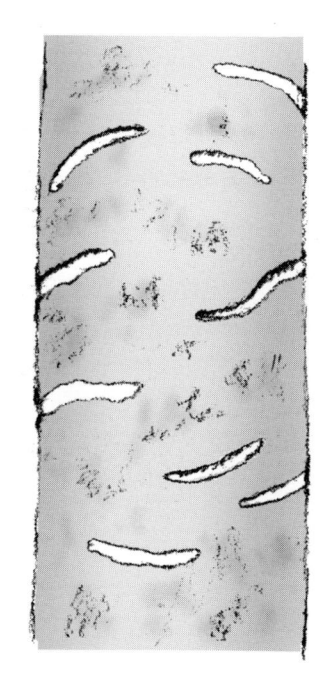

【速歩】

【走行】

【ニホンのウサギの食痕】　木の肌に残された食痕。

コラム 足跡を追いかけて行動圏を推定する

　新潟県長岡市の悠久山公園でトウホクノウサギの調査をしたことがある。2月のことで、雪が2m以上も雪が積もっていた。ともかく町外れの雑貨屋でカンジキを買った。いわゆる"ワカン"という奴で、木の枝を丸めたものを長靴に麻紐で縛り付けるといった程度のカンジキである。だが、これが意外にも効果を発揮した。30cmくらいは潜るのだが、軽くて歩きやすい。

　それを付けて、雪原へ出た。ノウサギの足跡はすぐに見つかった。細長い大きな足跡と丸い棒で突いたような小さな足跡がセットで並んでいる。ノウサギは前足で馬跳びをするようにピョンピョンと跳ぶから、進行方向は細長い大きな足跡がついている方向である。

　地図や方位磁石、カメラなどをもって足跡を追跡する。30分も歩いていくとたいていノウサギが飛び出してくる。フォームでゆうゆうと日なたぼっこなどしながら休んでいるところへ、大きな足音を立てて人間が近づいていくものだから、彼らはギリギリまでフォームにひそんでいる。体を丸めて耳を伏せているし、体が白いからごく近くまで行かないとノウサギに気がつかない。ノウサギが飛び出して初めて彼らの姿を見ることになる。地図に印をつけ、走り去った方向を記入する。そしてまた足跡を追っていくのだ。

　もちろん、その途中で小枝などに食い跡があれば記録していく。小枝の下にノウサギの足跡が残っていたり、糞が2〜3個、残っていたりするから、食事をした主がノウサギかどうかはすぐに判定できる。

　2時間ほど歩くと見たことのある地点に出てくる。そう、ほとんど振り出しに戻っているのである。ノウサギはよほどのスピードで追わない限り、自分の行動圏からは飛び出さない。こうして地図にはそのノウサギの行動圏が残ったのである。それを計ると直径およそ400mの円を描いていることが分かる。これがノウサギのおよその行動圏の広さである。

　なお、ウサギ狩りにはビーグル犬を使うが、このイヌは走るのが比較的遅いので、追われてもノウサギは行動圏を飛び出さないから、ウサギ狩りには最適なのである。ハンターは、出発地点で待ち受けていれば、やがてイヌに追われたノウサギがぐるりと回ってやってくるというわけである。ビーグルは「ワンワン」吠えながら走ってくるから、その声でノウサギが接近しているのかどうか区別することもできるのである。🐾

エゾユキウサギ
Mountain Hare

- 学　名：*Lepus timidus ainu*
- 分　類：兎目ウサギ科
- 行　性：主に夜行性
- 分　布：日本では北海道、国後島、択捉島など
- 大きさ：体長50〜58cm、尾長5〜8cm、体重1.6〜2.6kg

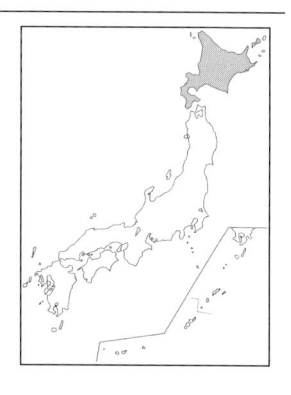

　平地から亜高山帯までの森林や草原などに単独で棲む。茂みなどが休み場で、夕方から出歩き、さまざま植物の葉、芽、枝、樹皮を採食する。冬もふつう雪の上で眠るが、ときに深さ2mに達する雪穴を掘ることがある。繁殖期はふつう冬で、妊娠期間45〜52日の後、1〜3子を産む。子を生むときもとくに巣を作らず、植物や土を少しかきわけた程度のくぼ地である。生まれた子は毛が生えそろい、目は開いており、まもなく走ることができる。また7月ころに交尾して出産することもある。捕食者は猛禽類やキツネ、テンなどの食肉類で、寿命は平均1歳あまり、最高齢は4歳弱、子ウサギの50〜80％が1歳未満で死亡する。

264　ウサギ類：エゾユキウサギ

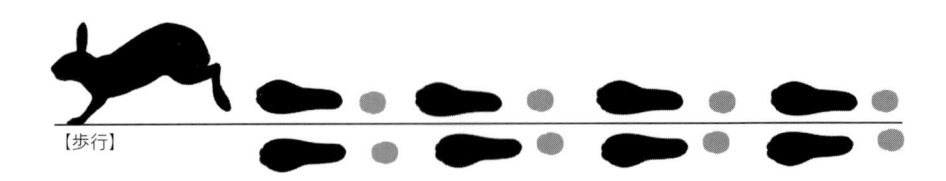

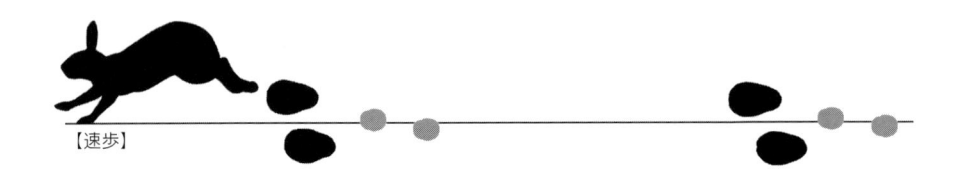

【歩行】

【速歩】

【特　徴】
　足跡はニホンノウサギと変わりないが全体に大形。冬に雪穴を掘ることがある。
　雪が積もると地表の草などは隠れてしまうが、ふだん届かない高さのところの小枝を食べることができる（左下）。

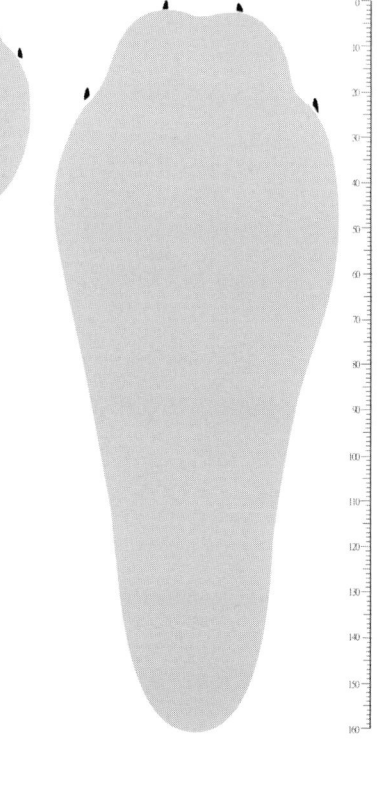

コラム とめ足でだまされる

　ノウサギやユキウサギは休み場に入る前に、その付近を四方八方に出歩いては安全を確認する習性がある。また、走っている途中でも見通しのきくところへ上がってから、もときた道を10数m戻り、突然方向を変えてから2m近くもジャンプして茂みにもぐりこむことも多い。

　こうした足跡を猟師は「とめ足」といって、ウサギの隠れ場所を知る有力な手がかりにしている。安全を確認する行動がウサギ自身を窮地に追い込むのである。キツネなどの嗅覚に頼っている敵に対しては効果が高くても、人間には通じない。ウサギは追っ手をあざむくために「とめ足」を使うのだといわれることもあるが、それは違う。

　動物記などにもしばしば「とめ足」のことが登場する。「猟師に追われたユキウサギは策略をめぐらした。自分の足跡をごまかし始めたのである。ユキウサギは向きを変えて、自分の足跡の上を戻ったのだ。

　一歩一歩、足を合わせて、正確に戻っていったので、すぐには二重の足跡は見分けがつかない。ユキウサギは戻ってから横に跳んだ。そして、ユキウサギは茂みのそばのどこかに横になっているのである。

　ユキウサギは確かに茂みのそばで横になっていた。ただ追ってきた猟師が考えた茂みのそばではなく、落ちた大きな枝の山の下だった。」(『ビアンキ動物記』)

　こうして猟師はユキウサギ狩りに失敗してしまうのだが、ユキウサギは追っ手をあざむくために「とめ足」を使ったわけではない。ましてや、ユキウサギが後ろ向きで来た道をバックすることはない。

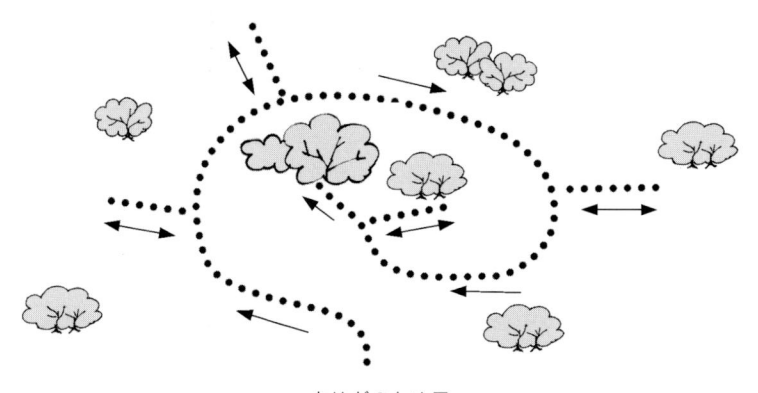

ウサギのとめ足

リス類
SQUIRREL

学　名：*Sciuridae*

エゾシマリス
ニホンリス
エゾリス

　日本には6種のリス類が棲息する。大きく分けると昼行性のものと夜行性のものとになる。昼行性のリス類は北海道のシベリアシマリスの1亜種エゾシマリスとキタリスの1亜種エゾリスであり、本州、四国、九州のニホンリスの3種である。夜行性のものは飛膜をもった滑空性のリス類で、北海道のタイリクモモンガの1亜種エゾモモンガ、本州、九州のニホンモモンガと大形のホオジロムササビの3種である。

エゾシマリス
YEZO **C**HIPMUNK

- 学　名：*Tamias sibiricus lineatus*
- 分　類：齧歯目リス科
- 行　性：昼行性
- 分　布：日本では北海道全域と利尻島、国後島
- 大きさ：体長12～15cm、尾長11～12cm、体重71～116g

　平地から亜高山帯、高山帯までの森林、低木林、草原、岩地などに棲息し、水辺近くを好む。木登りがうまいが、活動はおもに地上で行い、巣穴を掘る。巣穴はふつう深さが50cm、全長1.2mほどである。早朝から活動し、おもな食物であるマツやミズナラなどの種子のほか、木の芽、キノコ、果実などを食べ、昆虫やカタツムリなども好物である。夏から秋の間に地下や木の割れ目などに大量の種子を蓄える。種子や巣材は頬袋(ほおぶくろ)を使って運ぶ。10～4月ころまで巣穴で冬眠するが、その間もときどき起きては食物を食べる。交尾期は4月で、妊娠期間30日、5～6月に3～6子を産む。子は35日を過ぎると外で活動をはじめ、60日で独立する。

リス類：エゾシマリス

【走行】

【足跡と糞】
　足跡は予想外に小さい。なお、体に5本の黒い縞模様がある。

【糞】

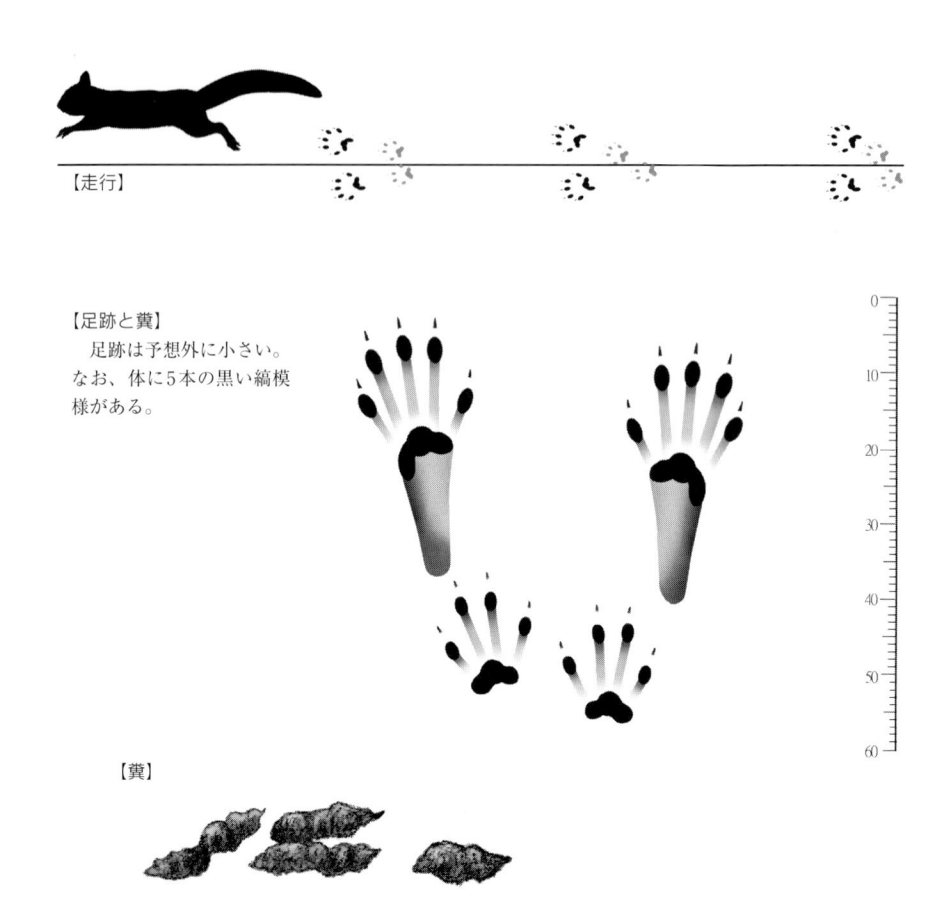

コラム シマリスの冬の生活

　北海道全域にシマリスは見られるが、海岸沿いのカシワやミズナラの林がシマリスの好みの生活場所であるし、人間側も観察しやすい。シマリスがミズナラやカシワの林に多いわけは、"ドングリ"である。最近、ドングリを食べ続けるとネズミなどは死に至り、これはドングリの生き残り術の一つだ、との報告があるが、ともかくシマリスの好物がドングリであることは確かだ。夏の終わりころからシマリスは、ドングリをせっせと集めては林のあちこちに隠したり、巣穴に運

【シマリスの冬越し】

シマリスは冬眠するとき、地表から巣室までのトンネルを掘る。それから冬を迎えるが、寒いせいなのか巣室近くを掘って、その土で入口の近くを閉じてしまう。新しく掘った地中のトンネルはさらに深く掘られるがあまった土は、やはり入口に通じるトンネル内に詰め込まれる。完全に出入口を自分でふさいでしまうのだが、春には別のところを掘って地上に出てくる。

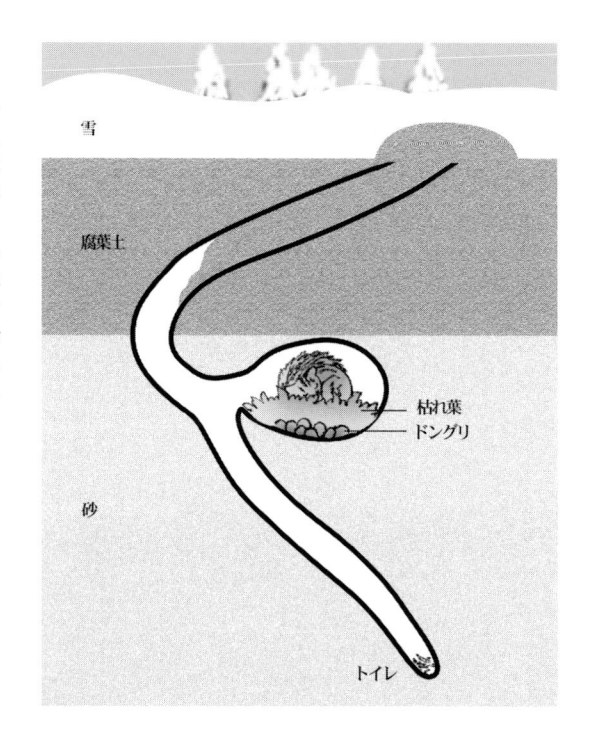

(図中ラベル: 雪／腐葉土／砂／枯れ葉／ドングリ／トイレ)

び込む。巣穴のドングリは冬眠の間にときどき目を覚ましては食べる冬用の食料となり、林のあちこちに隠したドングリは主に春先の非常食となる。シマリスはふつうの動物とちがって、秋になっても皮下脂肪を貯えないのである。

シマリスはふつう10月の中旬から11月の上旬に冬眠に入る。11月下旬には霜がおり、氷が張るから、本当の寒さがくる前に地下の暖かい巣穴に潜り込み、トンネルの通路を塞いでしまう。そして7日から10日に1回、目を覚ましてはドングリを食べたりトイレにいったりする。地下はキツネもイイズナなどの天敵も入ってこないから、とても安全である。

およそ半年後、本州ではサクラの季節だが、北海道ではまだここかしこに雪が残っている。このころ、シマリスは目を覚ます。巣穴の中は真っ暗だが、眠っていても体内時計やセンサーが働いていて、目覚めるのである。この春の目覚めはおそらくセンサーのうちでも湿度を感じてのことらしい。暖かくなると雪が溶けるが、雪解けの水が地下にしみこんでくるから、巣穴の中は異常に湿ってくるはずである。そんな湿り気がシマリスを目覚めさせるのにちがいない。

オスは目覚める時期がメスよりも20日ほど早い。巣室から地上へトンネルを掘って出てくる。早起きしてメスが目を覚ますのを待つ。こうして自分の遺伝子を残すチャンスを増やしているのである。🐾

ニホンリス
JAPANESE SQUIRREL

- 学　名：*Sciurus lis*
- 分　類：齧歯目リス科
- 行　性：昼行性
- 分　布：本州、四国、九州、淡路島。西日本には少なく、九州では近年確実な記録がない。
- 大きさ：体長17.0〜21.5cm、尾長14.5〜15.5cm、体重210〜310g

　平地から標高2100mまでの亜高山帯の森林に棲息するが、低山帯のマツ類の林に多い。主に樹上棲で、朝と夕方に単独で活動し、夜間は巣で休息する。行動圏内に2〜7個の巣をもち、巣は小枝を球状に集めたものがふつうだが、木の洞を利用することもある。外装は木の枝だが、内部には柔らかい樹皮、コケ、サルオガセなどを敷き詰める。巣から200m、ときには2.5kmも遠出して、草木の花や葉、きのこ、昆虫のほか小鳥の卵などを食べる。秋には、オニグルミやドングリなどを採食し、食べ物の少ない冬に備えて分散貯食する。交尾期は2〜6月で、年に1〜2回繁殖する。妊娠期間は39〜40日、巣で1回に3〜6子を産む。🐾

第2部　フィールドの痕跡　271

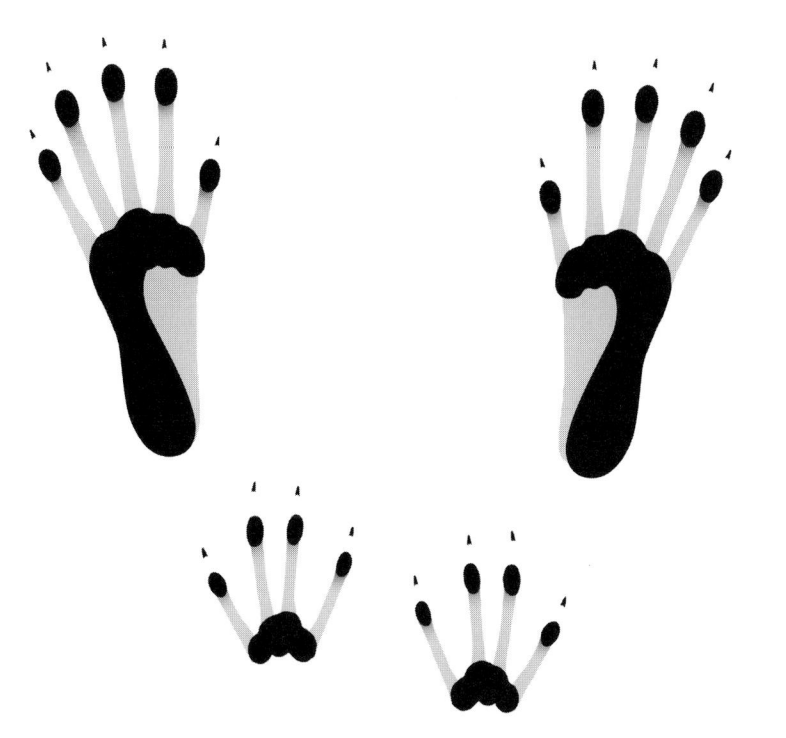

【足跡の特徴】
　ニホンリスは冬眠しないので、雪の上の足跡を見ることも出来る。右下は深い新雪、古い雪、少量の新雪に残された足跡。

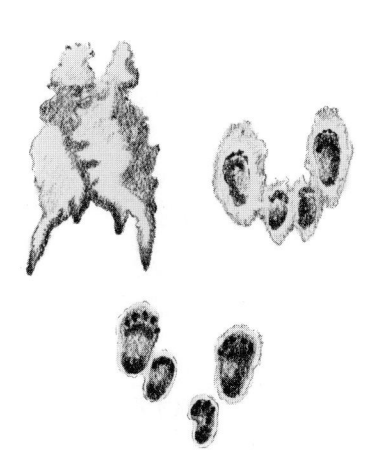

272　リス類：ニホンリス

夏毛

冬毛

【樹枝上の巣】
　好みの木の枝の上で食べる。
【夏毛と冬毛】
　夏毛は腹の白さが目立ち、体側、四肢の橙褐色の部分が美しい。また冬毛では耳の先端に毛の房を生じる。

種子部分を食べる

【糞】

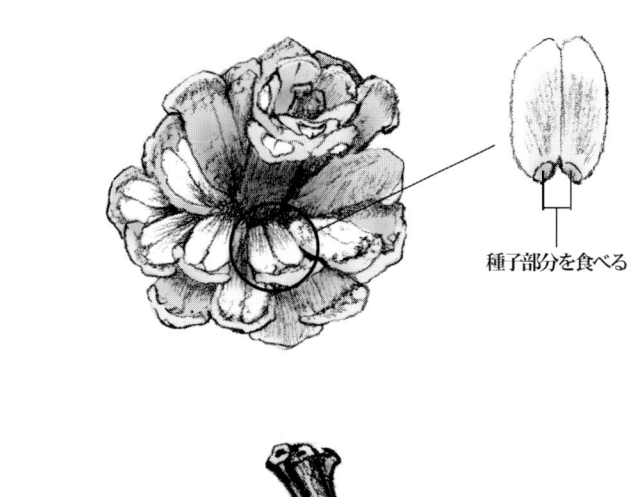

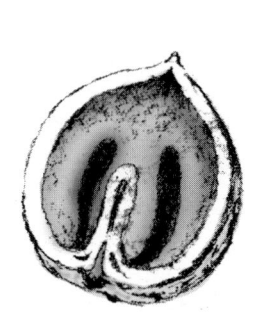

【ニホンリスの食物】
　ニホンリスはさまざまなものを食べるが、痕跡として目立つのはマツボックリとクルミである。クルミは中央に門歯を差し込んで巧みに割り、中身を食べる。彼らは冬眠することなく、冬中活動しているため、雪の上で彼らの痕跡を見つけることが多い。白い雪の上に食べかすが散らかっている。このころの食物の残骸はマツボックリの芯である。樹上でマツの鱗片の間にある種子をきれいに食べると、芯をポイッと捨てる。

エゾリス
YEZO RED SQUIRREL

- 学　名：*Sciurus vulgaris orientis*
- 分　類：齧歯目リス科
- 行　性：昼行性
- 分　布：日本では北海道
- 大きさ：体長22〜27cm、尾長16〜20cm、体重300〜470g

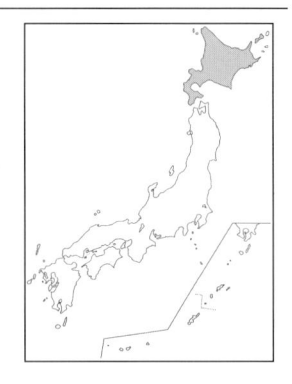

　平地から標高1700mくらいまでの亜高山帯の森林に単独で生活する。おもに樹上で活動し、小枝、樹皮、コケなどを用い、球形の巣を樹上の枝の上に作る。巣は樹洞内に作られる場合もある。早朝に巣を出て、クルミ、ドングリ、チョウセンゴヨウ、トウヒ、トドマツなどの種子や果実、キノコ、セミなどの昆虫を採食する。秋には大きい種子を冬の食物としてあちこちの地面に埋めて貯蔵する。冬になると貯蔵食物を深い雪でも見つけだして食べる。交尾は2〜6月にみられ、妊娠期間は38〜39日、4〜7月にふつう1〜7子を産む。新しい巣で年に1〜2回、出産する。1.5ヶ月ほどたつと巣の外で活動するようになり、約1年で性的に成熟する。🐾

【特　徴】
　ニホンリス同様、樹上と地面で活動し、冬眠はしない。また換毛する。背面は夏毛では赤褐色、冬毛では灰褐色で、腹は純白である。冬毛は夏毛より長く密度も高く、耳の先端に長い房毛を生じる。

ニホンモモンガ
JAPANESE SMALL FLYING SQUIRREL

学　名：*Pteromys momonga*
分　類：齧歯目リス科
行　性：夜行性
分　布：本州、四国、九州
大きさ：体長14〜20cm、尾長10〜14cm、体重150〜220g

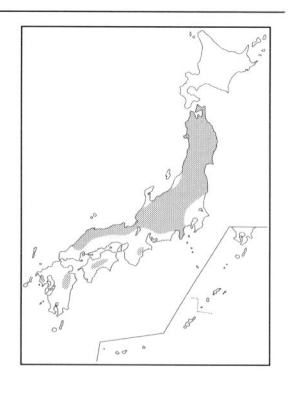

低山帯から亜高山帯の森林に棲息する。一般にムササビが低い山に多いのに対して、モモンガはブナ林や海抜1000m以上の山地、とくに亜高山帯に多い傾向がある。樹上で活動し、前肢と後肢の間にある飛膜を使って木々の間を滑空する。一度の滑空によって通常20〜30m、時には100m以上も移動する。滑空のスピードも速く、鳥のようにみえることがある。眼が大きく、尾は扁平。天然の樹洞やキツツキ類の古巣を利用して巣とするが、木の枝上に小枝を集めて巣を作ることもある。ほぼ完全な植物食で、樹木の葉、芽、樹皮、種子、果実、キノコを採食する。繁殖期は4〜10月で、メスは木の洞に樹皮を運んで産座とし、4〜5月と8月ころの年2回、1産2〜6子を産む。

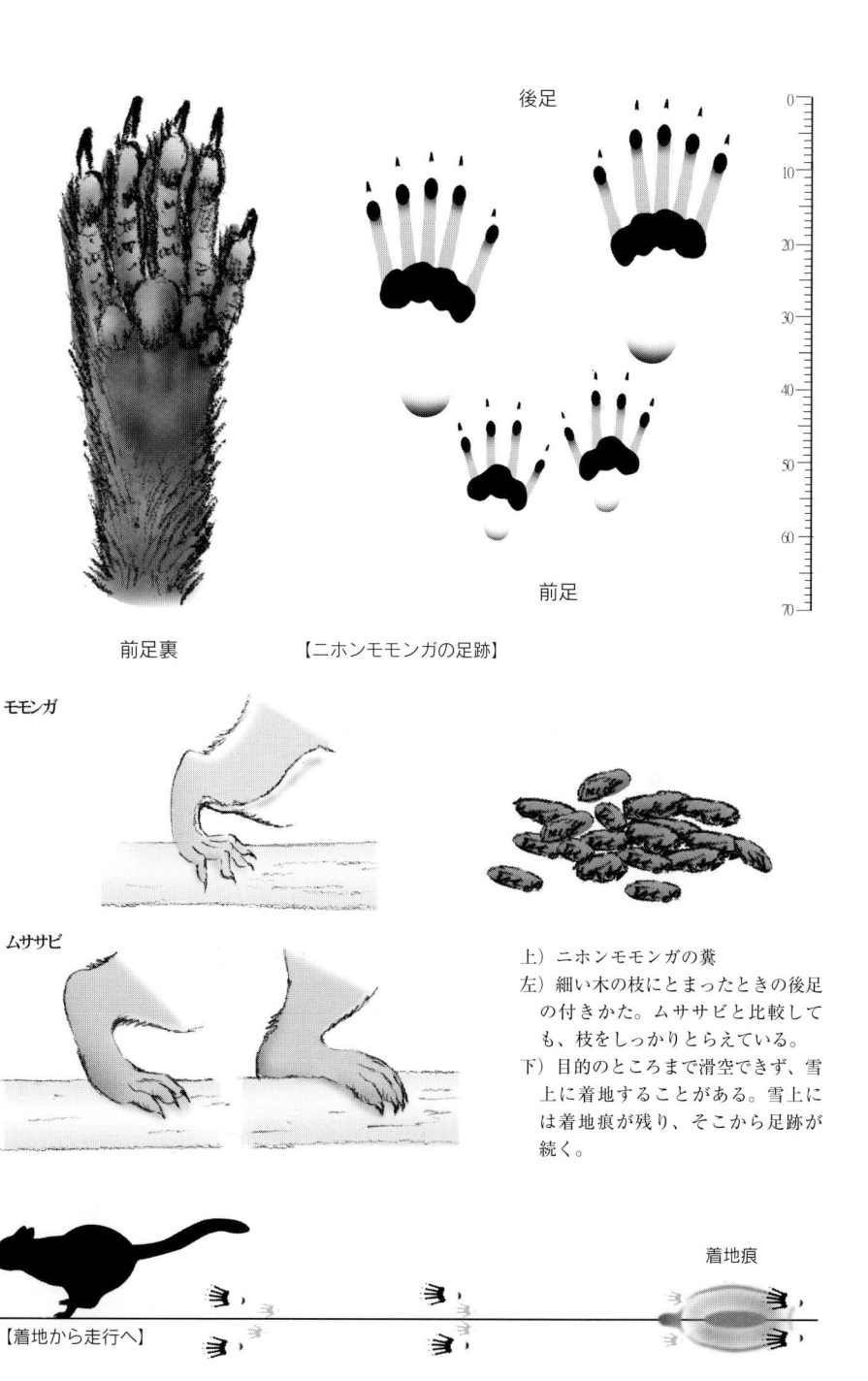

後足

前足

前足裏　　　【ニホンモモンガの足跡】

モモンガ

ムササビ

上）ニホンモモンガの糞
左）細い木の枝にとまったときの後足の付きかた。ムササビと比較しても、枝をしっかりとらえている。
下）目的のところまで滑空できず、雪上に着地することがある。雪上には着地痕が残り、そこから足跡が続く。

着地痕

【着地から走行へ】

エゾモンガ
YEZO SMALL FLYING SQUIRREL

- 学　名：*Pteromys volans orii*
- 分　類：齧歯目リス科
- 行　性：夜行性
- 分　布：日本では北海道
- 大きさ：体長15〜16cm、尾長10〜12cm、体重100〜120g

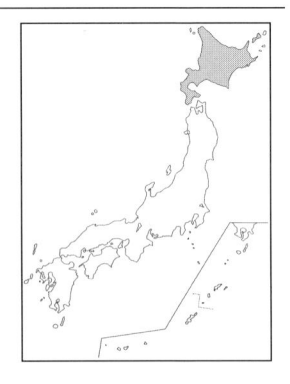

　平地から亜高山帯まで広く棲息し、市街地の公園や人家周辺の林でも観察される。エゾマツなどの針葉樹林、ミズナラやカシワなどの広葉樹林のどちらにも棲んでいる。樹洞に巣を作り、日中はそこで休息している。ふつう単独で生活するが、しばしば巣に複数の個体が同居している。夕方、暗くなると活動をはじめ、木から木へと移動しながら樹上で種々の木の芽、花、小さな果実などを食べる。活動は日没後と日の出前に盛んになる。繁殖期は1年に2回で、早春の2月下旬〜3月上旬と初夏の6月中旬〜7月下旬に交尾が行われる。この時期オスは「ジュクジュク…」と、低い声で鳴く。メスは1産2〜6子を樹洞内の巣で産む。🐾

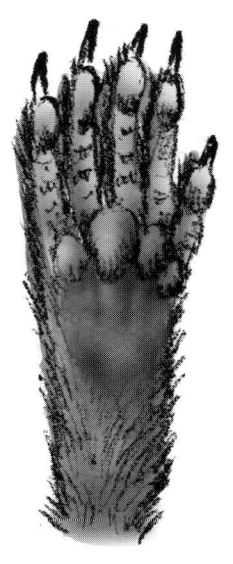

第2部　フィールドの痕跡　279

後足

前足

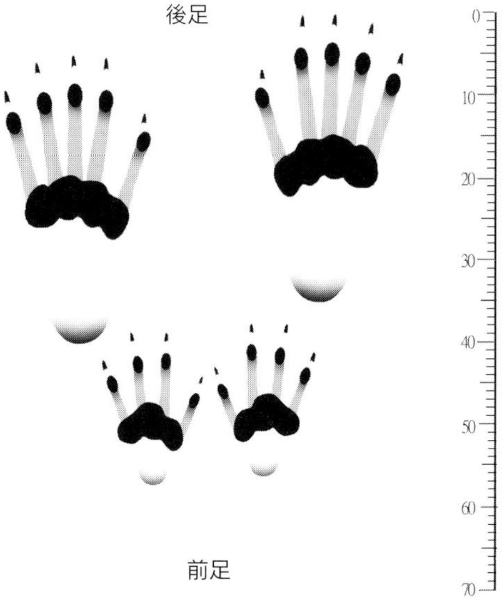

後足の長さ33mm（ニホンモモンガは37mmでやや大きい）。

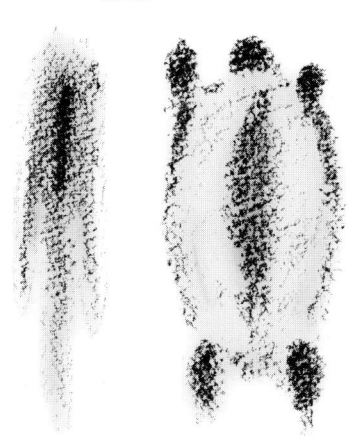

前足裏

【雪上の着地痕】
　目的の木まで到達できず雪原に着地した痕跡。左はスライディング痕、右は飛膜の跡が特徴的。

樹上の糞

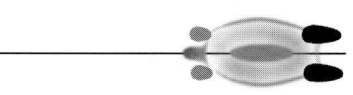

着地痕

【着地から走行へ】

ムササビ
WHITE-CHEEKED GIANT FLYING SQUIRREL

- 学　名：*Petaurista leucogenys*
- 分　類：齧歯目リス科
- 行　性：夜行性
- 分　布：日本では本州、四国、九州
- 大きさ：体長27〜49cm、尾長28〜41cm、体重700〜1500g

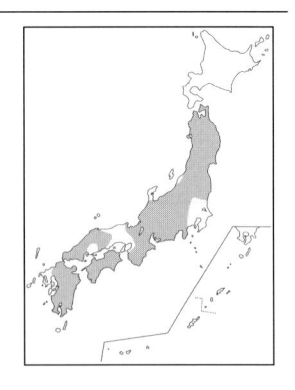

　平地から亜高山帯までの天然林、発達した二次林などに棲息する。大木の茂る神社の森などにも棲む。日中はそこで休息し、樹上で活動する。巣は大木の樹洞に作り、日没直後に樹洞を出て、「ギーギーギー」、あるいは「キッ、キッ、キッ」という大きな鳴き声をしばしば発する。木から木へと滑空して移動する。ふつう30m、ときに150mを超える滑空を行う。ほぼ完全な植物食で、木の芽、葉、花、果実、種子を採食する。メスは平均およそ1haの同性間なわばりをもつが、オスはなわばりをもたず、平均2haの行動圏は互いに異なっている。繁殖は年2回で、冬と初夏に交尾し、春と秋に1〜4子、通常2子を産む。🐾

第2部　フィールドの痕跡　281

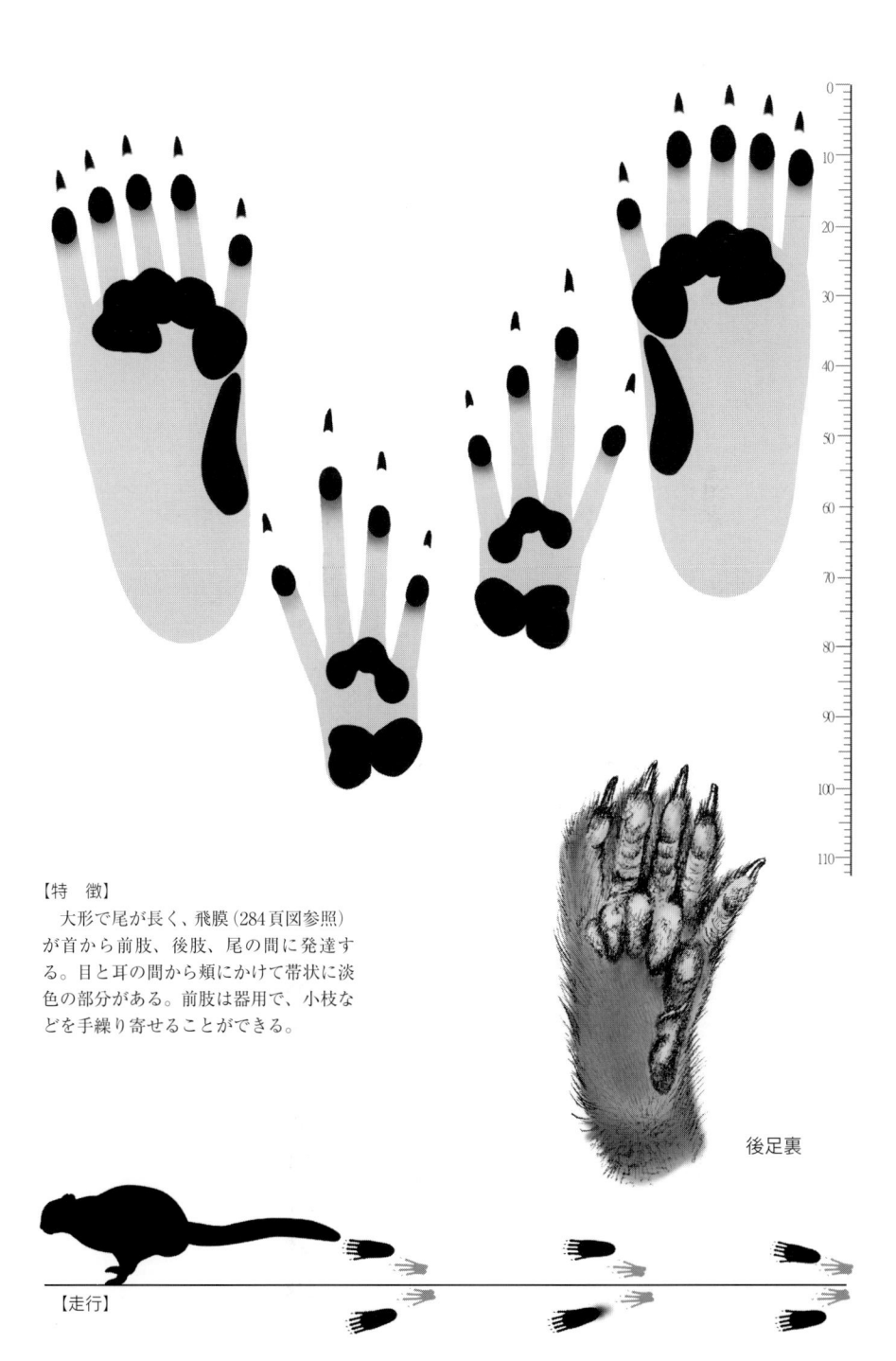

【特　徴】
　大形で尾が長く、飛膜（284頁図参照）が首から前肢、後肢、尾の間に発達する。目と耳の間から頬にかけて帯状に淡色の部分がある。前肢は器用で、小枝などを手繰り寄せることができる。

後足裏

【走行】

リス類：ムササビ

【ムササビの滑空】

樹洞（巣）から出ると高みにのぼり、そこから滑空し、次の木に移る。そこでまた高みに上り滑空する。こうして地上に降りることなく目的の地へ移動する。

自由自在に方向を変えることができるが、強風の日にはうまく滑空できない。

ムササビの着地点はだいたい決まっており、その部分の樹皮がむけて周囲との色合いが変わっている。

ムササビの樹洞（巣穴）

樹の下に散らばる糞。食痕などもみられる。

コラム　ムササビ・ウォッチング

　ムササビは、夜行性・樹上棲のリス類である。かなり大形で、体長27〜49cm、尾長28〜41cm、体重は700〜1500gである。日本では北海道と沖縄を除く各地に分布し、中国の甘粛・四川・雲南省にも分布する。平地の森、神社や寺院の森から、標高2300m付近までの原生林などに棲息する。彼らの棲み家はふつうスギやケヤキ、ブナなどの樹洞であり、ときに廃屋などの天井裏などである。夕方、ねぐらを出ると、さまざまな冬芽、葉、花、雄花、種子、果実を食べる。

　このムササビを観察するのにいちばん都合が良いのが早春である。その理由は木の葉が落ちて見通しがきくというだけの話であるが、人間側からすれば重要なポイントである。

　観察は下準備が大切である。ムササビが活動するのは夜だが、明るい時間に出かけていって、付近の様子をつぶさに見て、地図を作り、そこに書き込む。方位はもちろん、大木の位置、樹洞の有無、木の幹にムササビらしき爪あとがあるかどうか、ムササビの食物となる植物（ツバキ、カエデなど）の有無と位置などを書き込むのである。こうすることでその地域全体のようすが頭に入ることにもなる。これを何枚かコピーして、観察のときにもっていく。

　夕日が沈んであたりが薄暗くなると、樹洞からするりと抜け出たムササビは、垂直の幹をのぼっていく。姿を現すのは、一般に日没後30分ほどたった頃だが、ムササビはまだ明るい時間に樹洞から外を眺めて、暗さを確かめていることもある。ただし、ムササビの休んでいたねぐらの出入口を直接観察していないと、こうしたことには気づかない。

　森の木々の黒いシルエットをながめているとき、近くから、あるいは遠くから「ギュールルル、ギューッ、ギューッ……」などと聞こえるややネコのそれに似た奇妙な声が聞こえてくる。樹洞から出て、梢や枝先などで鳴く一種の自己主張の声だ。あちこちから聞こえてくることもある。

　すぐさま持参の地図に声の方向・推定される距離から、声の発生源を書き込む。時刻の記入も大切だ。ムササビはこの後、滑空に移るから、書き込んだら急いでムササビがいるであろう枝などを懐中電灯を使って探す。キラリと反射する二つの眼が探すときのポイントである。

　運良くムササビの姿を確認できたら、静かに待つ。このようなとき、双眼鏡が役立つ。暗視装置でなくても案外見えるものである。食べているのか毛づくろいをしているのかなど、何をしているのか、観察する。母子の場合もあるので、頭数も重要だ。

針状軟骨

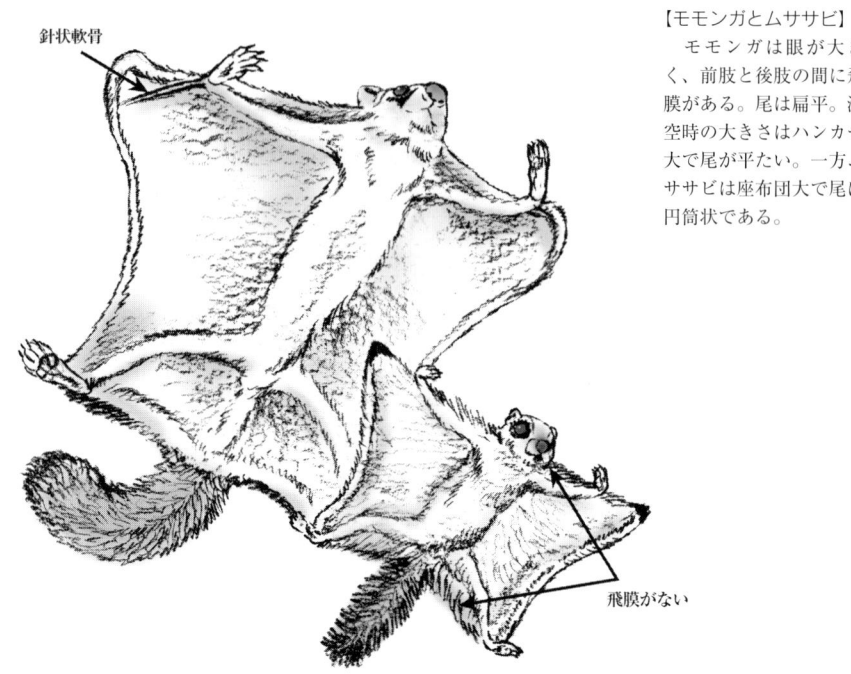

【モモンガとムササビ】
モモンガは眼が大きく、前肢と後肢の間に飛膜がある。尾は扁平。滑空時の大きさはハンカチ大で尾が平たい。一方ムササビは座布団大で尾は円筒状である。

飛膜がない

　暗くなって間もない頃は、たいていじきに滑空する。空腹だから、採食場へと移動するのである。身構え、進むべき方向を見定めるとパッと空中に飛び出る。と同時に四肢を伸ばす。すると体側の飛膜が自動的に広がるという寸法だ。座布団ほどの大きさで、白っぽい腹が印象的である。音もなく消えていった方向を地図に書き込み、それを確認しに行く。

　1時間から1時間半もたつと、パタッとムササビの姿や声が途絶える。たいていはどこかの茂みで採食中なのである。手作りの地図の完成度が高いほど、どこにいるのかを推定するのに役立つ。

　採食中のムササビを見つけたら、食べている木の種類、部分、たいていは前足でもって食べ、食べ終えるとそれを捨てるから、何を食べていたのかがわかる。

　たいてい午後10時ころまでには一通りの観察は終わる。明け方にも活動が活発となるが、これは慣れてからの観察になるだろう。むしろ手作りの地図を改良し、記録をしっかりとつけた方が得策である。何回かウォッチングを繰り返すと、さまざまな予測ができるようになる。また季節によって行動が変わるが、次第にウォッチングに熟達することは間違いない。

[繁　殖]　なお、ムササビの交尾期は5月中旬～6月中旬、それと11月下旬か

【ムササビの食痕】
　食事をした枝の下には小枝や葉が落ちている。
左から、イタヤカエデ、杉、柿の食痕。右は桜の木肌の食痕。食事の残骸と共に糞も落ちている。

食べた痕 →

種子部分を食べる

ら1月中旬にもあるとされ、妊娠期間およそ74日の後、樹洞などで1産1〜2子を産む。約1ヶ月半で子どもは樹洞から外を眺めるようになるが、授乳期間は約90日と長いが、生後80日ころから自分でも固形物を食べるようになる。性成熟は生後1〜1年半で、この直前に母子は別れる。メスは約1haのなわばりをもつがオスは持たないとされ、約2haの範囲を行動する。寿命は、飼育下で最長14年、野外では最長10年の記録があり、天敵はテンやフクロウである。

［食　物］　ムササビはほぼ完全な植物食で、カエデ類、バラ類（サクラなど）、ブナ類などの広葉樹、マツ類やヒノキ類などの針葉樹の80種以上の植物を食べることが知られている。これらの植物の、冬芽・若葉・硬い葉と種子が主で、針葉樹の雄花や果実、花なども食べる。

　食物の季節による変化があり、一般に真冬と真夏は硬い葉を食べることが多いが、これは若葉や芽、果実が少ない時期だからである。早春には落葉樹の冬芽とツバキや針葉樹の花、春は広葉樹の若葉とサクラやカシ類の花、初夏はサクラの果実、夏から秋は硬い葉やシイなどの木の実を良く食べる。地上に落ちているドングリなどは食べず、地上を歩くこと自体が稀である。🐾

アカネズミ
JAPANESE FIELD MOUSE

- 学　名：*Apodemus speciosus* ／分類：齧歯目ネズミ科
- 行　性：昼夜共に数時間おきに活動するが、地表に出るのは夜間
- 分　布：本州、四国、九州、佐渡、伊豆大島、隠岐、対馬、屋久島など
- 大きさ：体長8.5〜13.4cm、尾長6.8〜11.3cm、体重20〜60g。北海道、国後島産のものはエゾアカネズミとして別種とされる。

　平地から亜高山帯、ときに高山帯にも現れ、河原などの草地、畑、明るい森の縁などに多い。地中にトンネルを掘ってすみ、トンネルの内部を少し広げたところに巣を作る。巣材は新鮮な木の葉、あるいは枯葉などで、古くなると交換する。草の葉、茎、根、木の実などのほか時に昆虫も食べる。クルミなどを大きな石の下などに大量に貯えることがある。ふつう春と秋の2回、子どもを産む。繁殖期は平地では、春は3月から6月にかけて、秋は8月から10月にかけてである。高地での繁殖期の始まりは、春が遅く、秋では早い。そのため、晩春から秋までのべつ幕無しに子どもを産んでいるように見えるが、ふつう7月だけは繁殖しない。

第2部　フィールドの痕跡　287

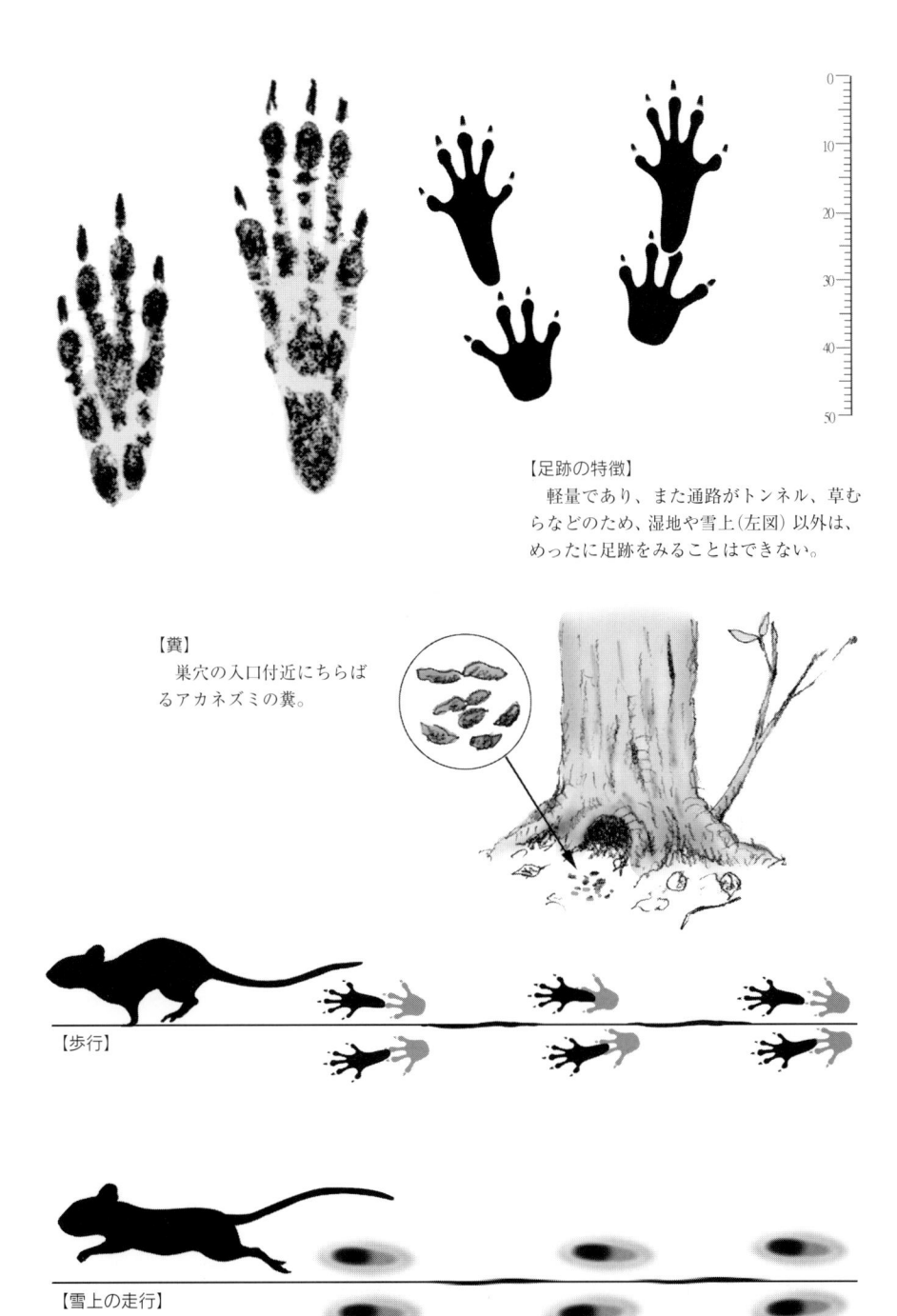

【足跡の特徴】
　軽量であり、また通路がトンネル、草むらなどのため、湿地や雪上（左図）以外は、めったに足跡をみることはできない。

【糞】
　巣穴の入口付近にちらばるアカネズミの糞。

【歩行】

【雪上の走行】

【アカネズミの食痕】
　左はドングリ、右はオニグルミの食痕。
　アカネズミのクルミの食べ方はおもしろい。あの堅い殻に直径6〜7mmの丸い穴を開け、舌で中身を引き出して隅々まできれいに食べる。ところが同じアカネズミでも、クルミの食べ方を知らないものもいるらしく、クルミだけを与えて飼育すると、中には餓死するものもいる。また、食べ方にも上手と下手があり、下手なネズミは大きな穴を開けるが、上手なものは、小さな穴を開けるだけで、けっこう器用に中身を食べてしまう。

コラム　アカネズミとヒメネズミ

　アカネズミは近縁のヒメネズミと共に日本特産のノネズミである。どちらもハツカネズミに似ているが、それよりもやや大きく、体長はアカネズミで8.5〜13.5cm、ヒメネズミで7.2〜10.0cmである。ふつう人間の住居にいるクマネズミの15〜23cmに比べると、かなり小さい。

　アカネズミとヒメネズミとは、ふつうに見ただけでは区別が付きにくい。どちらも背は褐色、腹と手足はふつう純白であり、背と腹の境界がくっきりしているので美しい。しかしよく観察すると、アカネズミは横腹がオレンジ色を帯びているし、ヒメネズミは背の栗色の毛に金色の光沢がある。また、この2種類のネズミをより簡単に、しかもはっきりと見分ける方法がある。それは後足の踵から指先までの長さを測ってみることである。22mm以上であればアカネズミ、それ以下ならばヒメネズミと考えて、まずまちがいない。

　アカネズミは持ち前の長い後足でピョンピョン走るのが得意な、地上生活のネズミである。草原や河原の草やぶ、そして畑などに自分でトンネルを掘って棲んでいる。また、森林に棲む場合は明るい広葉樹林や、林と草原との境界のあたりを好み、暗い針葉樹林にはいない。

　一方、ヒメネズミは、おもに森林に棲み、半ば樹上生活をしている。垂直分布の幅はひじょうに広く、低地から、標高2000mを超える亜高山帯上部にまでわたって生活している。

コラム ノネズミ・ウォッチング

　日本に棲む動物で純粋に日中活動する（昼行性）のは、ニホンザルとリス類くらいのもので、ニホンカモシカやシカ類、キツネなどは昼も夜も活動するが（どちらかというと朝夕の薄暗い時間）、あとはほとんどが夜行性である。

　ノネズミの多くは4時間とか6時間の周期で活動している。しかし、昼間はめったなことでは地表には現れないので夜行性の動物の部類に入れられている。彼らは穴の出入口で明るさを感知すると、それ以上は体を外に出さないのである。

　だから、ノネズミを観察しようと思ったら、もっぱら夜間観察である。人間は"昼行性"なので、夜間の観察には少なくとも懐中電灯が必要になる。動物の中には光を嫌うものもいるので、そのようなときには赤色灯が必要である。赤いセロファンかプラスチック板を懐中電灯の前にはりつける。夜行性動物の多くは、赤い光を見ることができないので、人間には見える赤い光で照らすのだ。

　さて、ノネズミ・ウォッチングは、夕方、まだ明るい時間にその地域に着いていないといけない。場所の選定が重要なのだ。そして、その付近に落ちている木の実を拾い集めるか、あらかじめヒマワリの種子などを持参して、これを地表に開いている小さな穴（多くはノネズミの出入口）の前に置く。穴にも見方がある。出入口にクモの巣などがはっていたら使われていない穴だし、出入口の床が滑らかだったり、その付近に黒い米粒大の糞がいくつかあれば、かなりの頻度でノネズミが利用していることになる。そのような出入口を何ヶ所か選び、目立つように小皿に5～10個（記憶しやすい個数）の餌を入れて置く。

　完全に暗くなる前にこの小皿の餌を見回って、もしも減っているところがあったら、手早くそこで待つ準備をする。どこの餌も減っていなかったら、穴の出入口がきれいなところで待つ。

　ノートやカメラ、時計、懐中電灯、赤色灯のスイッチなどは、ほんのわずか手を動かすだけで手にできる場所に配置して待つ。足がしびれないように椅子を準備するのもよい。夏でもじっとしていると山では冷えてくるので、毛布や厚手のジャケットが必要かもしれない。こうしたものは動かしたときに音がでないことが大切だ。また防寒具は毛布でなくてシュラフなどでもよいが、ナイロン製のものより綿やウールの方が動いたときに音が出なくてよい。

　そして待つことおよそ1時間。暗くなったら赤いランプを点灯して待つ。たいていは夜の7～9時に、アカネズミやヒメネズミが登場する。ほとんどの餌はその場で食べずに持ち去るから、その間に餌を追加する。また、ノートなどをつけるのである。ヤマネや食虫類のヒミズが登場することも稀にある。🐾

アズマモグラ
AZUMA MOLE

- 学　名：*Mogera wogura*
- 分　類：食虫目モグラ科
- 行　性：昼夜共に数時間おきに活動
- 分　布：本州中部以北、紀伊・中国・四国の山地、五島列島、天草、屋久島など
- 大きさ：体長12〜15cm、尾長1.8〜2.3cm、体重53〜107g

　平地から低山帯の草原や森林に単独で棲む。トンネルは複雑で、地表近くには食物を探して食べるためのトンネルを掘る。日に当たると死ぬといわれるが、決してそのようなことはなく、日中でもしばしば地上近くにまで出てくる。地域によってはノスリに大量に捕獲されている。夜はしばしば地上に出るらしく、フクロウ類の餌食となる。巣はトンネル内にあり、木の葉や草が詰められている。食べ物はミミズや昆虫の幼虫、クモ、ムカデなどからカエル、カタツムリも食う。極めて貪食で1日にミミズを48匹も食べる。行動圏は直径100m以上に達することがあり、他の個体の侵入を許さない。ふつう、春に1回繁殖し、2〜6頭の子を巣で産む。

後足裏

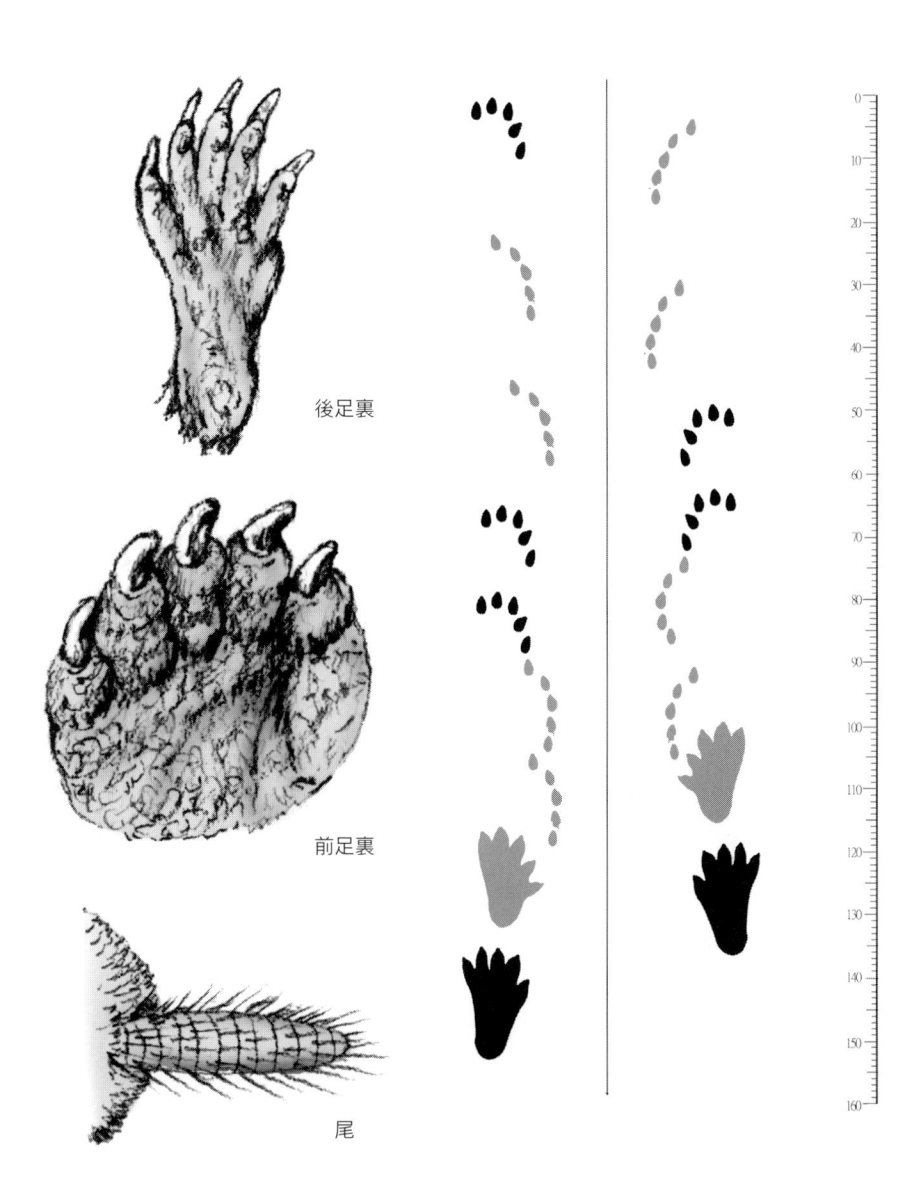

前足裏

尾

【モグラの足跡】
　モグラは穴掘りに適した手をもつために、その爪跡が特徴的である。手の「ひら」の部分が地面には着きにくく側方を向いているために、特異な足跡となる。哺乳類の足跡というよりもむしろカメの足跡に似ている。

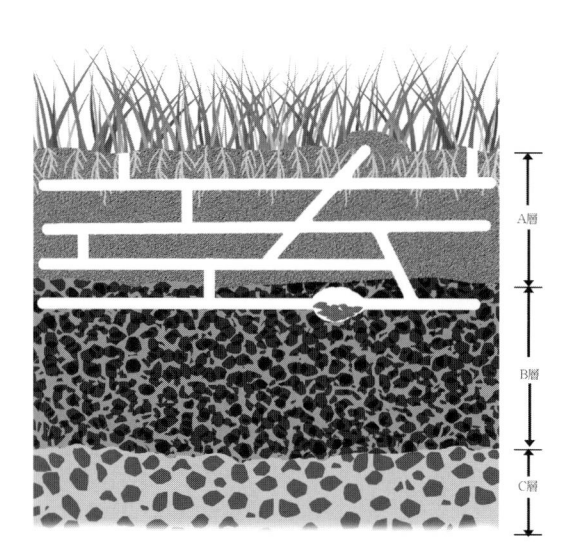

アズマモグラ

【巣穴の構造】
　モグラは複雑なトンネル網を構築している。大きく分けると深い部分に本道、浅いところに採食道があり、本道は半永久的に使用される。

A層
B層
C層

【アズマモグラとナガエノスギタケ】
　キノコの中には動物の死体などの有機物から伸びるものがあるが、モグラのトイレから出るナガエノスギタケは興味深い。ただ、このキノコは成育時期が限られていることなどもあって、この事実を目にすることは稀かもしれない。

【アズマモグラの巣】

【アズマモグラの糞】

コラム モグラ戦争

　モグラのイメージといえば、短足・ずん胴、"つぶらな"とはとても言い難い小さな瞳、首らしい首はなく、手はまるでグローブ、ヒクヒク動く鼻ヅラは粘液で濡れて光り、髭は伸び放題。数ある動物の中でも決してスタイルのいい方ではない。彼らがそれを恥じて地中に隠れ棲んでいるという向きもあろうが、実際はむしろその逆。彼らは地下生活者だからこそ、それらしくそれなりの格好をつけているのである。

　試しにモグラを飼ってみれば、これはすぐに納得できる。捕えたモグラを放すと10秒ほどで地中に姿を消し、分速10cmで地下を掘り進む。トンネル内の土砂は地表までグイグイ持ち上げる。食欲ときたら猛烈で、毎日自分の体重と同量くらいのミミズを平らげ、10時間も食べないと死んでしまう。かくしてモグラは平均400㎡以上にわたって採食する必要が生じる。それを可能にするために、"地中ロケット"とでもいうべき機能重視型の体型をしているのである。

　食べ物を求めて地中を掘りまくるユニークな習性のおかげで、モグラは農家やゴルフ場では大いに嫌われている。ことにゴルフ場では目の仇。こちらを潰せばまたあちらと、モグラ叩きよろしく、人間とモグラの戦いはいつ果てるともなく繰り広げられている。

　ところで「モグラ戦争」という言葉は、人間とモグラの実戦を指すものではない。モグラ戦争とは、平地に棲息する大小2種のモグラ同士のなわばり争いのこと。関西に本拠を置くコッペパンほどもある大形のコウベモグラと、関東を支配する小形のアズマモグラとの激烈な生存競争である。

　モグラ戦争の最前線は、本州中部一帯に長く伸びているが、もっとも重要な地域は箱根山塊の北麓、神奈川県と静岡県とが境を接する山北〜小山地区。西から進撃してきたコウベモグラ軍がここを突破できれば、関東平野から東北地方の太平洋側を手中に収めることが可能だからだ。もちろんアズマモグラ軍は壊滅状態となる。

　だがここは、東名高速道路でさえも、都夫良野トンネルと酒匂川鉄橋で通り抜けているように、交通の難所で、今から50万年前ほどに噴火したといわれる箱根火山の溶岩流が酒匂川渓谷を形成している。軟らかな土壌地帯では猛威を振るう関西トンネル軍団も、岩石地帯ではいたずらに岩を引っ掻くだけで、無能ぶりをさらけ出してしまう。岩盤の上は土がないだけではなく、エネルギー源のミミズなどもほとんど棲息していないからだ。自然の障壁に守られたアズマモグラ軍は、この前線で踏みこたえている。

モグラ塚

　ところで、日本にいる哺乳類で、200万年以上前の第三紀から現代まで生き続けている種は少ない。ほとんどのものは200万年前以降の更新世完新世になってから、朝鮮半島や中国大陸から侵入してきた。これら2種のモグラも例外ではない。北京原人なども生活していた更新世の中期以後（50〜60万年前以降）に、日本全土は氷河期の海進・海退の激しい影響を受け、東シナ海に出現した広大な平原、中国大陸、朝鮮半島などと九州地方が幅広い陸橋でつながったり離れたりを繰り返した。陸続きになるたびに、広大な平原や大陸で進化した新しくて強力な何種かの動物が日本列島に移住してきたのである。

　化石の資料からすれば、アズマモグラは20万年前頃に東シナ海あたりで進化して、本州・四国・九州に広く分布してきたとみられている。もちろん箱根の前線をも長い年月をかけて東へ突破してきた。北海道にモグラがいないのは、アズマモグラが本州の北端に到達したときには、すでに津軽海峡ができたりしていたからである。津軽海峡も後に何度か本州とつながったが、気候が寒冷なときであったため、このような時はモグラ自身も南下している。暖かくなって北上するのだが、モグラは地中を進み速度がのろいために、北海道へは到達できなかったのであろう。

　次いで2万〜5万年前、大陸で進化した大形のコウベモグラが九州北部あるいは西部に姿を現し、アズマモグラを駆逐しながら四方へ分布を拡大していった。アズマモグラのたどった道を同じように進撃したのである。

　コウベモグラはアジア大陸東部もしくは東シナ海にあった平原で進化したと考えられる大形種で、体長18cm、体重120gに達し、直径6.5cmのトンネルを掘る。

コウベモグラとアズマモグラのトンネル径の比較

左がコウベモグラ、右がアズマモグラ。

　一方、アズマモグラは体長13cm、体重70g、トンネル径は4〜4.5cmと小ぶりである。この2種のモグラは生活型が同じなため激しく競合し合う。コウベモグラは大きな体を養い、太いトンネルを掘るのでアズマモグラに比べて大食漢にならざるを得ないが、土が軟らかく獲物のミミズが多い平地では、体力にものをいわせて圧倒的に優勢な戦いを展開しているのだ。だが、山間部にはいると地下での行動もままならず、十分な食糧も確保できない。そのため分布を拡大できるほどには個体数を維持できなくなるから、時にはアズマモグラが有利になることもある。体が小形のアズマモグラは、太いコウベモグラのトンネルもゲリラ的に利用できるのである。

　とにかくコウベモグラ軍は、数万年をかけてアズマモグラ軍を駆逐しながら北九州から御殿場の東までやってきた。国道246号線沿いのモグラ戦争の最前線に立つと、こんなところにもモグラがいるのかと驚くほど険しい。急斜面にへばりつく茶畑や、急流の蛇行部に当たる中州の地面を探ると、ドンパチこそ聞こえないが、コウベモグラとアズマモグラがトンネルを掘り合っているのが分かる。ごく近い将来、コウベモグラはここを突破するだろう。酒匂川は大雨のたびに山を削り、コウベモグラの棲息可能な中州を広げる。洪水はモグラを東の下流に運ぶからだ。

　このままでいけば、100年以内に関東平野の西端にコウベモグラ軍の先鋒が姿を現すにちがいない。そして5000年から1万年もすれば、関東一円から仙台付近までコウベモグラの勢力圏となるにちがいないのである。🐾

アブラコウモリ

JAPANESE PIPISTRELLE

学　名：*Pipistrellus abramus*
分　類：翼手目ヒナコウモリ科
行　性：夜行性
分　布：日本では本州、四国、九州、対馬、奄美大島
大きさ：体長41〜60mm、前腕長30〜37mm、尾長29〜45mm、体重5〜10g

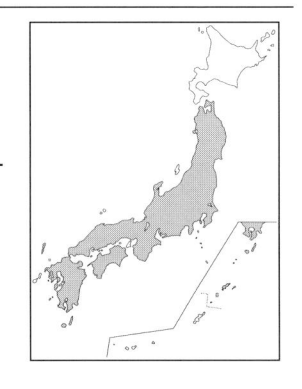

　平地の人家付近に棲息する。農薬の使用が減ったためか小都市や大都市近郊でも多く見られるようになったが、山間部とか家屋がない森林内には棲息しない。日中は家屋の天井裏、羽目板の裏、戸袋などに潜んでいる。ふつう数頭から、多いものになると100頭の個体が集団を作る。夕方まだ明るいうちから飛び出して、空き地の上、川の上などを飛びながら、飛翔している昆虫類を捕食する。日没後2時間ほどで満腹になるようである。ねぐらに帰るのは、多くが日の出前と言われている。初夏に1〜3子を出産するが、3子が多い。約30日で親とほぼ同じ大きさになり、飛翔するようになる。その秋にはすべてのオスとメスが交尾し、1歳で出産する。

第2部　フィールドの痕跡　297

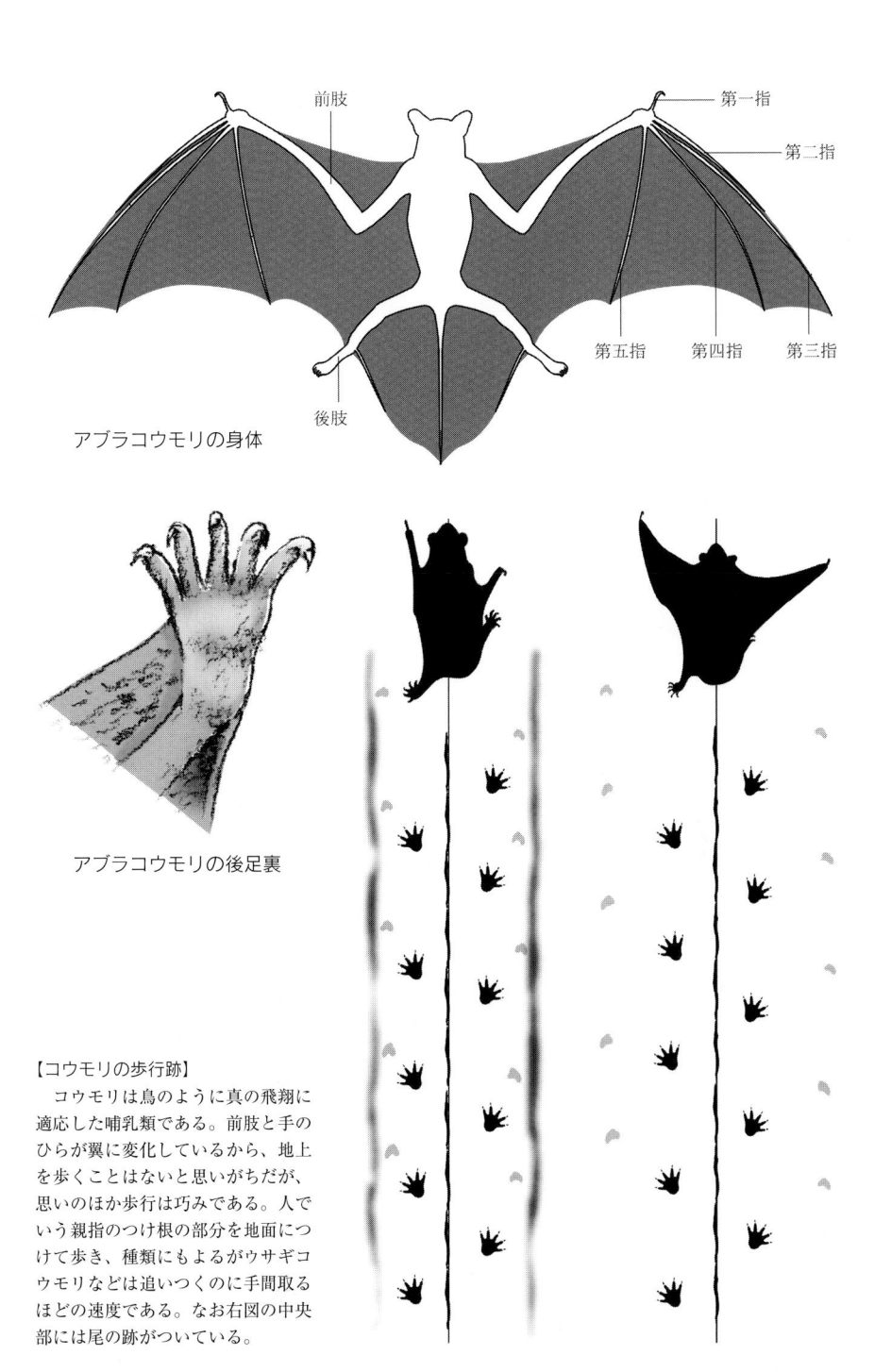

前肢　第一指　第二指　第五指　第四指　第三指　後肢

アブラコウモリの身体

アブラコウモリの後足裏

【コウモリの歩行跡】
　コウモリは鳥のように真の飛翔に適応した哺乳類である。前肢と手のひらが翼に変化しているから、地上を歩くことはないと思いがちだが、思いのほか歩行は巧みである。人でいう親指のつけ根の部分を地面につけて歩き、種類にもよるがウサギコウモリなどは追いつくのに手間取るほどの速度である。なお右図の中央部には尾の跡がついている。

アブラコウモリ

アブラコウモリの足跡

【糞】

【森林棲と洞窟棲】
　コウモリは休息場所に二つのタイプがある。森林棲のものは大木の樹洞で休むことが多く（左図）、海岸や開けたところに棲息するものは洞窟で休むことが多い（右図）。ただ、テングコウモリ、ウサギコウモリ、キクガシラコウモリなど、どちらをも使用するものもいる。また樹洞や洞窟内で休息するポイントは、種類によって好みがあり、モモジロコウモリのように狭い岩の割れ目に入り込むもの、キクガシラコウモリのように天井からぶら下がるものなどさまざまである。

←森林棲／洞窟棲→

【アブラコウモリの旋回飛翔】①〜④
　アブラコウモリは、ねぐら付近の広場、校庭、公園、荒地、田畑、ため池および川面などの比較的開けた場所で、旋回飛翔しながら蚊などの昆虫を採餌する。われわれが町中でよくみかけるのは、このコウモリである。（次頁の３つの図も参照）

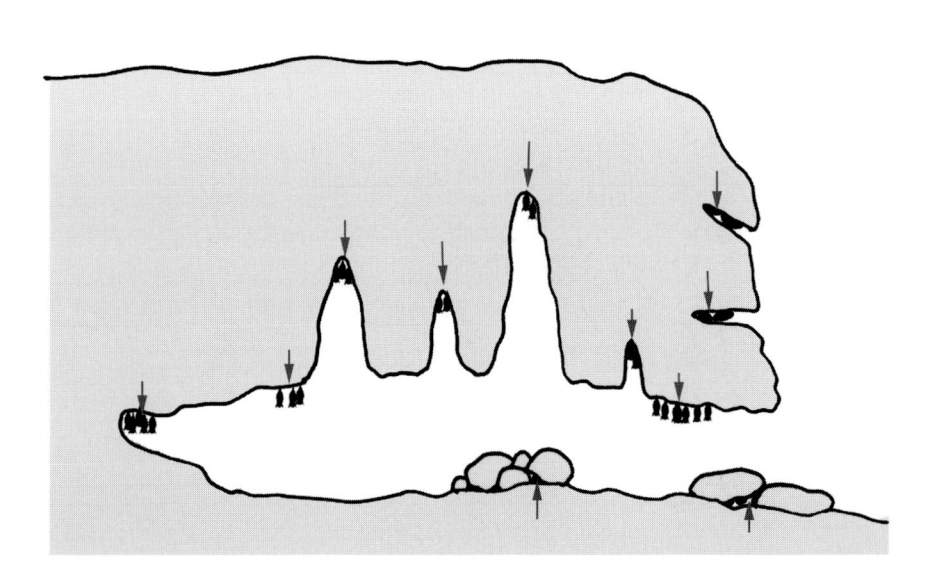

アブラコウモリの旋回飛翔②渓流に沿った道路上

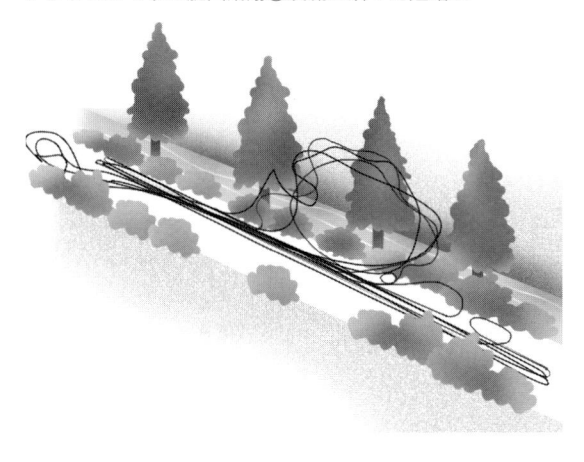

アブラコウモリの旋回飛翔③校舎のまわり

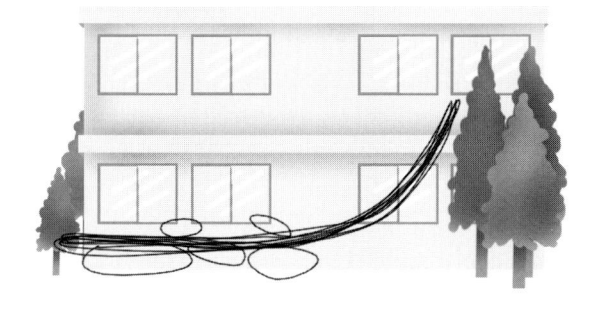

アブラコウモリの旋回飛翔④畑に沿った道路上

参考文献／索引

参考文献（刊行年順）

『A Field Guide to Animal Tracks』Olaus J. Murie 1954, Houghton Mifflin Company, Boston
『The Mammals of Rhodesia, Zambia and Malawi』Reay H. N. Smithers 1966, ST. James's Place, London
『MAMMALS OF BRITAIN —— Their Tracks, Trails and Signs』1967　M. J. Lawrence and R. W. Brown, Blanford Press, London
『ライフ大自然シリーズ　哺乳類』リチャード・カーリントン著／黒田長禮訳　1969　タイムライフインターナショナル
『ライフ大自然シリーズ　生態』ピーター・ファーブ著／坂口勝美訳　1969　タイムライフ インターナショナル
『The Living World of Animals』1970, The Readers Digest Ass.
『自然のしくみ』デイビッド・スティーブン、ジェームス・ロッキー著／今泉吉典訳　1971　フレーベル館
『イリオモテヤマネコの生態及び保護に関する研究 Ⅰ〜Ⅲ』今泉吉典・今泉忠明・茶畑哲夫　1975〜1977　環境庁
『日本の自然』湊正雄監修　1977　平凡社
『足跡は語る』N.ティンバーゲン、E.A.Rエニオン／今泉吉晴訳　1977　思索社
『シートンの自然観察』E. シートン／藤原英司訳　1980　どうぶつ舎
『Signs of the Wild』Clive Walker 1981, C. Struik Publishers, Cape Town
『A Field Guide in Colour to ANIMAL TRACKS AND TRACES』1982, Miroslav Bouchner, Octopus, London
『トラッキング調査法』今泉忠明　1985　ニュー・サイエンス社
『ネズミの超能力』今泉忠明　1988　講談社
『アニマル ウォッチング——動物の行動観察ガイド』デズモンド・モリス／日高敏隆監訳　1991　河出書房新社
『新アニマルトラック』今泉忠明　1994　自由国民社
『新アニマルトラック ハンドブック』今泉忠明　1994　自由国民社
『フィールドベスト図鑑 日本の哺乳類』小宮輝之　2002　学研

（今泉忠明）

【イラストの参考文献】

『原色日本哺乳類図鑑』　岡田要校閲・今泉吉典著　1960　保育社
『標準原色図鑑全集8　樹木』岡本省吾　1977　保育社
『THE HUNTER』by Philip Whitfield/ drawing by Richard Orr 1978,The Hamlyn Publishing Group Ltd.,Middlesex
『小学館の学習百科図鑑　日本の動物』1980　小学館
『日本の野鳥』高野伸二編　1985　山と渓谷社
『イラスト・アニマル〈動物細密・生態画集〉』今泉吉典総監修　1987　平凡社
『動物のあしがたずかん』加藤由子・ヒサクニヒコ　1989　岩崎書店
『改訂増補・牧野新日本植物図鑑』牧野富太郎　1989　北隆館
『野生動物ウォッチング』田中豊美　1994　福音館書店
『日本動物大百科1・2　哺乳類Ⅰ・Ⅱ』1996　平凡社
『野生動物に出会う本』久保敬親　1999　地球丸
『広島県の哺乳類』広島哺乳類談話会編著　2000　中国新聞社
『ヤマケイポケットガイド24　日本野生動物』久保敬親　2001　山と渓谷社
『週刊日本の天然記念物　動物編　第1,3,6,11回配本』2002　小学館
『うんち』なかのひろみ・ふくだとよふみ　2003　福音館書店

（平野めぐみ）

索　引

- ・第 2 部の痕跡集に収載した動物の項目開始ページを ＊ で示した。
- ・関連項目や参照項目を（→　）で示した。

【ア 行】

アイゼン………70
アオゲラ………18
アオジ………65
アカガシ………52
アカツツガムシ………32
アカネズミ………52, 54, 61, 83, 84, 93, 99, ＊286
亜寒帯林（亜寒帯林針葉樹林帯）………82, 84
亜高山帯林………142
足跡（足跡の名称）………152, 155, 158, 159
アシカ………82
足形・足型………153, 160, 161
アシナガバチ………40, 42
アズマモグラ………＊290
アズミトガリネズミ………83, 84
遊び（ライフ・サイクル）………113, 114
アナウサギ………105
アナグマ………105, ＊214
アブラコウモリ………93, ＊296
アマミノクロウサギ………86, ＊256
アラカシ………52
アリスイ………17
アレンの法則………133
アントシアン………50, 51
アンドロゲン………12, 13
イ　ヌ………＊198
イイズナ………20, 55, 82, 84, ＊202
生きた化石………88
イソシギ………65
イタチ（→ニホンイタチ）………85
一時的住居………104, 106
一雄一雌………108
一雄多雌………108
移　動………58
イノシシ（→ニホン-）………84

イリオモテヤマネコ………86, 100, 104, 114, ＊240
ウグイスの初鳴き………5, 6
ウサギ類………96, ＊252
薄明性………152
臼型（顎や歯のしくみ）………96
薄暮性………152
ウリンボ………171
ウルシ………38, 39
穎　果………92
液　果………92
エキノコックス………34-37
エストロゲン………12, 13
エゾアカネズミ………82
エゾシカ………20152, ＊180
エゾシマリス………152, ＊267
エゾナキウサギ………152, ＊253
エゾヒグマ………＊228
エゾモモンガ………＊278
エゾリス………61, ＊273
エチオピア区（動物地理区）………81
越　冬………59
沿岸針葉樹林………138
オオアシトガリネズミ………90
オオアブラコウモリ………84
オオカミの動作信号………128
オオスズメバチ………40
オーストラリア区………81
オオヤマネコ………82
小笠原諸島（動物地理区）………86
オカピ………88
オコジョ………10, 20, 55, 82, 84, ＊200
オナガ………65, 69
オリイジネズミ………86
音声の信号………126
温帯林（バイオーム）………77, 84
温帯林亜地区………86

【カ　行】

洄　遊………58
学習（ライフ・サイクル）………114
殻斗果………92
カグラコウモリ………86
隔離後分化説（哺乳類相の起源）………87
カケス………52, 54
カゲネズミ………83, 94
果食性………92
カシワ………52
割截歯………96
カナリア………12, 13
狩野康比古………14
かぶれ（ウルシ）………38, 39
かみそり型（顎や歯のしくみ）………94
雷………25, 26
夏　眠………120
カ　モ………65
カモシカ道………102
カヤネズミ………84
カラス………5, 67
カラフトヒメトガリネズミ………8
カワセミ………65, 69
カワネズミ………83, 87
カワラヒワ………65
ガ　ン………65
換　羽………20, 55
乾　果………92
カンジキ………70, 72, 262
含餌率………91
完全昼行性（目の構造）………125
完全夜行性（目の構造）………123
換　毛………20, 55, 135
キイロスズメバチ………40, 41
キジバト………65
寄生虫………30
寄　生………139
キセキレイ………65
季節的移動………118, 119, 182
季節の多発情周期種………108
キタキツネ………34, 36, 37, 72, 152
キタリス………82
キツツキ………12, 17-19
キツネ………20, 82, 83, 90, 104, ＊192
キテン………20

偽妊娠………107
キヌゲネズミ………99
牙かけ………163, 170, 171
求愛行動………109
球　果………92
嗅覚信号………127
吸血性………93
旧熱帯区………81
旧北亜区………82
旧北区………80, 84
空中棲………89
クジラ………58
クチヒゲゲノン………91
クヌギ………52, 53
クマ棚………162
クマネズミ………90
クマ剥ぎ………162
クマ類………＊222
ク　モ………29
クモの巣………29
グレイザー（草食動物）………92
クロアカコウモリ………84
クロスズメバチ………40, 41
クロテン………82, ＊212
群居性………105, 126
けあらし………11
毛換り（→換毛　かんもう）………20
ケナガネズミ………86
ケブカスズメバチ………41
けもの臭………104
けもの道………102, 103
コアジサシ………7, 65
恒久多発情周期種………108
恒久的住居………104, 106
高茎高原………143
光線（動物と光線）………134
高度（動物と高度）………135
行動圏………101, 102
交　尾………13, 107, 109-111
交尾排卵型………107
コウベモグラ（→モグラ戦争）………84
紅　葉………50, 51
コガタスズメバチ………41
コガモ………65, 69
コサギ………65
コジネズミ………84

ゴジュウカラ………17
古種保存説（哺乳類相の起源）………87
子育て（ライフ・サイクル）………112, 113
「小葉3枚、手をだすな」………39
コナラ………52
コノハズク………18
コハクチョウ………5, 6, 11
ゴマフアザラシ………10, 11
コヨーテ………105
塊　根………93
塊　茎………93
コンパス………22−24

【サ　行】

採食法………97
最適温度………132, 133
サキシマハブ………49
蒴　果………92
サクラ前線………6
サソリ………30
雑食性動物………93
砂漠（バイオーム）………77
サル道………102
サワグルミ林………142
シェルツェダニ………31
視覚信号………127
シカの角………163, 178
シカ道………102
シカ類………＊174
指行性………154
シシ道………170
シジュウカラ………65
湿度（動物と湿度）………134
ジネズミ………87, 104
シベリア亜州………82
脂肪貯蔵型（冬越し）………58
シマリス（→エゾシマリス）
　　　　………9, 52, 54, 61, 82, 268, 269
ジャコウジカ………82
臭信号………103
就巣性………112, 113
集中貯蔵（冬越し）………61
樹上棲………89, 90
主　蹄………155
寿命（ライフ・サイクル）………116, 117

順位制（群れの生活）………128−130
準昼行性（目の構造）………125
漿　果………92
ジョウビタキ………10, 65
植食性………91
植食動物………91
食　性………91
植生（動物と植生）………138
植物性食物………91
食料貯蔵型（冬越し）………61
食　痕………162, 163
シラカシ………52
「白い実は毒のしるし」………39
新　界………81
新熱帯区………81
新北亜区………82
新北区………80
針葉樹………63
針葉樹林（バイオーム）………76
巣………101, 105, 106
水　棲………89, 90
スーパーＴＫ2………161
スカトロジー………164
「ススデン」………20
スズメ………65, 67
スズメバチ………8, 40, 42, 44
スノーシュー………70, 71
棲み家………101
スミスネズミ………83, 84
生活帯………140
性成熟（ライフ・サイクル）………114
棲息地………145
生態分布………76
南西諸島（動物地理区）………86
石　果………92
蹠行性………154
セキレイ………69
セグロセキレイ………65
全層雪崩………73
全北区………80, 82
双眼鏡………14−16, 66
草原（バイオーム）………77
草食動物………92
側　蹄………155
側　雷………25, 26

索 引

【タ 行】

体　長………159
タイリクモモンガ………82
タイワンザル………＊250
タシギ………65, 69
タテツツガムシ………32
ダ　ニ………30－33
タヌキ………20, 83, 90, 104, ＊188
タヌキの溜糞………190
多発情周期種………108
旅　鳥………66
タヒバリ………65
多包条虫………34
多眠型………122
溜　糞………190, 191
多雄一雌………108
暖帯林………84
暖帯林亜地区………86
単発情周期種………107, 108
単眠型………122
地下棲………89, 90
致死温度………132
地上棲………89, 90
中眼窩孔（キツツキ）………19
昼行性………122
チョウゲンボウ………65
虫食性………93
チョウセンイタチ………＊206
貯　食………99, 100
ツキノワグマ（→ニホンツキノワグマ）
　　　　………5, 6, 10, 11, 52, 60, 61, 83
対馬（動物地理区）………84, 86
ツシマジカ………＊183
ツシマヤマネコ………84, 104, ＊237
土　穴………105, 106
ツツガムシ（病）………32, 33
ツバメ………5, 6－9, 65
ツンドラ（バイオーム）………77
蹄行性………154, 155
テ　ン………20, ＊208
テント………25
豆　果………92
動物性食物………93
動物相………76, 77, 80, 82, 83
動物地理区………80

トウホクヤチネズミ………84
冬　眠………59, 62, 120, 121, 133
東洋区………81, 82, 84
トガリネズミ………77, 82, 84, 93, 97, 104
毒ヘビ………45, 47, 48
トゲネズミ………86
土　壌………135
凸型の足跡………71, 72
独居性………126
トナカイ………58
ト　ビ………65
とめ足………265
ドングリ………9, 52－54, 268, 269

【ナ 行】

ナイフ型（顎や歯のしくみ）………94
ナキウサギ（→エゾナキウサギ）………9, 82, 255
梨状果………92, 93
雪　崩………73, 74
夏　毛………20, 21
夏　鳥………66
夏　羽………55
ナベヅル………10, 65
なわばり………101－103, 162
南　界………81
南米区………81
ニイガタヤチネズミ………83, 84
臭　跡………153
肉食性………93
日本亜州………82
ニホンイタチ………83, 152, ＊204
ニホンイノシシ………52, 152, ＊168
ニホンカモシカ………6, 20, 63, 83, 84, 152, ＊184
ニホンカワウソ………＊216
ニホンザル………6, 58, 61, 83, 130, 152, ＊246
ニホンジカ………9, 20, 152, ＊175
ニホンツキノワグマ………＊223
ニホンノウサギ………＊259
日本本土地区（本土）………86
ニホンモモンガ………＊276
ニホンリス………20, 61, 83, ＊270
妊　娠………111
妊娠期間（ライフ・サイクル）………111, 116, 117
ヌ　ー………58
ぬかるみ………27, 28

ヌタ打ち………170
ぬた場………102
ネ　コ………＊242
ネズミ類………96
熱帯雨林（バイオーム）………77
ノウサギ………20, 21, 55, 83
ノネズミ………34-37, ＊289
のみ型（顎や歯のしくみ）………96
ノ　ロ………82

【ハ　行】

バード・ウォッチング………65, 66, 68, 71
ハイイログマ………231
バイオーム………76
配偶関係………108
ハインド, ロバート・………13
ハクセキレイ………65
ハクチョウ………10, 65
ハクビシン………＊234
ハシブトガラス………65
ハシボソガラス………65
ハタネズミ………83, 90, 99
ハ　チ………40
ハチドリ………62
白　化………20, 21
発　情………109
発情周期………107
ハ　ト………67
ハ　ブ………6, 46-49
パレオトグラス………88
繁　殖………107
繁殖期………107
半昼行性（目の構造）………125
半夜行性（目の構造）………125
ビオトープ………132
東アジア州………82
ヒグマ（→エゾヒグマ）………6, 9-11, 82
尾　長………159
蹄………154, 155
避難所………101
ヒバリ………5, 65, 69
ヒバリの初鳴き………7
飛　膜………89, 280, 282
ヒミズ………83, 93
ヒメズズメバチ………41

ヒメネズミ………＊288
ヒメネズミ………52, 61, 82, 83, 90
ヒメバチ………42
ヒメヒミズ………83, 84
ヒメヤチネズミ………82
表層雪崩………73
漂　鳥………65
ヒヨドリ………65
避雷針………25
ビンズイ………65
ピンセット型（顎や歯のしくみ）………94
プーアウィル………62
フクロウ………7, 18
節鞘果………92
腐食動物………93
フトゲツツガムシ………32, 33
ブナ林………141
ブ　ユ………34
冬　毛………20, 21
冬越し………58
冬ごもり………59
冬　鳥………65, 66
冬　羽………55
冬　芽………63
ブラインド………25
ブラウザー（葉食動物）………92
フレーメン………109
プレーリードッグ………131
フロバフェン………50
糞………164-166
分散貯蔵（冬越し）………61
分　娩………111
ペリット………163
偏　角………23, 24
偏　差………24
抱卵斑………13
ホオジロムササビ（→ムササビ）………＊280
北支亜州………82
北部森林地区（北海道）………86
捕食動物………93
北　界………80
北海道（動物地理区）………82
哺乳類相（日本）………87
哺乳類の分布………82
本土（動物地理区）………82-84

索 引

【マ 行】

マウンテンビスカーチャ………131
マダニ………31-34
マツネズミ………91
マナヅル………9, 10, 65
マムシ………46, 48, 49
マルハナバチ………42
水（動物と水）………134
ミズラモグラ………83, 84
ミッシング・リンク………88
ミツバチ………7, 10, 42
身振りの信号………126
ムクドリ………9, 65
ムササビ（→ホオジロ）……18, 63, 64, 83, 87, 152
ムナジロアマツバメ………61, 62
群　れ………126, 130
迷　鳥………65, 66
モグラ戦争………＊293
モ　ズ………65, 69
モモジロコウモリ………84
モモンガ（→ニホン, エゾ）………18, 83, 87
モンスズメバチ………41

【ヤ 行】

夜行性………122
ヤチネズミ………90
ヤマカガシ………46, 68
ヤマコウモリ………18
ヤマネ………11, 17, 59, 60, 83, 84, 90, 93, 121
ヤマネコ類………＊236
ヤマハンノキ林………142
ヤマビル………34
ユキウサギ………20, 55, 82, ＊263
雪しろ………73
ユリカモメ………9, 10, 65
葉食動物………92
ヨーロッパ州………82

【ラ 行】

ライチョウ………7, 8, 10, 20, 55-57
ライフ・サイクル………112
ライム病………31
雷　鳴………26

落　葉………51
乱　婚………108
リーダー制………130
リス・リス類………18, 90, ＊266
離巣性………112, 113
リュウキュウイノシシ………52, 114, ＊172
琉球地区………86, 87
留　鳥………65, 66
臨界温度………132
鱗　茎………93
裂肉歯………96, 98

【ワ 行】

矮性低木林………138
ワカンジキ（ワカン）………70, 71, 262
渡　り………58
渡り鳥………66

【著　者】　**今泉忠明**（いまいずみ・ただあき）

1944年、東京都生まれ。東京水産大学卒業後、国立科学博物館で哺乳類の分類を学ぶ。
文部省の国際生物計画（IBP）調査、日本列島総合調査、環境省のイリオモテヤマネコの生態調査等に参加。上野動物園動物解説員を経て、（社）富士市自然動物園協会研究員、川崎市環境影響評価審議会委員、日本ネコ科動物研究所所長等を歴任。NHK教育テレビ「いのち輝く地球」をはじめTVメディアにも数多く出演。

[主な著書]
『絶滅野生動物の事典』（東京堂出版）、『トラッキング調査法』（ニュー・サイエンス社）、『新アニマルトラック・ハンドブック』『新アニマル・トラック』『野外の危険動物観察ブック』（自由国民社）、『日本の野生生物』（リブリオ出版）、『動物たちの「衣・食・住」学』（同文書院）、『イヌはなぜそのとき片足をあげるのか』（ToTo出版）、『進化を忘れた動物たち』（講談社）、ほか多数。

【資料画】　**平野めぐみ**（ひらの・めぐみ）

東京都生まれ。学習院女子短期大学、武蔵野美術大学短期大学部卒業。旅行社勤務後、自然科学を中心としたフリーランス。

[主な著書]
『野生ネコの百科』『野生イヌの百科』（データハウス）、『新アニマルトラック・ハンドブック』『野外の危険動物観察ブック』（自由国民社）、『絶滅動物データファイル』（祥伝社）。
　以上の共著（共著者・今泉忠明）のほか、『わくわくしぜんシアターどうぶつ』（ミキハウス）、『カメ』『クワガタ』（立風書房）、『かわいい子犬のしつけと飼い方』（主婦の友社）など。また、図鑑、学習雑誌、企業ホームページに執筆。

野生動物観察事典

DTP＋分布図──小野坂聰

2004年3月5日　初版印刷	著　者　　今 泉 忠 明
2004年3月15日　初版発行	（＋平野めぐみ）
	発行者　　今 泉 弘 勝
	印刷所　　東京リスマチック株式会社
	製本所　　東京リスマチック株式会社
発行所　〒101-0051 東京都千代田区神田神保町1-17	株式会社　東京堂出版
電話03(3233)3741　振替00130-7-270	

ISBN4-490-10643-2 C1545　　　　　　　　　　　　　　　　©Tadaaki Imaizumi
Printed in Japan

書名	著編者	判型	頁数	定価
絶滅野生動物の事典	今泉忠明 著	菊判	272頁	2,900円
野鳥の事典	清棲幸保 著	A5判	416頁	6,500円
生態の事典 新装版	沼田 真 編	A5判	392頁	2,900円
日常の気象事典	平塚 和夫 編	A5判	476頁	3,200円

※書籍の定価には消費税が加算されます。